U0294266

"十三五"国家重点研发计划项目

大范围干旱监测预报与灾害风险防范技术研究丛书

变化环境下
干旱灾害成灾机理及演变格局

BIANHUA HUANJING XIA

GANHAN ZAIHAI CHENGZAI JILI JI YANBIAN GEJU

倪深海　鲁瑞洁　张伟兵　顾颖　等　著

中国水利水电出版社

www.waterpub.com.cn

·北京·

内 容 提 要

随着全球气候变化和人类活动的加强，大范围长历时干旱发生的可能性增加。本书基于水循环全过程的干旱形成因素分析，揭示了大范围长历时气象干旱、水文干旱、农业干旱成灾机理及其关联关系；基于自然证据及历史文献与考古资料的多尺度干旱历史序列重构方法，重构了全新世以来多时间尺度的干湿变化序列；建立了全国近五百年干旱灾害序列，研究了中国历史（1470—2020 年）干旱灾害演变规律；基于 CMIP6 气候系统模式（BCC－CSM2－MR）的情景试验数据，研判了气候变化背景下中国未来（2021—2100 年）干旱灾害演变格局及特征。本书成果可为新时期干旱灾害风险管理提供科技支撑。

本书可供从事气象、水文、农业干旱研究相关工作的科研、技术和管理人员阅读使用，也可供相关专业的高校师生参考。

图书在版编目（CIP）数据

变化环境下干旱灾害成灾机理及演变格局 / 倪深海
等著. -- 北京 ： 中国水利水电出版社，2023.9
（大范围干旱监测预报与灾害风险防范技术研究丛书）
ISBN 978-7-5226-1002-3

Ⅰ．①变… Ⅱ．①倪… Ⅲ．①旱灾－灾害防治－研究
－中国 Ⅳ．①P426.616

中国版本图书馆CIP数据核字(2022)第172216号

审图号：GS京（2022）0620 号

书　　　名	大范围干旱监测预报与灾害风险防范技术研究丛书 **变化环境下干旱灾害成灾机理及演变格局** BIANHUA HUANJING XIA GANHAN ZAIHAI CHENGZAI JILI JI YANBIAN GEJU
作　　　者	倪深海　鲁瑞洁　张伟兵　顾　颖　等 著
出 版 发 行	中国水利水电出版社 （北京市海淀区玉渊潭南路 1 号 D 座　100038） 网址：www.waterpub.com.cn E-mail：sales@mwr.gov.cn 电话：(010) 68545888（营销中心）
经　　　售	北京科水图书销售有限公司 电话：(010) 68545874、63202643 全国各地新华书店和相关出版物销售网点
排　　　版	中国水利水电出版社微机排版中心
印　　　刷	北京印匠彩色印刷有限公司
规　　　格	184mm×260mm　16 开本　15.5 印张　377 千字
版　　　次	2023 年 9 月第 1 版　2023 年 9 月第 1 次印刷
定　　　价	**110.00 元**

《变化环境下干旱灾害成灾机理及演变格局》
编写人员名单

主　　编：倪深海　　鲁瑞洁　　张伟兵　　顾　颖

参编人员：刘静楠　　丁之勇　　李　哲　　王亨力　　陈东雪

　　　　　刘建刚　　耿庆斋　　彭岳津

丛书序

　　我国是旱灾频发重发的国家，新中国成立以来大规模的水利工程建设，使我国具备了抵御中等干旱的能力，但大范围干旱依然是影响我国经济社会高质量发展的心腹大患。历史上我国曾多次发生跨流域跨区域特大干旱事件，如崇祯大旱前后持续17年，重旱区涉及黄河、海河以及长江流域20多个省市。近年来，极端天气事件呈现趋多趋强趋广态势，干旱极端性、反常性越来越明显，干旱灾害风险的复杂性、多变性也愈来愈显著。2022年，全球多地尤其是北半球中纬度地区创下了高温干旱历史记录，欧洲发生近500年来最严重的干旱，近一半区域处于干旱之中；我国长江流域发生1961年以来最严重的气象水文干旱，影响波及农业生产、城乡供水以及生态、航运、发电等诸多方面。在全球气候变化加剧、工业化与城镇化进程快速推进的大背景下，未来发生大范围长历时高强度的特大干旱事件的可能性还将增加，而特大干旱事件具有孕育过程更复杂、破坏性更强、防控难度更高的特点，粮食安全、供水安全与生态环境安全保障将面临更大的压力和挑战。

　　《大范围干旱监测预报与灾害风险防范技术研究丛书》以大范围长历时气象干旱、水文干旱、农业干旱以及因旱城市缺水和生态缺水为研究对象，沿着"成灾机理→监测评估→预测预报→风险评估→风险调控"的研究主线，揭示了变化环境下大范围气象、水文、农业干旱成灾机理及农业、城市、生态等不同承灾对象旱灾风险孕育机理和防范机制，研究构建了包括高精度多源资料综合干旱监测和评估技术、基于多气候模式多陆面模型耦合的旱情多尺度预报预测技术、面向不同承灾对象的旱灾风险动态评估技术、大范围长历时干旱应急供水协同调配技术和风险防范技术等在内的抗旱减灾技术体系，并研发了干旱监测预报与灾害风险防范平台。

　　本丛书以问题为导向、目标为引领，研究深入、内容翔实，对于推动我国抗旱减灾研究具有重要的理论和实践意义。相信本丛书的出版，将会为广大抗旱减灾相关专业的科研人员以及管理人员提供有益的帮助，共同为抗旱减灾事业作出新的贡献。

　　欣然作序，向广大读者推荐。

中国工程院院士

2023 年 8 月

特殊的自然地理和气候条件决定了我国干旱长期存在。历史上，我国曾多次发生大范围干旱事件，如崇祯大旱和光绪大旱，导致农业绝收、人口锐减，甚至朝代更迭。近四十年，随着经济社会快速发展及全球气候变化加剧，承灾体耐受性降低，一旦发生大范围干旱，如2000年全国大旱，不仅影响粮食安全，还会引发城乡供水危机和生态危机。2003年，国家防汛抗旱总指挥部提出"由单一农业抗旱向农业、城市、生态全面抗旱转变，由被动抗旱向主动抗旱转变"的战略思路，二十年来减灾效果明显。但大范围干旱成灾机理及监测、预报、风险防范技术等方面还相对薄弱，亟须科技攻关。为此，科学技术部于2017年正式立项国家重点研发计划项目"大范围干旱监测预报与灾害风险防范技术和示范"（项目编号：2017YFC1502400）。项目下设六个课题，围绕抗旱减灾亟须解决的技术短板及实践需求，力图揭示大范围长历时干旱灾害成灾机理及演变规律，构建包括干旱监测评估、旱情预测预报、旱灾风险动态评估及调控等的抗旱减灾技术体系，研发干旱监测预报与灾害风险防范平台，并在典型区域进行示范应用，从而显著提升我国防旱抗旱减灾能力和水平。

通过四年多的联合攻关，项目取得了以下六个方面的主要进展：

（1）大范围长历时干旱灾害成灾机理及演变规律。揭示了高强度人类活动和气候变化背景下大范围长历时气象干旱、水文干旱、农业干旱成灾机理，研发了基于自然证据及历史文献与考古资料的干旱序列重构技术，重构了全新世以来干旱序列，研判了未来气象干旱、水文干旱、农业干旱演变格局。

（2）高精度综合干旱监测和评估技术。首次构建了高密度资料标准化气候场，发展了高密度多源资料综合干旱指数（comprehensive dvought index，CDI），改进了大范围干旱事件客观识别技术，构建了考虑下垫面条件的区域旱情综合评估技术。

（3）旱情多尺度预报预测技术。研发了集降水概率预测、干旱过程精细化模拟、大尺度模型网格化参数自适应技术于一体的大气–水文耦合月尺度干旱滚动预报技术，提升了月尺度干旱预报精度；构建了基于环流系统异常和机器学习的季节尺度干旱多维预测技术，提升了干旱季节尺度预测精度。

（4）旱灾风险动态评估技术。针对旱灾风险静态评估技术难以用于动态预估灾情发展、为动态决策提供量化依据的问题，提出了基于干旱过程响应机理的旱灾风险动态评估技术，包括基于作物生长模型及情景分析的农业旱灾风险动态评估技术、基于用水效益模型及情景分析的城市因旱缺水风险动态评估技术和基于价值评估模型及滚动预报的生态因旱缺水风险动态评估技术。

（5）大范围旱灾风险综合防范技术。提出了干旱期抗旱需水分析技术方法，提出了不同旱情等级下水库、河网、地下水等多种水源应急水源识别技术和应急供水量动态评估方法，构建了干旱应急供水协同调配双层优化模型和面向多主体、多目标、多过程旱灾风险防范决策模型。

（6）干旱监测预报与灾害风险防范应用平台开发和集成示范。利用基于Hadoop 生态的大数据处理技术、基于 Spring Cloud 的微服务架构等关键技术，构建了基于云服务的干旱监测预报与灾害风险防范平台，实现了覆盖干旱管理全过程的一体化功能，为水利部建立干旱灾害防御预报、预警、预演、预案的"四预"机制提供了重要的先行先试经验。

项目在 2022 年 7 月顺利通过科学技术部组织的综合绩效评价，为将项目研究成果进行全面、系统和集中展示，项目组决定将取得的主要成果集结成《大范围干旱监测预报与灾害风险防范技术研究丛书》，并陆续出版，以更好地实现研究成果和科学知识的社会共享，同时也期望能够得到来自各方的指正和交流。

项目从设立到实施，再到本丛书的出版得到了科学技术部、水利部等有关部门以及众多不同领域专家的悉心关怀和大力支持，项目所取得的每一点进展、每一项成果与之都是密不可分的，借此机会向给予我们诸多帮助的部门和专家表达最诚挚的感谢。

《大范围干旱监测预报与灾害风险防范技术研究丛书》编撰委员会

2023 年 8 月

前　言

　　干旱灾害是全球发生频率最高、持续时间最长、影响面积最广的自然灾害。随着全球气候变化和人类活动的加强，大范围长历时干旱发生的可能性增加。开展大范围长历时干旱灾害成灾机理及演变规律研究，可为大范围长历时干旱监测预报、风险评估预警及调控提供科技支撑，实现科学抗旱和主动抗旱，为新时期国家粮食安全、饮水安全、维护社会生活生产秩序稳定提供基础保障。

　　本书共分6章。第1章介绍了干旱灾害研究意义、目标及主要内容；第2章研究了高强度人类活动和气候变暖背景下大范围干旱成灾机理及内在联系；第3章研究了全新世以来干旱序列重构方法，重构了全新世以来干湿变化序列；第4章重建了近五百年干旱灾害序列，分析了旱灾时空演变规律；第5章研究了变化环境下大范围干旱灾害频发新格局及未来趋势诊断；第6章总结了本书的主要研究成果，并对后续需进一步开展的工作进行了展望。

　　本书撰写分工如下：第1章由南京水利科学研究院倪深海执笔；第2章由南京水利科学研究院倪深海、彭岳津、王亨力执笔；第3章由北京师范大学鲁瑞洁、陈东雪和成都理工大学丁之勇执笔；第4章由中国水利水电科学研究院张伟兵、刘建刚、耿庆斋和中国水利水电出版社有限公司李哲执笔；第5章由南京水利科学研究院倪深海、顾颖、刘静楠执笔；第6章由倪深海执笔。南京水利科学研究院硕士研究生王亨力参与了本书资料分析及图件绘制工作。全书由倪深海统稿。

　　本书得到了水利、气象、农业等行业专家的指导，主要研究成果是在国家重点研发计划"大范围长历时干旱灾害成灾机理及演变规律"（2017YFC1502401）课题经费资助下完成的，同时文中也参考了大量的文献资料，在此一并表示衷心感谢！

　　限于作者水平，书中难免存在疏漏和不妥之处，恳请读者批评指正。

作　者

2023 年 8 月

目 录

第1章

绪 论

1.1 研究背景及意义

干旱灾害是全球发生频率最高、持续时间最长、影响面积最广的自然灾害[1-2]。在全球气候变暖和高强度人类活动的影响下,全球最为严峻的灾害问题之一是干旱频繁发生[3-6]。我国位于亚洲季风气候区,加上三级阶梯状的地貌格局,本质上决定了我国是世界上干旱灾害损失最严重的国家之一[7]。根据全国自然灾害损失统计,全部自然灾害损失中气象灾害损失占 61%、地震灾害损失占 37%、雪崩海啸等损失占 2%;而干旱灾害损失占气象灾害损失的 55%,干旱灾害已成为我国主要自然灾害之一。

农业是气候变暖影响的高敏感行业,1949—2020 年我国发生重旱以上的年份有 26 年,多年平均因旱受灾面积为 19981.3 千公顷,特别是 2000 年因旱损失粮食 599.6 亿 kg,严重威胁了粮食安全[8-11]。近年来,受全球气候变暖的影响,我国发生干旱灾害的区域和特点发生了明显的变化,不仅北方干旱形势更加严峻,而且南方也出现干旱明显增加的趋势[12-13]。特别是 20 世纪 90 年代以来,干旱灾害频次增多、范围扩大、持续时间延长和灾害损失加重,干旱问题日益凸显[14-15]。

目前,干旱灾害研究取得了长足发展,为我国干旱防灾减灾提供了科学依据[16]。但在气候变暖背景下,由于干旱成灾机理复杂、区域差异性大,研究结果还存在一定局限[17]。因此,有必要系统揭示气候变暖和高强度人类活动背景下的干旱灾害成灾机理,利用多源信息同化融合技术建立干旱评估模型,可充分掌握干旱时空特征,准确判断干旱严重程度及其演变规律,为干旱灾害监测预警提供支撑。

特殊的自然地理和气候条件决定了我国干旱将长期存在。历史上,我国曾多次发生大范围干旱事件,如明末崇祯大旱和清光绪初年大旱,导致农业绝收、人口锐减,甚至朝代更迭。近四十年,随着经济社会快速发展及全球气候变暖加剧,承灾体耐受性降低,一旦发生大范围干旱(如 2000 年全国大旱),不仅影响粮食安全,还会引发城乡供水危机和生态危机。2003 年,国家防汛抗旱总指挥部提出"由单一农业抗旱向农业、城市、生态全面抗旱转变,由被动抗旱向主动抗旱转变"的战略思路,近二十年来减灾效果明显。但大范围干旱成灾机理及监测、预报、风险防范技术等方面的研究还相对薄弱,亟须科技攻关。

1.2 国内外研究进展

全世界对干旱及干旱灾害的研究虽已有百年，但其真正引起重视并得以快速发展还是在 20 世纪 60 年代末以后。美国及澳大利亚等国家在干旱灾害风险管理方面已取得了一些进展。随着干旱在全球造成的影响越来越大，干旱的风险管理日益受到关注。目前，美国应对干旱的关注重点已从注重应对能力的危机管理转向应对能力的风险管理。干旱是澳大利亚大部分地区经常面对的自然挑战，特别是农牧业更容易受到干旱的影响。联合国国际减灾战略秘书处于 2007 年出版了《降低干旱风险的框架与实践》，该报告的主要内容包括降低干旱风险的政策与管理方式、干旱风险的识别等。但相对于西方发达国家而言，我国在该领域的研究整体处于"跟跑、并跑"状态。

随着气候变暖和高强度人类活动对水系统影响的不断加大，近年来，国内外在气候变暖和高强度人类活动对水文循环、水资源影响等方面给予了很大的关注，在定量研究气候变暖和高强度人类活动对流域径流影响方面取得了很多有价值的成果。本书将在深化理论研究的基础上，诊断气候变暖背景和高强度人类活动下大范围旱灾频发的新格局及变化趋势，推动我国在该领域的研究由"跟跑、并跑"向"并跑、领跑"发展。以下从干旱形成机理、干旱指标、干旱特征与格局等方面分析国内外研究进展。

1.2.1 干旱形成机理

气候变暖和高强度人类活动在某种程度上改变水文循环收支过程，而干旱是水文循环过程中某个环节出现了失衡而呈现出的一种水分短缺现象，因而干旱的发生和发展在很大程度上受到了气候变暖和高强度人类活动的驱动和影响。国内外学者从气候变暖、高强度人类活动及二者共同作用等方面研究干旱驱动因素。

1. 气候变暖是干旱形成的自然因素

气候变暖是干旱发生和发展过程的重要驱动因素[4-5][18-19]。气候变暖不仅引发了大气环流异常，同时改变了降水的时空分布[20-21]，直接或间接地影响着水文循环过程中的一些关键性要素，如下垫面蒸发、土壤湿度、径流量等，进而改变了流域产汇流过程。降雨时空分布和流域产汇流过程的改变使水文循环发生变异，导致流域水资源时空分布不均匀，引发降雨量阈值、频率和分布格局等发生变化[22-25]，进而增加了干旱发生的风险概率。目前，国内外对气候变暖驱动流域干旱研究较多。基于青藏高原上空 100hPa 高度场及东侧地区夏季降雨场，分析其相互关系和空间结构[26]，结果表明高度场大气环流变化是导致东侧地区旱灾发生的主要原因；全球平均温度上升 1℃，我国东北区干旱化程度则增加 5‰～20‰[27]；对宁夏回族自治区、广西壮族自治区等地区进行气候变暖对干旱事件的影响分析[28-29]，研究认为降雨量减少或者气温升高是导致这些地区干旱发生的主要原因；对河南省旱灾产生的原因进行了分析和探讨[30]，结果表明该省干旱频发主要是由于降雨在年内极度分配不均而导致的。利用美国国家环境预报中心的月平均地表温度数据[31]，分析了气候变暖产生的潜在后果，结果表明，生态系统中处于干旱或半干旱的地区相当大的面积受到了气候变暖影响，同时还易受到土地退化的影响；通过对亚马孙地区和非洲之角过去 2000 年的温度进行重建[32]，结果表明，气候变暖使这些地区加快了干旱速率，且干旱的产生和发展与近年来全球和区域气候变暖密切相关。基于全国基准基本站地面降雨和气温数据[33]，采用加权综合评价法对我国西南地区干旱灾害的风险因子进行了分析，结果表明，气候变暖会直接导致云南全省、四川省的东南部以及贵州省的西部地区干旱风险概率增加。

2. 高强度人类活动是导致干旱的主要因素

水资源开发及土地利用等高强度人类活动使得我国西北地区水文干旱进一步加剧[34]，高强度人类活动是加剧澳大利亚东部地区干旱的主要原因[35]，土地利用变化、水土保持等高强度人类活动是我国西南地区 2009 年严重旱灾的影响因素[36]。土地利用变化主要是通过改变流域下垫面属性特征，直接或者间接地影响着气象要素生成和流域产汇流机制等[37-38]，进而导致流域水资源时空分布格局、水文循环过程和降雨量的地表再分配过程发生变化[39-41]，引发流域干旱的发生和发展。近年来，国内外针对土地利用变化对流域干旱的驱动影响也进行了一些研究。基于美国大陆七个动力降尺度模型[42]，对区域植被和气候变暖情景进行了研究，结果表明，植被影响地气水分、能量以及其他通量的交换和反馈方式，直接或间接地影响着干旱的发生趋势；非洲萨赫勒地区的相关研究也表明[43-45]，森林等地表植被的乱砍滥伐也会直接加剧干旱的发生和发展；同时，大量研究表明，围湖造田、无度扩张等无序的、不合理的土地利用造成的下垫面改变，是干旱加剧的重要原因之一[46-50]。显然，流域的水文过程与地理位置密切相关，不同流域的地形地貌等对流域水文过程的影响各异[51]。因此，应综合考虑各方面影响因素，正确评估以土地利用变化为主的高强度人类活动对干旱的驱动影响。

3. 干旱是气候变暖和高强度人类活动共同作用的结果

许多研究成果发现，影响干旱的因素复杂，主要可分为气候因素、水资源条件因素、社会经济因素（人口增长等），以及为适应生存和发展需求而进行的土地利用开发等[52-55]。随着气溶胶和温室气体的排放，近地表层大气成分改变引发降水减少或气温升高，气候变异进一步加剧，则会影响流域水文循环过程的时空分布特征，进而加剧流域干旱的发生强度和频率。从气候等自然因素和下垫面变化等人为因素对唐山市旱灾的成因进行了阐述[56]；全球变暖对加利福尼亚州 2012—2014 年的干旱影响研究[57]结果表明，人为气候变暖对干旱的影响贡献占 5%～18%。虽然自然变异仍然处于主导地位，但人为气候变暖大幅提高了美国加利福尼亚州干旱的发生概率，若伴随着温度的持续上升，可能还会导致植物或土壤中的水分大量蒸发，进一步加剧加利福尼亚州的干旱烈度；基于 16 个第五次耦合气候模式比较计划（Coupled Model Intercomparison Project Phase 5，CMIP5）气候模型中的典型浓度路径 RCP8.5 情景下，采用标准化降水蒸散指数（Standardized Precipitation Evapotranspiration Index，SPEI），对 190 个国家未来人口的极端干旱暴露度的变化趋势进行了模拟，并对其主要驱动影响因素进行了探讨[58]，结果表明，气候变暖的影响贡献率为 59.5%，人口增长的影响贡献为 9.2%；评价了气候和土地利用对黑土区典型流域干旱的影响[59]，结果表明，与气候变暖相比，以土地利用变化为主的高强度人类活动对农业干旱和水文干旱的历时及强度贡献相对较大，是农业干旱和水文干旱的重要影响因素。

气候变暖和高强度人类活动共同作用是区域发生干旱的主要原因[52][60-61]。随着气候变暖和高强度人类活动对水系统影响的不断加大，近年来，国内外在气候变暖和高强度人类活动对水文循环、水资源影响等方面给予了很大的关注，在定量研究气候变暖和高强度人类活动对流域径流[62-63]、水资源影响方面[64]取得了很多有价值的成果。然而，气候变暖和高强度人类活动作为干旱的两个主要驱动因素，虽然开展了流域尺度的干旱驱动机制研究[65-66]，但对干旱成灾机理和过程特征还缺乏系统认识[67-69]。

1.2.2 干旱指标

干旱的发展过程具有渐进性，其发生和结束缓慢，既难以察觉又不易监测。因此，精准地量化或表征干旱十分困难。考虑到数据的易得性和可操作性等特征，研究者们通常引入干旱指标来度量和对比干旱严重程度、综合分析流域旱情[70-72]。干旱指标因学科不同或旱情研究侧重点不同，大致可分为气象干旱指标、水文干旱指标、农业干旱指标以及社会经济干旱指标四大类。但由于社会经济干旱在很大程度上是由其他三类干旱综合导致的结果，目前对其具体的指标研究还相对缺乏，因此，本书主要综述气象、水文、农业干旱指标及其优缺点。

1. 气象干旱指标

气象干旱指标包括单因子、双因子以及多因子三大指标[73-74]。单因子指标：如降水距平百分率、标准化降水指数（Standardized Precipitation Index，SPI）和 Z 指数等[75-76]，是以降水量或降水量的统计值作为表征因子而建立的干旱评价指标，其计算方法相对简单、资料易于获得，因而是应用最为广泛的一类气象干旱评估指标。双因子指标：如相对湿润度指数[77]、干旱综合指数[78]、标准化降水蒸散指数（SPEI）等[79-80]，勘察干旱指数[81]，K 干旱指数[82] 是以降水和蒸散作为表征因子建立的干旱评价指标，其中，应用最多的双因子指标是标准化降水蒸散指数（SPEI）。多因子指标：如依据土壤水分平衡原理建立的 Palmer 干旱指数（Palmer Drought Severity Index，PDSI）[83]，考虑了降水、气温、土壤含水量等多个因素，是当前应用较为广泛的气象干旱指标之一。但严格来说，Palmer 干旱指数考虑了诸多水文循环过程要素，已不是完全意义上的气象干旱指标[84-86]，也为气象干旱综合指数（Meteorological Drought Composite Index，MCI）的适用性分析及气象干旱指数在干旱监测中的改进提供依据[87-88]。常见的几种气象干旱指标及其优缺点见表 1.1。

表 1.1 气象干旱指标及其优缺点

气象干旱指标	优 点	缺 点
降水量或累积降水量距平百分率/标准化量	(1) 数据容易获取； (2) 无量纲化，可进行时空对比； (3) 适用于多时间尺度	(1) 需要长时间数据序列； (2) 没有考虑到蒸发等水分支出因素； (3) 结果受序列长度的影响
标准化降水指数（SPI）或 Z 指数	(1) 数据容易获取； (2) 无量纲化，可进行时空对比； (3) 适用于多时间尺度	(1) 需要长时间数据序列； (2) 没有考虑到蒸发等水分支出因素

气象干旱指标	优　点	缺　点
K 干旱指数	（1）同时考虑了降水和蒸发； （2）无量纲化，可进行时空对比； （3）适用于多时间尺度； （4）可评估气候变暖对干旱的影响	（1）需要长时间数据序列； （2）潜在蒸发计算相对烦琐； （3）结果受序列长度影响
勘察干旱指数	（1）同时考虑了降水和蒸发； （2）无量纲化，可进行时空对比； （3）适用于多时间尺度； （4）对环境变化灵敏度高； （5）可与农业、水文干旱建立联系	（1）需要长时间数据序列； （2）在特干地区，若降雨零值时段较长，拟合结果易产生偏差
Palmer 干旱指数（PDSI）	（1）考虑了土壤水平衡原理； （2）无量纲化，可进行时空； （3）对降水和气温变化较敏感	（1）数据不易获取； （2）计算较复杂； （3）没有考虑到积雪和融雪的影响，不适用于冬季和高海拔地区

2. 水文干旱指标

水文干旱指标通常是基于径流量或者水库水位等水文变量建立的，根据涉及变量的多少，可分为单因子指标和多因子指标。其中，单因子指标根据其计算方法又可分为三种：基于水文变量绝对量指标，如以某一时段内实际流量与给定阈值之间的差值来衡量干旱程度的径流亏缺量；基于水文变量统计量指标，如以日累积的月径流量（或累积月径流量）与多年同期平均值的差值；基于水文变量或其统计值服从某一分布而构建的指标，如标准化径流指数（Standardized Runoff Index，SRI）等[89]，在计算时只需准备长序列径流数据[90]。对于多因子综合的水文干旱指标，目前主要有地表供水指数[91] 和 Palmer 水文干旱指数[92]。常见的几种水文干旱指标优缺点见表 1.2。

表 1.2　　　　　　　　　　　　水文干旱指标及其优缺点

水文干旱指标	优　点	缺　点
径流亏缺量	（1）数据易获取； （2）计算简单	（1）指标为绝对量，不适用于区间比较； （2）无统一标准设定阈值； （3）需要长时间数据序列
径流异常指数	（1）无量纲化，可进行时空对比； （2）数据易获取； （3）计算简单	（1）需要长时间数据序列； （2）基于短时间数据序列拟合易产生偏差
标准化径流指数（SRI）	（1）无量纲化，可进行时空对比； （2）数据易获取； （3）适用于多时间尺度	（1）需要长时间数据序列； （2）基于短时间数据序列拟合易产生偏差
地表供水指数	（1）考虑了降雨、径流和高海拔地区的积雪； （2）考虑了水库蓄水； （3）计算简单，能反映地表水的供应状况	（1）缺乏空间可比性； （2）指标权重确定时，主观性较强

续表

水文干旱指标	优　点	缺　点
Palmer 水文干旱指数	(1) 考虑了土壤水平衡原理； (2) 无量纲化，可进行时空对比	(1) 需要数据较多且难以获取； (2) 计算复杂； (3) 未考虑到积雪和融雪，不适用于山区水文干旱监测

3. 农业干旱指标

农业干旱指标主要分为两类：第一类是以直接影响作物水分吸收的土壤水或土壤水统计特征值为代表的单因素指标，如土壤相对湿度、土壤湿度异常指数等；第二类是综合降雨、气温和土壤水等因素的多因素指标，如作物水分指数（Crop Moisture Index，CMI）[93]、Palmer 土壤异常指数等[94]。常见的几种农业干旱指标及其优缺点见表 1.3。

表 1.3　　　　　　　　　　农业干旱指标及优缺点

农业干旱指标	优　点	缺　点
土壤相对湿度	计算简单，适用于评估站点农业干旱	(1) 未考虑土壤性质差异，难以统一评价标准； (2) 未考虑作物需水因素
土壤湿度异常指数	(1) 计算简单，应用广泛； (2) 无量纲化，可进行时空对比	(1) 需要长时间数据序列； (2) 未考虑作物需水因素
标准化土壤湿度指数	(1) 计算简单； (2) 无量纲化，可进行时空对比； (3) 适用于多时间尺度	(1) 需要长时间数据序列； (2) 短时间数据序列拟合易产生偏差
作物水分指数（CMI）	(1) 考虑了降雨和气温等气象因素； (2) 适用于暖季农业干旱评估和监测	(1) 不适用于长期农业干旱监测； (2) CMI 对潜在蒸发异常敏感，易随蒸发量增加而增加
Palmer 土壤异常指数	(1) 考虑了降雨和气温等气象因素； (2) 对土壤含水量较敏感	(1) 计算较复杂； (2) 需要数据较多且难以获得

1.2.3　干旱特征与格局

1. 干旱特征

我国干旱研究工作受实测降水量资料的限制，多以史料记载、群众经验及少量降水量记录为依据，从干旱事件的现象特征入手，分析干旱灾害特征及其危害。随着观测站网的完善和探测手段的不断进步，逐步发展到对干旱时、空分布规律的认识。

（1）区域干旱事件年发生频率高、影响大，大范围干旱灾害尤为严重。我国最严重的干旱是明朝崇祯年间的大旱，从崇祯元年（1628 年）陕北干旱起，至 1638 年旱区扩及陕西、山西、河北、河南、山东和江苏等省，中心区连旱 17 年。赤地千里，民不聊生，爆发了明末农民大起义。20 世纪分别在 1900 年、1928—1929 年、1934 年、1956—1961 年和 1972 年出现了大范围干旱。大范围干旱事件年发生频率为 11%[95]。元、明、清三朝河南省共有 654 年发生干旱，以夏旱最多，春旱次之，冬旱最少，季节连旱中以夏秋旱、春夏旱居多[96]。1640 年、1641 年、1832 年和 1877 年河北省发生受旱范围广、持续时间长的干旱事件[97]；1951—1980 年黄土高原春旱频率最高的是宁夏回族自治区北部（75％），黄土高原大部分区域夏旱形势更加严峻，干旱频率比以往增大，大旱概率明显增大。黄河流域以春旱为最严重[95,98]。可见，中国区域干旱事件年发生频率大多在 50％以上，虽然大范围干旱事件年发生频率不高（11％），但其危害非常严重，应予以高度关注。

（2）北方地区属干旱频发区，但近年来南方地区干旱频次也明显增多。北方地区总体属于干旱多发区域[99-103]。进入 21 世纪后，北方干旱仍然频繁发生的同时，南方地区干旱频次明显增多，季节性干旱事件增加尤为明显[104-106]。其中，西南地区的四川省东南部、云南省和贵州省西部等地区 2011—2014 年干旱频率达到了 50％[6,103]，重大干旱事件频发[101,107]，2006 年重庆市、四川省遭受 100 年一遇的特大干旱，2009 年西南地区出现有气象记录以来最严重的秋-冬-春连旱；2009—2012 年云南省发生连旱等。2004 年整个华南地区遭遇了 1951 年以来最严重的秋-冬连旱；2007 年一场 50 年一遇的特大干旱波及江南、华南及西南等区域。

（3）农业旱灾面积总体呈增大趋势，农作物因旱受灾面积和成灾面积趋于增大。20 世纪 50 年代以来，中国旱灾总体呈加重趋势，农作物因旱受灾和成灾面积趋于增大。尤其是华北、东北、西北地区东部、西南以及华南等区域显著干旱化[108]，干旱程度加重，频次增多，旱区范围显著扩大[109-114]。进入 21 世纪后，重大干旱事件明显增多[103]，重旱到特旱的受灾面积每 10 年增加 3.72％[115]。

2. 干旱格局与演变

对中国干旱灾害时空格局的研究，历来受到政府和学术界的高度重视，已取得了诸多研究成果。如从气候演变角度分析全球变暖或北方干旱化等对干旱灾害的影响[116]，干旱过程、时空尺度及干旱指数构建机制的探讨[117]，基于清代故宫旱灾档案的中国旱灾时空格局研究[118]，中国气象干旱的空间格局特征（1951—2011 年）[119]，基于 SPEI 的黄河流域干旱时空格局研究[120]；还有从气象记录或历史记录中，研究时段序列较为完整的近 500 年（1470—1990 年）和近 50 年（1949—2000 年）的中国干旱灾害时空格局[13,121-122]。

珍贵的历史文献记载着干旱灾害发生的时间、持续季节、影响范围及严重程度等，是人们认识历史干旱灾害特征的主要途径。学者研究了非洲赞比亚的干旱时空格局[123]，分析了美国 2012 年农业干旱严重程度[94]，研究了考虑气候变化条件下的气象、农业干旱特征[124-125]。国内已有研究成果从气象记录或历史记录中，提取干旱次数或划分干旱等级等信息[126]，计算不同时间尺度干旱灾害指标，分析不同区域干旱特征及农业干旱灾害时空格局[8,127]，以及基于干旱灾害风险综合评估指数的干旱时空格局研究[128]。以 1949—2017 年间干旱及灾害发生的事实为依据，重构并研究近 70 年中国干旱灾害的时空格局[129]，分析近 70 年干旱灾害发生频率及连续干旱年组特征，揭示全国干旱灾害变化趋势的地域差异。

通过降尺度实现全球气候模式（如 CMIP5）与分布式水文模型的耦合，是预估未来流域尺度干旱趋势的有效方法[130-133]。流域尺度干旱的发生演变趋势不仅受未来气候变化的直接影响，同时还受高强度人类活动的影响[134-135]。预估干旱的演变趋势需要充分考虑气候变化和高强度人类活动影响下水文循环系统的变化[136]。虽然，常用的 CMIP5 中排放情景考虑了人类活动对 CO_2 浓度和相应辐射的影响，但是，其并不针对未来特定的社会经济发展路径；此外，CMIP5 采用的四种 RCP 排放路径均以人为气溶胶排放在未来会大幅减少为假设前提，这直接导致气溶胶情景的差异很小，不能体现气溶胶影响近期气候变化的多种可能性[137-138]。因此，已有的基于 CMIP5 数据集的干旱趋势研究只考虑未来气候变化情景下的干旱发展态势[139]，未充分考虑人类活动的影响。

联合国政府间气候变化专门委员会（Intergovernmental Panel on Climate Change，IPCC）于 2021 年发布的第六次国际耦合模式比较计划（Coupled Model Intercomparison Project Phase 6，CMIP6）提供了两个核心试验（气候诊断、评估和描述；历史气候模拟试验）和新增的 23 个子计划及其数值试验，成为支撑未来气候未来变化相关研究的基础[140]。其中，情景模式比较计划（ScenarioMIP）直接采用包含具体人口、经济和技术等社会发展指标变化的共享社会经济情景模式，描述在没有气候变化或者气候政策影响下，未来社会的可能发展及可能发生的能源结构所产生的人为排放及土地利用变化，提供了基于不同共享社会经济路径（Shared Socieconomic Pathways，SSP）的四种预估气候情景数据[138]；土地利用模式比较计划（Land-Use Model Intercomparison Project，LU-MIP）考虑土地利用对过去和未来气候和生物地球化学循环的影响，提供了不同土地管理机制对减缓气候变化产生不同程度影响情景下的土地利用及土地管理（如灌溉农田面积占比）等模式数据。CMIP6 情景模式比较计划和土地利用模式比较计划，为研究未来气候变化和人类活动综合影响下干旱发展演变趋势提供了基础数据支撑。因此，通过降尺度方法，耦合 CMIP6 的气候情景模式（ScenarioMIP）和土地情景模式（LUMIP）与分布式水文模型，模拟与预估未来干旱的演变趋势及其发生概率，是提高未来变化环境下干旱预估可信度的关键。

1.2.4 干旱研究存在的问题及前沿趋势

1. 干旱研究存在的问题

近年来，气候变暖、干旱灾害驱动机制及干旱灾害应对技术等方面研究得到迅速发展。然而，干旱灾害的形成和发展过程不仅包含复杂的动力学过程及多尺度的水分和能量循环机制，还涉及气象、农业、水文等多个领域。目前来说，还存在如下主要问题：

（1）大范围干旱灾害形成的动力学机制尚不十分清楚，其预测理论的不确定性依然存在，导致对干旱灾害发生、解除等阶段的确定性预测依然是难点。应该将数值模拟、观测试验、遥感反演和理论研究等方法相结合，系统分析干旱形成和发展的陆面过程、大气边界层及大气边界层与自由大气相互作用的动力、热力和水分特征，揭示干旱事件中陆-气相互作用对大气环流和季风变化的影响机理。

（2）气象干旱与农业、水文等领域干旱之间的关系研究不够深入，干旱致灾机理和过程特征还缺乏认识，与此有关的基础理论尚未建立。针对气象、水文和农业的干旱指数只是反映了干旱发展的不同阶段，不需要追求发布出一致的气象、水文和农业干旱监测结论，而需要充分了解气象、水文和农业干旱的内在关系，揭示它们之间的关联性、阈值标准和非一致性特征，实现对干旱发生、发展的全程监测，发挥逐级预警作用，才能及时把握干旱发展的动态，为政府部门防旱抗旱提供科学依据。

（3）气候变化背景下干旱演变格局问题有待于研究。在干旱形成和发展过程中，气温-蒸发-湿度-降水的相互作用与反馈也并不是简单的线性过程，而往往表现为相当复杂的多层次、多途径交叉耦合过程。需要充分认识干旱对气候变暖响应的复杂性，系统了解气候变暖对各种干旱形成因子的作用过程，深入揭示气候变化对干旱形成与发展的影响机理，准确预测气候变化背景下干旱发展趋势及演变格局。

2. 干旱研究的前沿趋势

分析国内外干旱相关研究的最新进展，当前国际、国内干旱研究主要集中在以下四个前沿方向：

（1）大范围干旱：大范围干旱形成背景。干旱多呈现区域性，但其发生发展与更大尺度的大气环流持续异常及其相互作用密切关联。

（2）试验手段：区域尺度地表/陆面过程及其与大气相互作用的观测试验研究。通过科学合理设计观测试验，是揭示干旱陆面-大气间能量和水分互馈机制、干旱致灾及解除过程特征最基本手段，也是目前国际上研究干旱及其相关问题的主要方式，选取多个示范区并综合大气、陆面、边界层、土壤、植被、水循环等内容进行集合观测或者专项试验。

（3）机理分析：干旱形成机理研究及其（区域）气候模式/陆面过程模式发展。数值模式是研究干旱形成机理的常规方法，但必须在观测试验的基础上，就干旱过程中的陆-气相互作用机理及其参数化方案对模式进行适应性改进。

（4）长历时多源资料：多种资料的综合分析，以及利用代用资料研究长历时的干旱规律和干旱气候变暖。多源资料融合分析并形成相关产品、建立共享平台，对于干旱研究协同创新至关重要，欧洲地区以及美国等国际上主要的干旱研究中心已走在前列。

1.3 研究目标和主要内容

1.3.1 研究目标

突破基于自然证据及历史文献与考古资料的多尺度干旱历史序列重构方法，重构典型地区全新世以来干旱序列和全国近五百年干旱灾害序列，揭示大范围长历时气象、水文、农业干旱灾害成灾机理及演变规律，研判高强度人类活动和气候变暖背景下大范围长历时干旱灾害频发新格局。

1.3.2 研究内容

根据研究目标要求，提出基于自然证据及历史文献与考古资料的多尺度干旱历史序列重构方法，重构全新世以来多时间尺度的区域干旱序列；建立全国近五百年干旱灾害序列，分析不同时间尺度下全国历史干旱灾害演变规律；基于水循环原理模拟变化环境下各环节水分失衡过程，揭示大范围长历时气象、水文、农业干旱及成灾机理；研判我国大范围长历时干旱灾害频发新格局及未来演变趋势，设置四个专题（图1.1），分别是：专题一，全新世以来干旱序列重构研究；专题二，近五百年历史干旱灾害时空演变规律研究；专题三，高强度人类活动和气候变暖背景下大范围干旱成灾机理；专题四，变化环境下大范围干旱灾害频发新格局及未来趋势诊断。

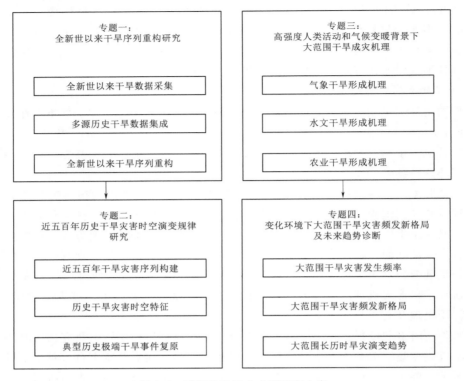

图 1.1　课题设置四个专题研究内容

专题一：全新世以来干旱序列重构研究

　　收集基于树木年轮、冰芯、石笋、湖泊沉积物及历史考古资料等各类代用证据重建的全新世以来干旱数据，甄选出可信度较高的干旱序列。补充采集新的树木年轮样品和地层沉积剖面，在树轮样品交叉定年及沉积物样品 AMS^{14}C、光释光等方法测年的基础上，建立关键区域全新世以来新的干旱序列。开展各类代用证据对比和交叉验证分析，探索不同时空分辨率的多源历史干旱数据集成方法，重构全新世以来多时间尺度的区域干旱序列。

专题二：近五百年历史干旱灾害时空演变规律研究

　　收集整理近五百年旱灾史料，对历史旱灾史料进行空间单元标准化处理和旱灾等级标准化处理，建立近五百年以县级政区的灾害时空序列。研究近五百年全国及分区域历史干旱灾害时空特征，揭示历史干旱灾害发生、发展特点及演变趋势。研究典型场次特大旱灾划分标准；选取典型历史极端干旱事件，对干旱期气象水文环境进行复原，揭示历史极端干旱水分异常特征，分析历史干旱对生态环境、人类生存和社会变迁的影响，再现典型场次干旱发生、发展的动态演变过程。

专题三：高强度人类活动和气候变暖背景下大范围干旱成灾机理

　　识别影响地表、土壤及地下水分运移的气候因子，研究大气-地表-土壤-地下之间水分和能量交换动力耦合机制，揭示气候变暖条件下大范围气象干旱形成机理。分析高强度人类活动对区域气象要素影响，研究不同高强度人类活动下水文因子的变化特征，揭示水文干旱成灾机理。分析变化环境下农作物水分失衡过程，研究大范围长历时农业干旱形成及成灾机理。系统揭示大范围、长历时气象-水文-农业干旱内在联系。

专题四：变化环境下大范围干旱灾害频发新格局及未来趋势诊断

研究近四十年变化环境下大范围干旱灾害发生的时空分布特征，与历史干旱及灾害发生的频次、空间格局及旱灾损失进行对比分析，研判变化环境下大范围长历时干旱灾害频发新格局。选择不同气候模式模拟预测我国未来降水、气温变化趋势，研究大范围标准化蒸散指数多尺度演变特征、极端干旱的水文响应、枯水流量变异特征，明晰水利工程调节作用下水资源与干旱灾害的关系，诊断变化环境下未来大范围长历时干旱灾害演变趋势。

1.3.3 解决关键科学问题

科学问题1：变化环境下大范围长历时气象、水文、农业干旱灾害成灾机理及演变规律

随着全球气候变暖和高强度人类活动扰动加强，大范围长历时干旱发生的可能性增加，其成灾机理及演变规律更加复杂多变。气候变暖如何影响气象干旱的发生？下垫面条件变化引起的流域产汇流过程变化及土壤水变化如何影响水文和农业干旱的发生发展？水利工程调节如何减轻干旱灾害影响？本书将系统揭示变化环境下大范围长历时气象-水文-农业干旱灾害成灾机理及其演变规律，研判高强度人类活动和气候变暖背景下大范围长历时干旱灾害频发新格局。

科学问题2：基于自然证据及历史文献与考古资料的多尺度干旱历史序列重构方法

各种历史旱涝序列重构方法自成体系，不同方法之间缺乏相互印证，如何建立通过不同自然证据重建的旱涝序列和通过历史文献资料或考古资料重建的旱涝序列之间的相互对应关系是干旱历史序列重构的关键。通过甄选基于树木年轮、冰芯、石笋、湖泊沉积物以及历史文献与考古资料等重建全新世以来的干旱数据，并在中国季风区西北边缘等对干旱敏感地区补充采集新的树木年轮样品和地层沉积剖面，在树轮样品交叉定年、沉积物样品进行 AMS^{14}C、光释光等方法测年的基础上，探索不同时空分辨率的多源历史干旱数据集成方法，重构全新世以来多时间尺度的区域干旱序列。

科学问题3：研发典型场次干旱灾害事件的动态演变过程及空间演化特征技术

干旱灾害具有发生缓慢、累计成灾的特点，典型场次旱灾事件具有持续性、累积性、阶段性、区域性的特点，分析并认识典型场次旱灾事件的发生、发展、高峰、退出的动态演变过程，不仅对认识旱灾特征和规律有着学术理论方面的意义，而且对防灾减灾政策的制定、减灾规划等有着重要的现实意义。

1.4 研究技术路线

采用"资料收集—机理识别—规律揭示—技术研发—格局研判"研发思路，研究大范围长历时干旱灾害成灾机理及演变规律。研究技术路线如图1.2所示。

——资料收集：制定野外工作方案，甄选基于树木年轮、冰芯、石笋、湖泊沉积物以

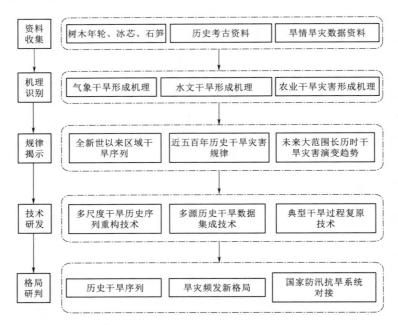

图 1.2 研究技术路线

及历史文献与考古资料等重建的全新世以来的干旱记录；系统收集整理近五百年全国范围的旱灾史料与基础数据资料收集和文献检索。

——机理识别：构建基于水循环-能量循环-碳循环驱动耦合的水循环全过程整体水分亏缺干旱指标，从气候、地理、水文等自然要素和水利工程建设、水资源利用、经济社会发展等社会要素方面，揭示气象干旱、水文、农业干旱及成灾机理，分析气象、水文、农业干旱内在联系。

——规律揭示：基于本书重构的全新世以来区域干旱序列和近五百年以县级政区为单元的干旱灾害序列，研究不同时间尺度下历史干旱灾害演变特征和规律。选择 BCC-CSM2-MR 模式试验数据，预测我国未来降水、气温变化趋势，研究大范围标准化降水蒸散指数、标准化径流指数及枯水流量变异特征、作物缺水指数及农业受旱率等指标，诊断变化背景下未来大范围长历时干旱灾害演变趋势。

——技术研发：基于树木年轮、冰芯、石笋、湖泊沉积物、历史文献等各类代用证据，研究多时空分辨率多源历史干旱数据集成方法，提出基于自然证据及历史文献与考古资料的多尺度干旱历史序列重构方法。研发典型场次干旱灾害事件的动态演变过程及空间演化特征技术。

——格局研判：建立长序列历史干旱灾害数据库，研判气候变暖和高强度人类活动背景下大范围长历时干旱灾害频发新格局，集成单项研发技术，为研发面向国家抗旱决策与风险管理的干旱监测预报与旱灾风险防控一体化平台提供数据、技术支持，并与国家防汛抗旱指挥系统高度集成。

1.5　干旱的时空尺度及分区

1.5.1　干旱的时空尺度

尺度是理解地学中各种过程和现象复杂性的关键，对地球各系统过程的认识层次依赖于观测的尺度。与其他地球物理过程不同，气象要素变化及相应的水文过程和农业生产均有特定的时空尺度。气象要素的变化过程与大气的波谱组织结构有关联，不同的波谱特征对应不同的时间尺度。大气环流所对应的最长 Rossby 波持续时间大概有 3~10d，而且影响范围达数千千米。而与此相反，气象要素的日变化过程具有显著的特征变化频率，微气象学研究的时间尺度从秒到分，更关注与近地面层微小湍流相关的物质和能量交换过程，其空间尺度也仅仅在数千千米范围内。水文循环常以流域尺度为研究对象，分别有小流域尺度、中流域尺度和全流域尺度，而其时间尺度则分为日、旬、月及年。在研究与农业生产相关的水分和能量传输过程时，研究者将空间尺度划分为土体尺度、农田尺度以及区域尺度，而同时农业生产关注的时间尺度主要以候、月以及季为主。由于干旱发生的过程与气象要素、水文过程及农业生产相关联，因而干旱的发生发展及其影响也具有不同的时空特征。

根据《国家防汛抗旱应急预案》Ⅲ级应急响应，大范围干旱是指数省（自治区、直辖市）同时发生中度以上的干旱灾害或多座大型以上城市同时发生中度干旱。本书将大范围界定为"两个及两个以上省（自治区、直辖市）同时发生中度以上干旱灾害的区域，或两座大型以上城市同时发生中度干旱的区域"；长历时界定为"发生两个及两个以上连季干旱灾害的时段"。

1.5.2　干旱的定义

干旱是一种持续性的、大范围的、低于正常水平的天然降水短缺事件。水循环中任一过程的水分亏缺都可能造成干旱，因此需要从水循环全过程来研究干旱。

本书关于气象干旱、水文干旱、农业干旱的定义如下：

气象干旱——某时段内，由于蒸散量和降水量的收支不平衡，水分支出大于水分收入而造成地表水分短缺的现象。

水文干旱——由于降水的长期短缺而造成某段时间内，地表水或地下水收支不平衡，出现水分短缺，使江河流量、湖泊水位、水库蓄水等减少的现象。

农业干旱——农作物生长季内，因水分供应不足导致农田水量供需不平衡，阻碍作物正常生长发育的现象。

1.5.3　干旱的类型

气象干旱关注大气干湿状况，水文干旱关注径流减少造成区域需水短缺，农业干旱关注土壤水分亏缺造成作物产量下降。而在这些过程中，如果将所研究的对象以时空尺度再进行细分，又可以涉及不同的要素，而对应的干旱类型也会有明显的区别[141]。

13

1. 气象干旱

与气象要素变化过程相关的干旱所关注的问题从时空可以大致分为三类。第一类是大气干旱，即大气温度过高、相对湿度过低等特殊气象原因造成植物缺水的现象，典型的如干热风。该类干旱发生时间短暂，一般在数天到数十天之间，且其天气过程在中小尺度范围，同时大气干旱又与农业生产相联系，在空间上发生于农田尺度。第二类是大气环流异常，大尺度高压天气系统稳定控制下的异常少雨现象，对应本书的气象干旱，其时间尺度从数天到连续几个季节，甚至连续数年，而空间则涉及大尺度大气环流，而对应所影响的下垫面涉及较大的区域。第三类是一定空间尺度下的常年状态，即气候干旱，气候干旱的形成决定于海陆分布、地理纬度以及其他因素，气候干旱是气象要素的多年平均状态，其空间尺度涉及非常广，可以从区域尺度到全流域尺度。

2. 水文干旱

水文过程涉及的物理过程比较繁杂，既包括一定的中小尺度天气过程，又包括大气环流过程以及与农业用水相关的所有土壤水分运移过程，因此其时空尺度相对于农业干旱所涉及的时空尺度要大得多，但同时流域面积总是有限的，所以其时空尺度较大尺度的气象要素变化过程要小。中小流域的水文循环，往往受中小尺度天气过程影响较大，短期较大强度的降水过程可能很快缓解中小流域的水文干旱，但是在时间尺度上，水文过程要滞后于天气过程的发生，同时高强度人类活动在很大程度上会影响中小流域干旱的发生发展，因此在分析水文干旱过程时，流域水分需求是不能忽略的重点。

3. 农业干旱

而对于与农业相关的干旱而言，农业干旱研究的主体是农作物与水分的相互关系，落脚点一个是土壤水分供给，另一个是作物水分的吸收。土壤理化特征分布本身具有较强的空间差异性，而且加上中小尺度天气过程的影响，从而导致相同地区相近地段土壤水分存在较大的差异，作物生长所处的土壤水分条件不同，土壤干旱的发生状况也不完全一致。同时，不同农田地块，由于施肥条件或其他化学因素作用，引起土壤溶液浓度过高，即使土壤中水分充足，但作物根系因渗透过程控制无法吸收土壤中的水分，也很容易使作物遭受生理干旱。而生理干旱往往发生于土体尺度到农田尺度之间，不过一些特殊的情形下，也可能整个区域作物遭受生理干旱。此外，由于气象要素的控制，大气干旱发生时，往往是数千米内的作物遭受危害比较严重，而相邻部分区域却受害较轻，甚至不受害，所以大气干旱所导致较短时期的农业干旱，其空间尺度定位于农田尺度。但有时在气象干旱长期影响下，一个区域的整个农业系统也可能遭受到影响，使得农业干旱扩大到区域尺度。总的来看，从影响因素和时空尺度划分，农业干旱大致可分为土壤干旱、作物生理干旱，以及由大气干旱引发的农业干旱。

1.5.4　气象干旱和农业干旱分区

根据我国干旱形成的自然背景、干旱特征及地域分布特点，将全国划分为九大研究区，分别为东北、黄淮海、长江中下游、华南、西南、西北，以及单列的内蒙古、新疆、西藏等。各研究区所包括的省（自治区、直辖市）见表1.4。研究区主要气象因子多年平均值（1980—2020 年）见表1.5。

表 1.4　　　全国九大研究区范围表

序号	研究区名称	所含的省（自治区、直辖市）
1	东北	辽宁，吉林，黑龙江
2	黄淮海	北京，天津，河北，陕西，山东，河南
3	长江中下游	上海，江苏，浙江，安徽，江西，湖北，湖南
4	华南	福建，广东，广西，海南
5	西南	重庆，四川，贵州，云南
6	西北	陕西，甘肃，青海，宁夏
7	内蒙古	内蒙古
8	新疆	新疆
9	西藏	西藏

表 1.5　　　全国九大研究区概况表

序号	研究区名称	1980—2020 年多年平均值	
		年降水量/mm	年蒸发量/mm
1	东北	620.8	1360.3
2	黄淮海	592.1	1711.3
3	长江中下游	1346.8	1362.8
4	华南	1701.7	1638.1
5	西南	1077.2	1673.3
6	西北	409.1	1629.6
7	内蒙古	317.5	1909.2
8	新疆	112.2	2310.7
9	西藏	472.3	1995.0

从表 1.5 可知，在九大研究区中，多年平均（1980—2020 年）年降水量最小的是新疆（112.2mm），最多的是华南（1701.7mm）；从蒸发量来看，多年平均年蒸发量最少的是东北（1360.3mm），最大的为新疆（2310.7mm）。

1.5.5　水文干旱分区

针对我国水文及流域的特点，以全国水资源一级区作为水文干旱研究分区，分别为松花江、辽河、海河、黄河、淮河、长江、东南诸河、珠江、西南诸河、西北诸河共 10 个区。我国径流的分布格局为南方水资源区径流大于北方的水资源区径流。各区的基本情况见表 1.6。

表 1.6　　　　　　　　　　全国水资源一级区基本情况表

序号	水资源一级区	流域面积/万 km²	多年平均径流深/mm		1956—2020 年多年平均降水量/mm	多年平均气温/℃
			1956—2000 年	1956—2020 年		
1	松花江	92.49	138.6	139.0	472.8	3.42
2	辽河	31.38	129.9	124.5	517.1	6.29
3	海河	31.82	67.5	60.1	540.4	11.52
4	黄河	79.21	74.8	73.5	442.9	7.38
5	淮河	33.17	205.1	209.7	860.4	14.13
6	长江	180.00	552.9	550.7	1025.7	13.46
7	东南诸河	24.06	1085.3	932.6	1574.3	18.21
8	珠江	57.78	815.7	833.0	1573.0	20.45
9	西南诸河	84.69	684.2	672.7	301.7	8.39
10	西北诸河	338.71	34.9	35.8	173.7	6.73

1.6　干旱特征指标及演变判别方法

1.6.1　干旱识别与评估指标

1.6.1.1　干旱事件识别

由于干旱具有随机性、不确定性、动态性等多维特征，干旱的度量是比较困难的，其发生发展乃至结束时间是模糊不清的。基于干旱的复杂性与差异性，客观判断和评估干旱事件的时空分布特征至关重要。干旱采用严重（缺水）程度、持续时间和影响面积三维特征进行衡量，一次干旱事件可采用干旱严重程度、持续时间和影响面积等特征变量进行量化表征。通过构建某一干旱指数进行干旱识别，再依据干旱指数的阈值水平划分确定干旱事件的起止时间、持续时间、干旱烈度、干旱面积和干旱强度等特征变量（图 1.3）。

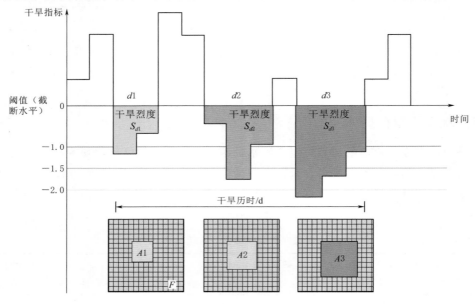

图 1.3　不同等级干旱事件的识别

1. 干旱历时

干旱历时（d）即一次干旱事件开始到结束的时间。根据区域干旱识别结果，以年、月、旬、日等不同时间尺度表达持续时间（干旱起始和终止之间的时间间隔），在此期间干旱特征参数连续低于临界水平，也是反映干旱的一个重要指标。

2. 干旱烈度

干旱烈度（S_d）指一次干旱事件在其持续时间（d）内累计水分亏缺程度，即各时段干旱指标低于阈值的阴影面积之和，反映的是干旱导致某地区的缺水程度，是用于描述一次干旱事件的主要干旱指标之一。

$$S_d = \sum_{t=1}^{n} S_d(t) \tag{1.1}$$

式中：$S_d(t)$ 为一次干旱事件第 t 时段干旱严重程度（即阴影面积）；n 为一次干旱事件内总时段数。

3. 干旱面积

干旱面积（a）指一次干旱事件在其持续时间（d）内干旱影响面积（A，即干旱空间笼罩面积）与区域总面积（F）的比值，用百分比（%）表示。

$$a = \frac{A}{F} \times 100\% \tag{1.2}$$

$$A = \sum_{k=1}^{m} A(k) \tag{1.3}$$

式中：$A(k)$ 为第 k 个单元干旱影响面积；m 为区域内评价单元个数。

4. 干旱强度

干旱强度（s）即一次干旱事件在其持续时间内各时段干旱强度之和，各时段干旱强度即时段内所有干旱单元干旱强度按照各单元干旱影响面积加权求和，而各时段干旱单元的干旱强度即截断水平与干旱指标的差值。

$$s = \sum_{t=1}^{n} s(t) \tag{1.4}$$

$$s(t) = \sum_{k=1}^{m} s(t,k) \times \frac{S_d(t,k)}{S_d(t)} \tag{1.5}$$

$$S_d(t) = \sum_{k=1}^{m} S_d(t,k) \tag{1.6}$$

$$s(t,k) = \frac{S_s(t,k)}{d(k)} \tag{1.7}$$

式中：s 为区域内一次干旱事件的干旱强度；$s(t)$ 为区域内第 t 时段内干旱强度；$s(t,k)$ 为任意干旱评价单元 k 在第 t 时段的干旱强度；$S_d(t)$ 为区域内第 t 时段内干旱烈度；$S_d(t,k)$ 为任意干旱评价单元 k 在第 t 时段的干旱烈度；$d(k)$ 为评价单元 k 的干旱历时；m 为区域内评价单元个数。

干旱过程内所有持续时间的干旱指数为轻旱以上的干旱等级之和，其值越小干旱过程越强。

5. 干旱频率

干旱频率（P）即一定时期内发生某种特征干旱事件的频繁程度，是重要的干旱特征指标之一。干旱频率计算方法主要有经验频率法和联合概率分布法。

经验频率法通常用于单一干旱特征指标的频率计算，即将干旱事件某一特征指标按照从大到小排序，按下式计算该特征指标经验频率：

$$P = \frac{m}{n+1} \tag{1.8}$$

式中：P 为某特征指标的经验频率；m 为某特征指标按由大到小顺序排列的序号，n 为干旱发生的总次数。

1.6.1.2 干旱评估指标

气象干旱指标多是由降水量和蒸发量构成的；水文干旱多反映流域或供水大小，主要

17

以径流量为基础；农业干旱指标主要是描述作物不同生长期的供需水关系及土壤墒情等特征的，多与降水和作物生长有关。因此，要建立不同干旱类型之间的关系，就必须选择能够表明各干旱特性，同时便于指标间搭建关系的指标。选择以标准化降水蒸散指数（SPEI）、标准化径流指数（SRI）和作物缺水指数（CWSI）作为分析不同干旱之间关系的评估指标。

1. 气象干旱指标

气象干旱指标用标准化降水蒸散指数（SPEI）表示。干旱不仅受到降水的影响，而且与蒸发密切相关。2010 年 Vicente - Serrano 采用降水与蒸散的差值构建了 SPEI 指数，并采用了 3 个参数的 log - logistic 概率分布函数来描述其变化，通过正态标准化处理，最终用标准化降水与蒸散差值的累积频率分布来划分干旱等级。标准化降水蒸散指数计算步骤：

（1）计算潜在蒸散量（PET）。Vicente - Serrano 推荐的是 Thornthwaite 方法，该方法的优点是考虑了温度变化，能较好反映地表潜在蒸散。

Thornthwaite 方法求算潜在蒸散量是以月平均温度为主要依据，并考虑纬度因子（日照长度）建立的经验公式，需要输入的因子少，计算方法简单。

$$\mathrm{PET}_i = 16.0\left(\frac{10T_i}{H}\right)^A \tag{1.9}$$

式中：PET_i 为潜在蒸散量，此处是指月潜在蒸散量，mm/月；T_i 为月平均气温，℃；H 为年热量指数；A 为常数。

各月热量指数 H_i 计算：

$$H_i = \left(\frac{T_i}{5}\right)^{1.514} \tag{1.10}$$

年热量指数 H 计算：

$$H = \sum_{i=1}^{12}\left(\frac{T_i}{5}\right)^{1.514} \tag{1.11}$$

常数 A 计算：

$$A = 6.75\times10^{-7}H^3 - 7.71\times10^{-5}H^2 + 1.792\times10^{-2}H + 0.49 \tag{1.12}$$

当月平均气温 $T_i \leqslant 0$ 时，月热量指数 $H_i = 0$，潜在蒸散量 $\mathrm{PET}_i = 0$。

（2）计算逐月降水量与潜在蒸散量的差值：

$$D_i = P_i - \mathrm{PET}_i \tag{1.13}$$

式中：D_i 为降水量与潜在蒸散量的差值，mm；P_i 为月降水量，mm；PET_i 为月潜在蒸散量，mm。

（3）差值数据序列正态化处理。对降水量与潜在蒸散量的差值 D_i 数据序列进行正态化处理，计算每个数值对应的 SPEI 指数。由于原始数据序列 D_i 中可能存在负值，所以 SPEI 指数采用了 3 个参数的 log - logistic 概率分布。log - logistic 概率分布的累积函数如下：

$$F(x) = \left[1 + \left(\frac{\alpha}{x-\gamma}\right)^\beta\right]^{-1} \tag{1.14}$$

其中：参数 α、β 和 γ 为尺度、形状和位置参数，分别采用线性矩的方法拟合获得。

$$\alpha = \frac{(\omega_0 - 2\omega_1)\beta}{\Gamma(1 + 1/\beta)\Gamma(1 - 1/\beta)} \tag{1.15}$$

$$\beta = \frac{2\omega_1 - \omega_0}{6\omega_1 - \omega_0 - 6\omega_2} \tag{1.16}$$

$$\gamma = \omega_0 - \alpha\Gamma(1 + 1/\beta)\Gamma(1 - 1/\beta) \tag{1.17}$$

式中：Γ 为阶乘函数；ω_0、ω_1、ω_2 为原始数据序列 D_i 的概率加权矩。

$$\omega_S = \frac{1}{N}\sum_{i=1}^{N}(1 - F_i)^S D_i \tag{1.18}$$

$$F_i = \frac{i - 0.35}{N} \tag{1.19}$$

式中：N 为参与计算的月份数。

然后对累积概率密度进行标准化：

$$P = 1 - F(x) \tag{1.20}$$

当累积概率 $P \leqslant 0.5$ 时，
$$W = \sqrt{-2\ln P} \tag{1.21}$$

$$\text{SPEI} = W - \frac{c_0 + c_1 W + c_2 W^2}{1 + d_1 W + d_2 W^2 + d_3 W^3} \tag{1.22}$$

当累积概率 $P > 0.5$ 时，
$$W = \sqrt{-2\ln(1 - P)} \tag{1.23}$$

$$\text{SPEI} = -\left(W - \frac{c_0 + c_1 W + c_2 W^2}{1 + d_1 W + d_2 W^2 + d_3 W^3}\right) \tag{1.24}$$

其中：常数 $c_0 = 2.515517$，$c_1 = 0.802853$，$c_2 = 0.010328$，$d_1 = 1.432788$，$d_2 = 0.189269$，$d_3 = 0.001308$。

标准化降水蒸散指数（SPEI）具体划分干旱等级见表 1.7。依据标准化降水蒸散指数值的大小将气象干旱划分为 5 个等级（即无旱、轻旱、中旱、重旱、特旱）[142-145]，其中最严重为特旱，对应的 SPEI 值小于等于−2.0。

表 1.7　　　　　　　　　　气象（水文）干旱等级划分标准

等级	类型	SPEI/SRI	等级	类型	SPEI/SRI
0	无旱	> -0.5	3	重旱	$(-2.0, -1.5]$
1	轻旱	$(-1.0, -0.5]$	4	特旱	$\leqslant -2.0$
2	中旱	$(-1.5, -1.0]$			

2. 水文干旱指标

水文干旱指标采用标准化径流指数（SRI）表示。标准化径流指数第一次出现在 2008 年，由 Shukla 和 Wood 提出的，对于 SRI 指数的求算，实质是将一定时间尺度下累积径流量的分布经过等概率变换，使之成为标准正态分布的过程。值得注意的是，径流序列具有高度的偏倚性，几乎不遵循正态分布。因此，将径流序列的概率分布标准化极其重要。SRI 的具体计算方法如下：

假设某一时间段的径流量 x 满足 T 分布概率密度函数 $f(x)$ 为

$$f(x) = \frac{1}{\gamma T(\beta)} x^{\beta-1} e^{-x/\lambda} \quad (x > 0) \tag{1.25}$$

式中：γ 为形状参数，$\gamma > 0$；β 为尺度参数，$\beta > 0$；x 为径流量，$x > 0$。

参数 γ，β 的最大似然估计方案可采用如下方法：

$$F(x) = \int_0^x f(x) dx \tag{1.26}$$

对 T 分布概率进行正态标准化得到：

$$SRI = \pm \frac{t - (c_2 t + c_1) t + c_0}{[(d_3 t + d_2) t + d_1] t + 1.0} \tag{1.27}$$

$$t = \sqrt{2 \ln F} \tag{1.28}$$

其中当 $F > 0.5$ 时，取 "+" 号；当 $F \leqslant 0.5$ 时，取 "-" 号。其中，常数 $c_0 = 2.515517$，$c_1 = 0.802853$，$c_2 = 0.010328$，$d_1 = 1.432788$，$d_2 = 0.189269$，$d_3 = 0.001308$

标准化径流指数（SRI）具体划分干旱等级见表 1-7。依据 SRI 大小将水文干旱划分为 5 个等级，其中最严重为特旱，对应的 SRI 值小于等于 -2.0。

3. 农业干旱指标

（1）作物缺水指数（CWSI）。农业旱情可用作物缺水指数（Crop Water Shortage Index，CWSI）识别，即某时段作物缺水量与该时段实际需水量之比。

$$CWSI = \frac{QET}{ET_M} \times 100\% \tag{1.29}$$

式中：CWSI 为作物缺水指数，%；QET 为作物缺水量，mm；ET_M 为作物需水量，mm。

由于农作物的品种不同，作物的耐旱性能不同，对于作物缺水率的等级划分标准各不相同，目前国内还没有国标和行标给出统一的等级划分标准[146-148]。在本书中，根据示范区实际情况和研究区域历史干旱情况，拟定了旱作物和水稻缺水率的等级划分标准，见表 1.8。

表 1.8　　　　　　　　　　农业干旱等级划分标准

等 级	类 型	CWSI/%	
		旱作物	水稻
0	无旱	$\leqslant 45$	$\leqslant 20$
1	轻旱	(45, 65]	(20, 35]
2	中旱	(65, 85]	(35, 50]
3	重旱	(85, 95]	(50, 60]
4	特旱	> 95	> 60

（2）农业受旱率。我国是一个农业大国，干旱的发生对农作物的生长影响极大。气象因子的时空变化是农业干旱时空变化最直接、最根本的重要影响因素。而且，农业是气候变暖的敏感行业，也是干旱灾害风险的主要承灾对象。农作物受旱是受自然条件主要是气

象条件变化的影响，各年区域农业受旱与自然气象条件变化有着一定的关联，考虑到农业受旱率是可以反映区域干旱受气象因素影响程度的指标，因此，采用区域农业受旱率作为干旱的评价指标，通常定义为区域农作物受旱面积与作物总播种面积的比值。计算公式如下：

$$\alpha = \frac{F_a}{F} \tag{1.30}$$

式中：α 为区域农业受旱率；F_a 为作物受旱面积；F 为作物播种面积。

1.6.2 干旱特征统计分析方法

干旱特征分析即基于干旱特征指标序列，对各特征指标本身统计参数及特征指标之间关系进行分析，可分为单变量特征分析、双变量特征分析两个层次。

1.6.2.1 单变量特征分析

单变量特征分析即对气象、水文和农业干旱的强度、历时、面积等特征指标的统计特征进行分析，即对其均值或最大（小）值、均方差、变差系数及偏态系数等进行分析：

均值：

$$\bar{x} = \frac{1}{n} \sum_{i=1}^{n} x_i \tag{1.31}$$

均方差：

$$\sigma = \sqrt{\frac{\sum_{i=1}^{n} (x_i - \bar{x})^2}{n}} \tag{1.32}$$

变差系数：

$$C_v = \frac{\sigma}{\bar{x}} \tag{1.33}$$

偏态系数：

$$C_s = \frac{\sum_{i=1}^{n} (x_i - \bar{x})^3}{n\sigma^3} \tag{1.34}$$

式中：x_i 为干旱特征指标时间序列，$i = 1, 2, \cdots, n$。

均值表示干旱特征指标序列的平均状况；均方差反映干旱特征指标序列的集中或离散程度，均方差越小，序列越集中；变差系数即均方差与均值的比值，反映干旱特征指标序列的相对集中或离散程度，变差系数越小，序列相对越集中；偏态系数反映了干旱特征指标序列在均值两侧的对称程度，偏态系数等于 0，则概率分布函数曲线关于均值对称；偏态系数大于 0，则为正偏，概率分布函数曲线右侧尾巴长；偏态系数小于 0，则为负偏，概率分布函数曲线左侧尾巴长。通过单变量的统计特征分析，对于各种干旱特征有总体上的认识，并可初步估计干旱特征指标的概率分布。

1.6.2.2 双变量特征分析

双变量特征分析即基于干旱事件特征指标序列，分析两个干旱特征指标的关系，共包括强度-历时、强度-面积、历时-面积、强度-频率、历时-频率、面积-频率 6 组关系。

强度-频率、历时-频率、面积-频率关系的分析运用干旱频率计算方法，优先采用参数法对干旱强度、历时及面积序列概率分布进行拟合，并运用 χ^2 分布检验和 Kolmogorov-Smirnov 检验方法对拟合优度进行检验，若通过检验，则得到相应的分布函数曲线；若不能通过则采用非参数法进行拟合，得到相应的分布函数曲线。参数法选用正态分布、Γ 分布和指数分布函数等常见的函数分布形式进行拟合，非参数方法选用核密度函数进行拟合。由各特征指标概率分布曲线可直接得到小于或等于某特定值的干旱事件发生的概率。

强度-历时、强度-面积、历时-面积关系则需通过相关性度量方法分析相关性，包括两个方面：一是为描述干旱综合特征的指标构建提供基础依据；二是为多变量干旱频率分析中构建联合分布函数提供参考。首先根据两特征指标的序列数据，采用线性曲线、对数曲线、指数曲线、乘幂曲线以及多项式曲线等常见曲线分别对其进行拟合，并进行拟合优度检验，获取最佳拟合曲线；其次，为了进一步判断各特征指标之间的相关关系，采用 Pearson 线性相关系数 ρ、Kendall 秩相关系数 τ 来度量其相关程度。

1. Pearson 线性相关系数 ρ

设 (x_i, y_i) $(i=1, 2, \cdots, n)$ 为取自总体 (X, Y) 的样本，则样本的 Pearson 线性相关系数 ρ 为

$$\rho = \frac{\sum_{i=1}^{n}(x_i - \bar{x})(y_i - \bar{y})}{\sqrt{\sum_{i=1}^{n}(x_i - \bar{x})^2}\sqrt{\sum_{i=1}^{n}(y_i - \bar{y})^2}} \tag{1.35}$$

其中，$\bar{x} = \dfrac{1}{n}\sum_{i=1}^{n}x_i$，$\bar{y} = \dfrac{1}{n}\sum_{i=1}^{n}y_i$。

Pearson 线性相关系数 ρ 反映了变量 X、Y 之间的线性关系，$|\rho|$ 的值越接近于 1，说明两变量之间的线性相关性越强；当 $\rho = 0$ 时，则 X、Y 不存在线性相关性。

2. Kendall 秩相关系数 τ

设 (x_1, y_1)、(x_2, y_2) 是相互独立且与总体 (X, Y) 具有相同分布的二维随机向量，用 $P\{(x_1 - x_2)(y_1 - y_2) > 0\}$ 表示其和谐的概率，用 $P\{(x_1 - x_2)(y_1 - y_2) < 0\}$ 表示其不和谐的概率，这两个概率的差即称为 X 与 Y 的 Kendall 秩相关系数 τ，即

$$\tau = P\{(x_1 - x_2)(y_1 - y_2) > 0\} - P\{(x_1 - x_2)(y_1 - y_2) < 0\} \tag{1.36}$$

设 (x_i, y_i) $(i=1, 2, \cdots, n)$ 为取自总体 (X, Y) 的样本，a 表示其中和谐的观测对数，b 表示其中不和谐的观测对数，则相比的 Kendall 秩相关系数为

$$\tau = \frac{a - b}{a + b} \tag{1.37}$$

Kendall 秩相关系数实际上是利用两变量的秩次大小作线性相关分析，是一种非参数统计方法，使用范围更广。$|\tau|$ 的值越接近于 1，说明两变量之间的相关性越强。

1.6.3　干旱演变趋势分析方法

1. 滑动平均法

年干旱序列 $y_1, y_2, \cdots, y_n$ 的几个前期值和后期值取平均，求出新的序列 z_i，使原

序列光滑化，这就是滑动平均法。数学式如下：

$$z_t = \frac{1}{2k+1} \sum_{i=-k}^{k} y_{t+i} \tag{1.38}$$

若 y_t 具有趋势成分，选择合适的 k、z_t 就能把 y_t 的趋势性特征清晰地显示出来。

2. Mann-Kendall 秩次相关检验法

当 Mann-Kendall 秩次相关检验法用于检验序列突变性时，需构造一个秩序列 d_k：

$$d_k = \sum_{i=1}^{k} m_i \quad (k=2,3,4,\cdots,n) \tag{1.39}$$

其中

$$m_i = \begin{cases} 1 & x_i > x_j \\ 0 & x_i \leqslant x_j \end{cases} \quad (j=1,2,\cdots,i) \tag{1.40}$$

在时间序列随机独立的假定下，d_k 的均值和方差可由下式计算：

$$E(d_k) = \frac{k(k-1)}{4} \tag{1.41}$$

其中

$$Var(d_k) = \frac{k(k-1)(2k+5)}{72} \tag{1.42}$$

定义统计量：

$$UF_k = \frac{d_k - E(d_k)}{\sqrt{Var(d_k)}} \tag{1.43}$$

按时间序列逆序，再重复上述过程，同时使 $UB_{k'} = -UF_k$，（$k' = n+1-k$），由 UF_k 绘出曲线 C_1，由 $UB_{k'}$ 绘出曲线 C_2。给定一个显著性水平 α，由正态分布表可以查得临界值 $U_{\alpha/2}$。若 $|UF_k| < U_{\alpha/2}$ 时，表明序列趋势不显著。如果曲线 C_1 和 C_2 出现交点，且交点在临界线之内，那么交点对应的时刻便是突变开始的时间。当 $|UF_k| > U_{\alpha/2}$ 时，表明序列呈上升或下降趋势显著，且 $UF_k > 0$，表示序列呈上升趋势；$UF_k < 0$ 表示序列呈下降趋势。

两种分析干旱序列的趋势性方法相比，滑动平均法只是图形化地表征序列的变化趋势，但不能定量说明序列的变化程度；Mann-Kendall 秩次相关检验法可以定性且定量地对实际干旱序列趋势进行分析检验。

1.6.4 干旱演变归因分析方法

通过时间序列分析技术将研究时段划分为基准期和影响期，认为基准期的干旱情况（干旱频次、干旱持续时间和干旱影响面积）不受气候变暖和人类活动影响，具有本身自然节律特征，处于整体稳定状态，假设该时期内平均干旱情况为 D_b。影响期内实际干旱情况受气候变暖和人类活动双重影响，该时期内实际平均干旱情况为 D_a。影响期内实际平均干旱情况与基准期内平均干旱情况的差值即为气候变暖和人类活动共同影响引起的干旱变化：

$$\Delta D = D_a - D_b \tag{1.44}$$

假设模型输入项中的气象因子仅受气候变暖影响，下垫面条件仅受人类活动影响，以基准期下垫面条件和影响期气象因子作为模型输入条件，可得影响期内模拟的平均干旱情况，其平均值为 D_s。影响期内实际平均干旱情况与影响期内模拟平均干旱情况的差值即为强人类活动影响引起的干旱变化：

$$\Delta D_h = D_a - D_s \tag{1.45}$$

气候变暖和人类活动共同影响引起的干旱变化中剔除人类活动影响引起的干旱变化即为气候变暖影响引起的干旱变化（图 1.4）：

$$\Delta D_c = \Delta D - \Delta D_h \tag{1.46}$$

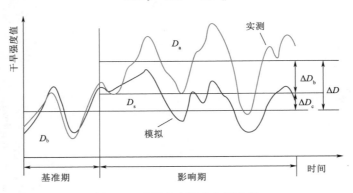

图 1.4　干旱灾害演变归因分析

第 2 章

变化环境下大范围干旱成灾机理研究

2.1 干旱形成的气候和自然地理条件

2.1.1 干旱形成的气候条件

2.1.1.1 全球水分-能量-碳循环过程

水循环是联系大气圈-生物圈-水圈-岩石圈相互作用的纽带。能量循环是水循环的直接驱动力，水循环是大气系统能量的主要传输者、储存者和转化者。在水循环过程中，土壤水分影响作物根系从土壤中吸水，进而影响植物的光合作用、植物生长和碳循环。陆地表面水分能量交换过程不仅影响陆地生态系统，而且通过陆气间的水热交换进而反馈到大气圈，影响全球气候。能量循环、水循环与碳循环通过蒸散发过程紧密结合，垂向水文通量变化不仅影响着陆地水循环，同时也影响到大气水循环。水循环、能量循环、碳循环是干旱的三个主要驱动因素[149]，如图 2.1 所示。

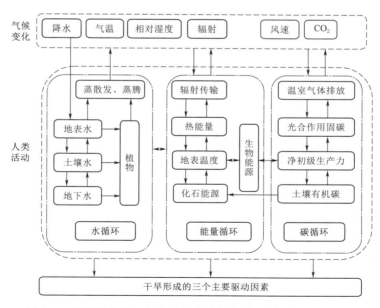

图 2.1　干旱形成的三个主要驱动因素水-能-碳耦合循环关系图

25

1. 全球能量循环过程

地球大气系统吸收太阳辐射和地表放出的长波辐射而使气候系统具有能量循环和变化，同时辐射能量的形式会发生转换而形成非辐射形式的能量，又由于大气层的质量、地球重力作用、温度和密度的差异而形成大气的运动，因此大气层就具有了与大气物理状况和运动有关的各种能量形式，各种能量形式在大气运动过程中发生转换而形成各种天气气候现象和过程，叫作能量循环。

能量循环过程中，地球的能量主要来自外层空间的太阳辐射，太阳辐射首先在大气层中传播，经过大气散射、云层吸收、云层反射、水汽尘埃及臭氧吸收过程，到达地表。到达地球表面的能量除了太阳辐射外，还有来自大气层的长波辐射。

$$R_n = R_S^{\downarrow} - R_S^{\uparrow} + R_L^{\downarrow} - R_L^{\uparrow} \tag{2.1}$$

式中：R_n 为地球表面的净辐射；$R_S^{\downarrow}$ 为到达地表的太阳辐射；$R_S^{\uparrow}$ 为地表反射的太阳辐射；$R_L^{\downarrow}$ 为地表长波辐射；$R_L^{\uparrow}$ 为大气逆向长波辐射。

地球表面多年平均的能量关系为

$$R_n = L_e E + H \tag{2.2}$$

式中：$L_e E$ 为潜热（蒸散发）；H 为显热（感热）。

能量循环过程：由于太阳辐射的纬度差异，低纬辐射加热和高纬辐射冷却，形成了基本气流的有效势能；通过中纬度的斜压经向扰动（温度槽落后与流场槽）对感热的输送，使得基本气流的有效势能转换为扰动有效势能；通过中纬度斜压经向扰动形成的暖空气上升和冷空气下沉，使得扰动有效势能转换为扰动动能；通过中纬度罗斯贝波的螺旋结构对西风动量的输送，使得扰动动能转换为基本气流的动能；平均经圈环流（哈得莱环流和费雷尔环流）的净作用使得基本气流的动能转换为基本气流的有效势能；基本气流的动能和扰动动能都由于摩擦而消耗。

2. 全球水循环过程

水圈中各种水体通过蒸发、水汽输送、降水、下渗和地表与地下径流等水文过程，紧密联系，相互转换，处于永无停息的运动状态，称为水循环。在水循环中，当大气降水落到地面上，湿润地表或被植被等截留。这部分水随后蒸发，又变为气态。随着降水的持续，一部分降水形成坡面流或地表径流，一部分降水下渗进入土壤。地表径流慢慢地汇聚到水坑或小水塘（即洼地储蓄），或继续以水流的形式在冲沟、河道中流动，并最终汇入更大的水体，如湖泊或海洋。下渗到土壤的水可能在近地表的土壤中流动并很快流至地表，汇入泉水或是邻近的河流；它也可能渗入岩层，成为深层地下水，最终也将流入河川和湖泊等；一部分下渗到土壤中的水则由于毛细管作用或其他原因而存留在土壤中，可以供植物生长消耗或通过地表蒸发进入大气。水循环除了大陆和海洋内部的小循环外，还有大陆与海洋之间的大循环，大循环主要由蒸发、大气环流、降水、径流等过程组成。

在水循环中，任一地区（可以是流域、区域、湖泊、海洋、大陆或全球）在一定时段（可以是日、月、年或更长）的输入和输出量之差，等于该地区蓄水量的变化量（即该

地区在时段始末的蓄水量之差）。其数学表达式为

$$I-O=\Delta S \qquad (2.3)$$

式中：I 为输入研究区域的总水量；O 为输出研究区域的总水量；ΔS 为研究区域蓄水量的变化量。

若以地球大陆为对象，某时段 Δt 内的水量平衡方程可写为

$$P-R-E=\Delta S \qquad (2.4)$$

式中：P 为在时段内陆地的降水量；R 为时段内由陆地流入海洋的径流量；E 为在时段内陆地的蒸发量。

在多年平均的情况下，$\Delta S=0$，则

$$P=R+E \qquad (2.5)$$

我国大气水分循环路径有太平洋、印度洋、南海、鄂霍次克海及内陆 5 个水分循环系统。它们是我国东南、西南、华南、东北及西北内陆的水汽来源。西北内陆地区还有盛行西风和气旋东移而来的少量大西洋水汽。

全球变暖背景下水循环在加强。水循环的改变一方面能够影响海洋的淡水通量，诱导出海洋盐度、流场以及温度场的异常。海洋的异常能够进一步反馈给大气，从而激发全球气候的调整。另一方面，水循环的改变还能够影响大气中的水汽含量和非绝热加热率。大气中的水汽是最主要的温室气体之一，水汽反馈是全球变暖过程中最显著的正反馈过程。水汽的相变过程导致潜热通量发生异常，最终能够影响气候系统中的极向热输送。

3. 全球碳循环过程

碳循环，是指碳元素在地球上的生物圈、岩石圈、水圈及大气圈中交换，并随地球的运动循环不止的现象。碳循环是地球上最主要的生物地化循环，它支配着大部分陆地生态系统的物质循环，深刻影响着人类赖以生存的生物圈。在碳循环中，最重要的生物化学过程有光合作用（植物吸收 CO_2）、自养呼吸作用（植物制造 CO_2）和异养呼吸作用（主要指微生物在土壤中将有机物原料分解转变为 CO_2），植被通过光合作用固定太阳能，产生总初级生产力（Gross Primary Productivity，GPP），扣除自养呼吸消耗，得到植被净初级生产力（Net Primary Production，NPP），即为植被的固碳能力。地球上几乎所有的有机物质都直接或间接地来源于光合作用，绿色植物通过光合作用固定碳，确定了生态系统中生产力形成与演化的基础，并进一步推动生态系统能量流动和物质循环，因此光合作用是全球碳循环及其他物质循环的重要环节。

就全球陆地而言，决定水分-能量-碳循环基本规律的主要因素包括气候和地理条件。具体而言气候因素包括不同的气候类型（如大陆性气候、季风气候）、降水变率、大气环流变化等；地理因素包括地形、地貌、植被和土壤等下垫面条件。影响或改变水分-能量-碳循环过程的因素主要有气候变化和人类活动。气候变化包括自然的气候变化和由于人类活动导致的气候变化，其特点是极端天气现象发生的频率和强度呈增加趋势。除人为的温室气体排放外，人类活动还包括人类通过水土资源开发和利用对区域环境，包括土地利

用、植被覆盖、河流和地下水等自然条件的影响和改变。上述各类因素的变化通过影响水分-能量-碳循环过程，导致地球表面水圈的异常，从而影响人类圈和生物圈。

2.1.1.2　水循环水分亏缺与干旱关系

1. 自然水循环的水分亏缺

自然水循环中水分亏缺受到水分-能量-碳耦合传输过程的驱动，其传输过程的基本原理如图 2.2 所示。

对于自然生态系统，包括雨养为主的农业生态系统，干旱对其影响是基于以水分-能量-碳循环为主的生态水文机理。气候变化对农田生态系统影响主要分为对作物产量的影响和对作物耗水的影响两个方面。气候变化对农作物产量的影响主要来源于 CO_2 浓度升高和气温升高两个因素。实验研究表明，当 CO_2 体积分数位于（$140 \sim 900$）$\times 10^{-6}$ 之间时，小麦产量随 CO_2 浓度的升高而升高，之后又随着 CO_2 浓度的升高而略微下降。气温升高尽管有利于光合作用，但导致作物生长期缩短，从而减少了生物量和产量。大气中 CO_2 排放量增加是造成地球气候变暖的根源，在全球气候变暖的背景下，水分和能量循环加快，极端天气气候事件频频发生，严重干旱出现的频率与强度增加。严重的干旱会导致农作物减产，进而影响碳循环，碳循环的失衡会改变地球生物圈的能量转换形式。

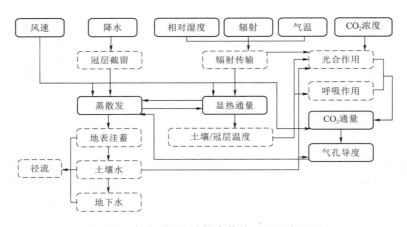

图 2.2　水分-能量-碳耦合传输过程基本原理

作物生长期内水分亏缺将导致减产。以雨养农业为例，在作物生育期内，随着降水的持续减少，甚至长时间无降水，使得土壤含水量与蒸散发量的偏离程度大于多年平均值，此时会出现干旱现象；随着土壤中的水分得不到降水、地下水等的适量补给，偏离程度加大，土壤相对湿度降低，作物缺水率增大，农作物从土壤中吸取的水分不能满足正常生长要求，作物体内出现水分胁迫，此时发生旱情。作物本身虽有一定的抗旱能力，但土壤水分仍得不到适量补给，土壤相对湿度持续降低，作物缺水率继续加大，旱情不断发展，作物生长受到抑制，甚至死亡，此时即发展成为旱灾。接下来若土壤水分得到适量补给，则旱情会慢慢得到缓解，直至土壤含水量与蒸散发量的偏离程度达到多年平均值，则旱情解除；由于干旱发生的季节和持续时间的长短对作物受旱程度有重要影响，当干旱现象发生在非作物生育期内，则可能不会发展成为农业旱灾。

2. 社会水循环的水分亏缺

随着气候变化和人类活动影响的深入，水循环过程呈现出明显的"自然-人工"二元驱动特性，大气水过程、地表水过程、土壤水过程和地下水过程等天然水循环过程与取水-输水-用水-耗水-排水-再生利用等人工侧支水循环过程间存在着多向反馈作用。在循环驱动力方面，"自然-人工"二元水循环模式不仅考虑太阳能、重力势能等自然营力，同时还考虑蓄引提水所附加的人工能量以及全球气候变化导致温度变化而引起的能量的改变；在循环结构方面，"自然-人工"二元水循环模式不仅要对"降水-坡面-河道-地下"这一水循环过程进行描述，同时还将"取水-输水-用水-耗水-排水-再生利用"这一人工侧支水循环过程以及水资源开发利用变化对自然水循环的影响等进行客观表达，并与主循环过程相耦合。社会经济系统中旱灾的形成是基于二元水循环机理的，其原理如图 2.3 所示。

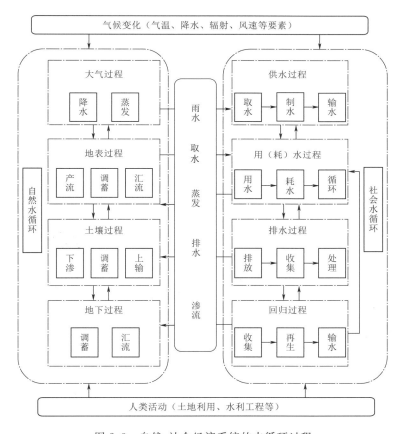

图 2.3 自然-社会经济系统的水循环过程

自然气候变化和人为气候变化通过影响大气水含量、降水和蒸散发，进而影响水资源系统的供需水；下垫面条件变化通过影响流域产汇流机制，进而影响地表水、土壤水和地下水量；蓄水、引水、提水、调水等水利工程的调节影响了水资源系统的供水。由于社会经济的发展，农业生产和城市化进程的推进，人类对水资源的需求大大增加，人类活动改变了水循环自然变化的空间格局和过程，这使得人们的生活和各项生产活动越来越受到水资源的制约，对因气候波动出现的干旱情势也将日益敏感，因而受旱灾威胁的潜势显著增长。而人口过快增长导致水资源刚性需求增大、不合理开发利用土地资源，如土地的过度垦殖导致植被状态破坏，盲目的基建、开矿、修路，加快水土流失，加速了河道、水库淤塞，危及河槽容水量和水库拦洪蓄水能力，同时降低了流域天然蓄水和土壤保水能力，减小了水资源的补给量。人类活动对水循环的地表径流、地下径流、降水与水汽输送、蒸发等都有显著的影响，如引水灌溉、修建水库、跨流域调水等对地表径流有显著影响，雨季对地下水的人工回灌、抽取地下水灌溉等对地下径流有显著影响，而人工降雨等则会影响水汽输送和降水，植树造林、水库修建可以增加局部地区的水汽供应量，对蒸发造成影响。这些人类活动对水循环的强烈改变加剧了水的供需失衡。

通过上述对陆气间水分与能量耦合循环的分析，得出在这一耦合循环过程的任何一个环节出现异常都可能导致水分亏缺的结论。水循环过程的水分亏缺包括自然水循环和社会水循环的水分亏缺。干旱的形成机理源于陆气间的水分和能量耦合循环过程，干旱的表现形式可能是陆地水循环过程的任一环节出现的水分异常偏少。

2.1.1.3　气候变暖与异常

从 20 世纪 70 年代起，人们在认识气候方面有了一个突破性的飞跃，气候变暖是由于地球大气、海洋、冰雪、陆地等相互作用的结果（图 2.4）。

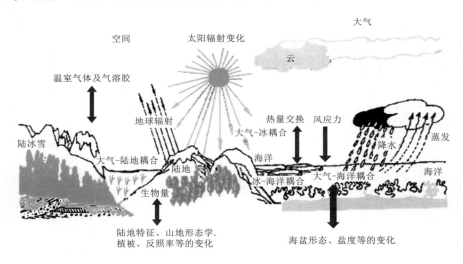

图 2.4　气候系统示意图

发生在中国的干旱灾害是由于包括海洋、大气和陆地所组成的东亚季风气候系统各成员的变异和相互作用所引起的[150]。

1. 厄尔尼诺和南方涛动循环

热带太平洋海表热力异常是引起大气环流异常的重要原因，也是引起东亚季风异常和干旱灾害发生的重要原因。厄尔尼诺（El Niño）现象是指赤道中、东太平洋海表温度异常增温，而南方涛动（southern oscillation）是指热带东、西太平洋海面气压的涛动现象。由于这两种现象是密切相关的，故两种现象又合称为厄尔尼诺和南方涛动（ENSO）现象。ENSO现象不仅仅是作为一个事件发生，而且还是周而复始的一种循环现象，其周期约2～7年，故又称ENSO循环。

观测资料分析指出，ENSO循环的不同阶段对中国夏季风异常和干旱分布有着不同影响。当ENSO事件处于发展阶段，即当赤道东太平洋海温处于上升阶段时，该年黄河流域、华北地区的降水往往偏少，易发生干旱，且中国东北往往发生低温；相反，在ENSO事件处于衰减阶段或处于拉尼娜（La Nina）事件的发展阶段时，赤道中、东太平洋海温处于下降阶段，在此阶段正值北半球的夏季，中国淮河流域的降水往往偏少，并可能发生干旱。

2. 西太平洋暖池的热力异常

热带西太平洋是全球海洋温度最高的海域，全球大约90％暖海水集中在这里，因此，此海域称为暖池（warm pool）。西太平洋暖池的海温和热容量变化对全球气候异常有很大的影响，特别是对东亚夏季风和气候异常会产生严重影响，因此，它也是东亚季风气候系统重要成员之一。研究结果表明[107,151-152]：当西太平洋暖池处于暖状态时，从菲律宾周围经南海到中印半岛的对流活动强，此时长江中、下游地区和淮河流域的降水往往偏少，由此可能发生干旱。

3. 青藏高原上空的热源异常

青藏高原陆面热状况对东亚气候异常有着重要影响，特别是青藏高原的雪盖面积大，深度深，不仅本身是气候灾害之一，而且它对中国旱涝气候灾害的发生也有重要作用，它也是东亚季风气候系统重要成员之一[153]。观测资料分析和数值模拟的结果都表明了青藏高原冬、春雪盖与中国长江流域南部的汛期降水有明显的正相关关系，即青藏高原冬、春雪盖面积小，则夏季洞庭湖、鄱阳湖和江南地区的梅雨弱，有可能发生干旱。

4. 亚洲季风环流异常

中国东部处于东亚季风区，东亚地区在不同季节有着一定特征的气候系统，如在夏季中国江淮流域的梅雨，而冬季有持续的西北风和寒潮等系统；并且，东亚季风的年际和年代际变率很大，这给中国东部经常带来严重的干旱灾害。它是东亚季风气候系统的主要成员。早在70年前，东亚季风的特征与变化已成为东亚诸国重要的科学研究问题，提出了东亚夏季季风和中国降水的可能关系，之后又研究了东亚夏季风的进退。这些研究开辟了研究东亚夏季风变化及其对东亚夏季气候影响的研究之路。继这些研究之后，中国气候研究者对于东亚气候系统及其对气候灾害的影响作了大量研究，取得很大进展。东亚夏季风系统的成员包括[154]：位于南海和赤道西太平洋的季风槽或赤道辐合带（Intertropical Convergence Zone，ITCZ）、印度的西南季风气流、沿100°E以东的越赤道气流、西太平洋副高和副高南侧的东风气流、中纬度的扰动、梅雨锋以及澳大利亚的冷性反气旋。

由于中国东部季风区的气候受到东亚季风的影响很大，中国东部冬、夏季气候的年际变率是很大的，从而造成此区域干旱灾害发生频率高。

5. 西太平洋副热带高压异常

东亚夏季风雨带的北移与西太平洋副热带高压的北跳有关。研究表明：中国夏季在季风环流背景下，在青藏高原的影响下，在西太平洋副热带高压的西侧与北侧季风暴雨具有突发性与持续性，从而引起洪涝灾害，因此，西太平洋副热带高压也是东亚季风气候系统重要成员之一。东亚夏季风环流和西太平洋副热带高压在 6 月上、中旬存在着突变[155]，并指出了正是这种行星尺度环流的突变才导致东亚夏季风的爆发。西太平洋副高异常北跳、东亚夏季风环流的突变是与菲律宾附近的对流活动密切相关的[156]，在菲律宾附近对流活动强的夏季，西太平洋副热带高压在 6 月上、中旬突然北跳明显；相反，在菲律宾附近对流活动弱的夏季，西太平洋副热带高压突跳往往不明显。研究表明：西太平洋副热带高压与西太平洋暖池热状态及菲律宾周围对流活动紧密相关，指出了北半球夏季环流异常存在着一遥相关型，即东亚-太平洋（East Asia - Pacific，EAP）遥相关型（也称 EAP型）。这个遥相关型表明了行星尺度扰动波列在北半球夏季能够从东南亚通过东亚向北美西部沿岸传播，它严重地影响着西太平洋副热带高压位置的南北和东西振荡，从而影响中国旱涝气候灾害的分布。

6. 太阳黑子

太阳黑子（sunspot，SS）是太阳表面出现的一些暗区域，这些区域是磁场聚集的地方，一个中等大小的 SS 就达到了地球的体积。SS 的出现常常意味着太阳活动的频繁（如日珥现象），而很大程度上的太阳爆发活动现象也发生在有 SS 的区域，往往由此形成了一个以 SS 为核心的太阳活动区。太阳活动是影响地球气候的一个重要外强迫因子，目前对 SS 的研究已有约三百年的历史，其活动蕴含有较为明显的周期性。

将 SS 作为一个重要的因子来估计未来气候变暖的趋势具有一定的应用前景[157]，并且已有研究表明 SS 和中国旱涝的年代际变化趋势有着较为明显的相关关系，且通过了检验。还有研究表明，SS 活动周期的变化和北半球温度的变化有着明显的相关性，而温度的变化会影响大气环流以及季风气候的长期变化，进一步对陆地上的气象要素产生影响，间接影响了干旱的发生与否。因此将 SS 作为干旱成因的一个重要指标具有一定的可信度以及研究价值。

2.1.2　干旱形成的自然地理条件

1. 地形

我国位于亚欧大陆的东南部，东部和南部濒临太平洋，西北深入亚欧大陆腹地，国土面积辽阔，地势西高东低，呈三级阶梯分布，地形十分复杂。第一级阶梯为青藏高原，海拔一般在 4000m 以上，高原湖泊众多，雪峰连绵，人烟稀少，是我国主要江河的发源地；第二级阶梯是青藏高原以北和以东地区，海拔 1000～2000m，高原与盆地相间分布；第三级阶梯是大兴安岭、太行山、巫山以及云贵高原东缘以东至滨海地区，海拔一般在500m 以下，由西向东有丘陵和平原交错分布，江河湖泊众多；自北向南有松辽平原、黄淮海平原、长江中下游平原、珠江三角洲平原，平原海拔一般在 200m 以下。

我国地势西高东低，其间山地、盆地、平原相间分布，地貌构成复杂；地域范围南北跨度大，东西距离长，各地气候条件迥异。特定的三级阶梯地理地貌条件和季风气候决定了各地水循环特点差异显著，导致水资源时空分布不均，极易形成干旱灾害。

2. 地貌

地貌在自然地理环境中是一项基本的要素,各类地貌地形上的组合的分异对气候、水文,包括干旱的分布与变化有着密切的关系,如华北地区的多雨和雨中心无不与山地有关,通常山区的降水普遍多于平原;此外,华北干旱中心的西部太行山呈南北走向,导致西来冷空气超过太行山时,在其东部常出现焚风,以冬季最多,春季最强,这些因素都与华北多旱的形成有关。又如西南干旱区,特别是在冬半年,恰好位于西风带在西藏高原东侧形成的"死水区",天气稳定少变且干暖;夏半年,本区位于东部副热带高压和西部青藏高原之间,旱涝多变的大气常受两个高压消长的制约。华南沿海是我国又一个多旱区,这里丘陵、山谷、平原、河川纵横交叉切割,引起下垫面热量和气流的显著差异,一般山间盆地和沿海为降水的低值中心,常出现干旱。总之,地形和地貌对于旱的影响是很明显的。

我国干旱灾害频发与自然地理和气候背景条件密切相关。中国地貌类型复杂多样,总体上以山地地貌为主,平地较少。高山、高原以及大型内陆盆地主要分布于西部地区,丘陵、平原以及较低的山地多位于东部地区。包括山地、高原和丘陵在内的山丘区面积约占全国国土面积的 2/3。其中,山地面积约占国土面积的 33%,高原占 26%,丘陵占 10%,盆地占 19%,平原仅占 12%。中国地貌区划如图 2.5 所示。

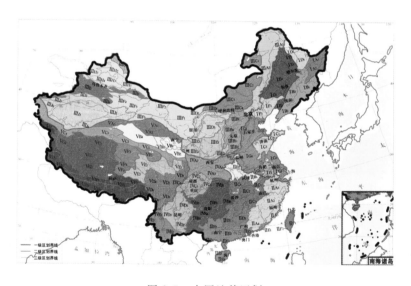

图 2.5 中国地貌区划

我国位于亚洲季风气候区,加上三级阶梯状的地貌格局,从根本上决定了我国干旱频发的基本背景。

3. 高强度人类活动导致的下垫面变化

高强度人类活动改变下垫面的自然性质表现在多方面,最突出的是森林植被破坏、土地荒漠化、海洋石油污染、城市化和水利工程建设等。高强度人类活动通过干扰作物的水分收入和支出对干旱灾害的形成产生作用。影响水分收入的因素包括:水资源开发利用,包括人工灌溉、调水工程等水利工程建设和水资源管理与调控等非工程措施；改变下垫面，如人类通过城市化建设、开辟交通线路、森林植被破坏、土地荒漠化等方式改变下垫面，改变了区域/流域产汇流条件和地下水再生条件，从而间接影响土壤水分。影响水分支出的因素包括种植规模、种植方式及种植结构调整，改变农作物蒸腾消耗，实际上也是下垫面改变的一种方式。

生物圈尤其是陆地部分具有最大的植物生物圈，也是各种动物和微生物赖以生存的基础。植被是气候、土壤状况最显著的指标，不仅受气候的影响和控制，而且通过生物地球化学循环和水热交换反作用于气候，虽然反馈影响较小，主要体现在小气候和地方气候上，但大范围的长期累积作用，影响很大。据考证，历史上全球森林面积曾占地球陆地面积的 2/3。但随着人口增加、农牧业和工业的发展、城市和道路的兴建，加上战争的破坏，森林面积逐渐减少，到 19 世纪全球森林面积的比例下降到 46%，20 世纪初下降到 37%；中国上古时代也有浓密的森林覆盖，其后由于人口繁衍、农田扩展和明清两代战争频繁，到 1949 年全国森林覆盖率已下降到 8.6%。目前，虽在一定程度上得以恢复，但仍处较低水平。森林破坏可使气候恶化，旱涝灾害频发，风沙加剧，水土流失加重。

土地荒漠化不仅威胁到整个人类的生存环境，而且已成为制约全球经济发展和社会稳定的重要因素。按照联合国环境规划署的定义，荒漠化是由于气候变暖和高强度人类活动等因素造成了干旱、半干旱和干燥半湿润地区的土地退化。干旱、半干旱地区原来生长着具有很强耐旱能力的草类和灌木，能在干旱地区生存并保护那里的土壤。由于人口增多和移民增加，在干旱、半干旱地区盲目扩大农牧业，挖掘和采集旱生植物作燃料，破坏了自然植被，造成严重的水土流失并加重了风蚀。由于土壤和大气变干，地表反射率加大，破坏了原有的热量平衡，使降水量减少，气候的大陆度加强，地表肥力下降，风沙灾害增加，气候更加干旱，更不利于植物的生长，形成恶性循环。据联合国环境规划署估计，当前退化到类似荒漠条件的土地以 600 万 hm^2/a 速度增加，完全丧失生产力的土地正以 2000 万～2100 万 hm^2/a 的速度增加。中国是世界上荒漠化危害范围最广和程度最深的国家之一，2004 年土地荒漠化总面积 263.62 万 km^2，占国土面积的 27.46%。

海洋石油污染是高强度人类活动改变下垫面性质的另一个重要方面，估计每年约有 10 亿 t 以上的石油通过海上运往消费地。由于运输不当或油轮失事等原因，每年约有 100 万 t 以上的石油泄漏。加上工业生产中的废油排入海洋，估计每年倾注到海洋的石油量达 200 万～1000 万 t。倾注到海中的废油，一部分形成油膜浮在海面抑制海水蒸发，使海上空气变得干燥。同时又减少了海面潜热的转移，导致海水温度变化加大，失去调节气温的作用，产生"海洋沙漠化效应"。在比较闭塞的海面（如地中海、波罗的海和日本海等），海面废油膜的影响比广阔的太平洋和大西洋更为显著。

由于城市的人口和社会经济活动的聚集效应，城市建设不断向郊区、空中和地下扩展，使原来的林地、草地、农田、牧场、水塘等郊区生态环境改变为由水泥、沥青、砖石、玻璃、金属等材料建造起来的人为地貌体。这些物质坚硬、密实、干燥、不透水，其形态、刚性、弹性、辐射、比热容等物理、化学和几何性状都与原有植被覆盖的疏松土壤或空旷荒地、水域等自然地表不同，人工铺砌的道路纵横交错，建筑物鳞次栉比参差不齐，从根本上改变了城市下垫面的热力学、动力学及水循环特征，从而影响到城市中的各个气候因子，形成"热岛""干岛"。

此外，人类为了生产和交通的需要填湖造陆，开凿运河，建造大型水库等，改变了下垫面性质，对气候产生显著影响。例如，中国新安江水库 1960 年建成后，附近的淳安县气温较以前冬暖夏凉，气温年极差缩小，初霜推迟，终霜提前，无霜期平均延长 20d。

2.2 变化环境下干旱灾害成灾机理

2.2.1 基于水循环全过程的干旱形成因素

水循环分为海陆间循环（大循环）以及陆地内循环和海上内循环（小循环）。环境中水的循环是大、小循环交织在一起的，并在全球范围内和在地球上各个地区内不停地进行着。干旱可能是水循环全过程中任一环节发生的水分亏缺（即与正常情况相比偏少的状态）。干旱的形成是一个复杂过程，是地球系统多圈层相互作用和人类活动影响的结果，其中降水减少和温度升高是形成干旱的主要原因。基于水循环全过程的干旱形成因素示意如图 2.6 所示。

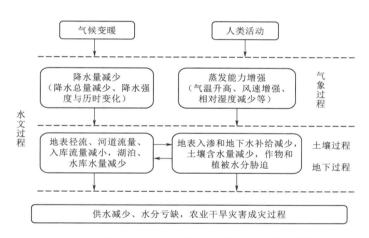

图 2.6 基于水循环全过程的干旱形成因素示意图

干旱形成的因素很多，包括气候异常、气候变暖、地形地貌等自然因素和植被退化、水资源利用、城市化进程等高强度人类活动因素及其协同作用。

1. 大气环流异常、气候变暖是干旱形成的主要因素

海温和海洋引起的大气环流异常导致降水量时、空分布变异，降水变化趋势区域差异明显，部分区域降水量减少，是干旱形成的主要因素之一。根据中国气象局气候变化中心发布的《中国气候变化蓝皮书（2021）》[158]，21 世纪最初十年降水量总体偏少（图 2.7）。1961—2020 年，东北南部、华北东南部、黄淮大部、西南地区东部和南部、西北地区东南部年降水量呈减小趋势（图 2.8）。

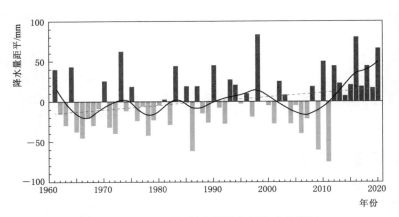

图 2.7　1961—2020 年中国平均年降水量距平

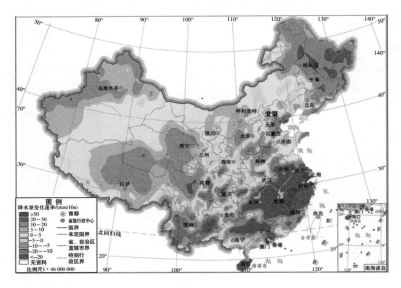

图 2.8　1961—2020 年中国年降水量变化速率分布

　　气候变暖也是干旱形成的另一个主要因素。1951—2020 年，中国地表年平均气温呈显著上升趋势，升温速率为 0.26℃/10a。近二十年是 20 世纪初以来的最暖时期，1901 年以来的 10 个最暖年份中，除 1998 年外，其余 9 个均出现在 21 世纪（图 2.9）。全球变暖背景下水循环在加强，水循环的改变一方面能够影响海洋的淡水通量，诱导出海洋盐度、流场以及温度场的异常。海洋的异常能够进一步反馈给大气，从而激发全球气候的调整。另一方面，水循环的改变还能够影响大气中的水汽含量和非绝热加热率。大气中的水汽是最主要的温室气体之一，水汽反馈是全球变暖过程中最显著的正反馈过程。水汽的相变过程导致潜热通量发生异常，能够影响气候系统中的极向热输送，最终导致降水量时、空分布变异，部分陆地区域降水量减少。

　　此外，地形地貌是部分地区干旱形成的主要自然因素。青藏高原通过屏障、侧边界动力和下沉运动带等作用影响水汽输送，导致部分地区降水量减少。

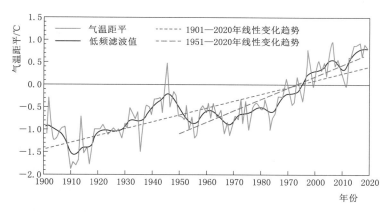

图 2.9　1901—2020 年中国地表年平均气温距平

2. 高强度人类活动是干旱形成的重要因素

联合国政府间气候变化专门委员会（IPCC）的第六次评估报告（AR6）[159] 指出，人为强迫很可能影响了 20 世纪全球尺度的土壤湿度变化，主要通过增加蒸散发和/或大气蒸发需求[160]。温度升高、相对湿度降低、净辐射增加联合导致了大气蒸发需求增加，进而引起蒸散发增大（高信度）；造成了旱季全球陆地大部分区域可用水量的减少，其中有人类活动的影响（中等信度）。

高强度人类活动改变下垫面条件，进而改变地-气能量、动量和水分交换。植被退化、水资源利用、城市化进程等陆面因子改变造成地表反照率增大，会导致下沉运动加强，干扰作物的水分收入和支出，是干旱形成的重要因素。

影响水分收入的因素包括：改变下垫面，如人类城市化进程、植被退化、水土保持等方式改变下垫面，改变了区域/流域产汇流条件和地下水再生条件，从而间接影响土壤水分；水资源开发利用，包括水利工程建设等工程措施和水资源管理与调控等非工程措施。影响水分支出的因素包括：种植规模、种植方式及种植结构调整，改变农作物蒸腾消耗，实际上也是下垫面改变的一种方式。根据遥感数据和统计资料的分析，农业种植面积呈增加趋势，引起农业用水量的增加，在一定程度上是干旱形成致灾的重要因素。

2.2.2　干旱形成过程总体框架

气候变化和人类活动两大驱动因素构成了干旱演变的驱动力系统，在不同的区域主要驱动因素又有所不同[65]。气候变化通常体现为降水、气温、湿度、日照、辐射和风速等气象要素的变化，降水是天然状况下气象、水文和农业干旱形成过程中的主要水分收入项，气温、湿度等其他气象要素则通过影响蒸发进而影响各类干旱形成过程中的水分支出项。因此，气候变化是气象、水文和农业干旱演变的重要驱动因素。人类活动一方面通过开发地表水、开采地下水、人工灌溉、水利工程建设与管理等途径直接干扰水循环系统，影响水文干旱和农业干旱形成过程的水分收入和支出项；另一方面通过城市化建设、开辟交通线路、毁林开荒、过度放牧、水土保持措施实施等方式改变下垫面，影响水循环的天然运动规律，进而影响水文干旱和农业干旱形成过程的水分收入和支出项。因此，认为人类活动是水文干旱和农业干旱的重要驱动因素。实际上，人类活动通过干扰下垫面和水资源开发利用还可能会影响局地气候，进而影响气象干旱，但是其作用机制极为复杂，本书暂不考虑人类活动对气象干旱的影响。干旱形成过程总体框架如图 2.10 所示。

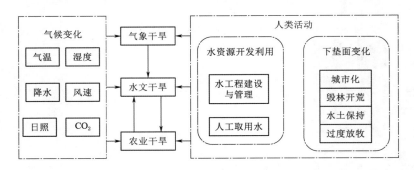

图 2.10　干旱形成过程总体框架

2.2.3　气象干旱形成机理

2.2.3.1　气象干旱形成发展过程

气象干旱是指由降水和蒸发收支不平衡造成的异常水分短缺现象，是针对一定区域下垫面系统而言的，既可能发生在干旱地区，也可能发生在湿润地区。降水和蒸发是两个相互联系的过程，降水作为下垫面水分的唯一来源，为各项蒸发提供水分条件；蒸发向大气中不断输送水汽又为降水形成提供必需的水汽条件。从长期平均来看，一定区域内降水和蒸发是保持相对稳定的，当某一时期降水与蒸发的比例较同期平均偏小，这种稳定状态被打破，即发生气象干旱。气象干旱的形成过程可分为孕育、开始、缓冲、发展和解除五个阶段（图 2.11）。

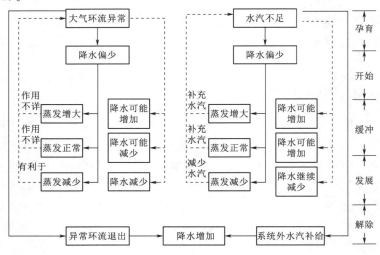

图 2.11　气象干旱形成发展过程

大气环流异常或水汽不足现象出现时，可能引起降水偏少，孕育着气象干旱；降水偏少意味着气象干旱的开始；干旱是否持续与下垫面的反馈作用（主要是蒸散发量影响）有关：在湿润地区或非湿润地区干旱刚刚开始，蒸发受潜在蒸发控制，降水偏少时，下垫面蒸发可能增大或保持正常，当由水汽不足引起的降水偏少时，若蒸发增大或保持正常使水汽能得到及时补充，则降水可能增加，干旱缓解；而蒸发量偏大或正常情况下对大气环流异常的反馈作用尚不清楚，将这一时期称为缓冲期；在非湿润地区或者湿润地区干旱持续一段时间后，蒸发主要受降水控制，降水偏少导致陆地蒸发减小，难以补充水汽，且水汽上升运动不明显难以影响大气环流，有利于异常环流的长期存在，降水则持续偏少，干旱发展；直至异常环流退出或区域外水汽输入带来足量降水才能使干旱得以解除。

2.2.3.2 驱动因素

气象干旱是区域气候系统受到某些干扰而使降水和蒸发长期均衡打破后呈现出的现象，研究大气环流和下垫面对气象干旱的驱动机制，需明确区域气候系统的构成和功能。而气候系统的形成及演变不仅和自身有关，也与太阳辐射变化、大气环流异常等外部环境驱动有关，同时也受人类活动的干扰。区域气候系统示意如图 2.12 所示。

太阳辐射是气候系统的主要能量来源，是大气运动最基本的驱动力，也是气候形成的基本因素。大气环流正是由于太阳辐射不均而产生的空气运动现象，它通过影响辐射和环流来影响气候系统，与降水最为密切；下垫面是大气与其下界的固态地面或液态水面的分界面，它对气候的影响是通过影响太阳辐射和相关循环因素形成的；人类活动对气候系统也会产生一定的影响，如种草、植树造林、开荒毁林和城镇化建设都可能引起下垫面的变化，燃烧后化石燃料的释放、战争引起的气溶胶浓度的增加以及汽车尾气的排放也会改变大气的成分，大量制冷和加热设备的使用

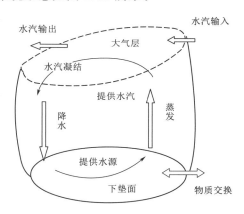

图 2.12 区域气候系统示意图

以及人工降雨等相关活动都会影响区域蒸散发，进而可能导致气象干旱的发生。

因此大气环流、下垫面和人类活动是干旱的主要驱动因素。当这些主要驱动因素发生复杂的相互作用且处于非正常状态时，就会导致气象干旱的发生。

2.2.3.3 形成机理

降水和蒸发是区域气候系统内两个非常重要的过程，也是与气象干旱关系最为密切的两个重要环节。气候变化背景下，1980—2020 年近四十年全国分区降水量和蒸发量变化过程如图 2.13 和图 2.14 所示，内蒙古、西南地区降水量呈减少趋势；各区蒸发量呈略增加趋势。

大气环流和下垫面正是通过影响降水和蒸散发，从而打破区域降水和蒸散发之间维持的长期平衡状态形成气象干旱，气象干旱形成机理如图 2.15 所示，左侧虚线框内表示降水形成过程及其主要影响因素，右侧虚线框内表示蒸散发组成及其主要影响因素，两个过程是相互联系的。

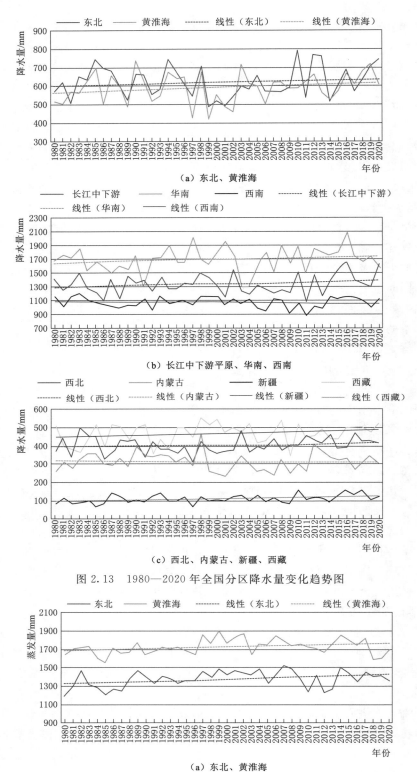

图 2.13　1980—2020 年全国分区降水量变化趋势图

图 2.14（一）　1980—2020 年全国分区蒸发量变化趋势图

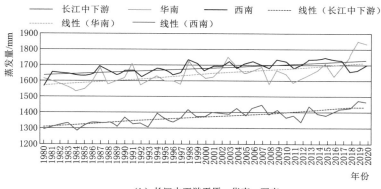

（b）长江中下游平原、华南、西南

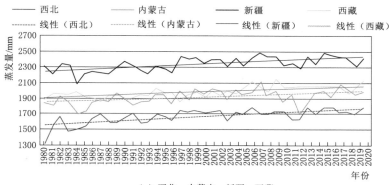

（c）西北、内蒙古、新疆、西藏

图 2.14（二） 1980—2020 年全国分区蒸发量变化趋势图

1. 大气环流的影响

太阳辐射差额分布不均引起大气热力差异，形成空气对流、冷暖气团交汇、空气界面波动等环流形式，进而引起了空气的上升运动，为降水提供了根本动力。空气的垂直上升运动也是云形成的主要原因。空气中的水汽和凝结核在空气垂直上升运动导致的绝热冷却过程中形成了云，云又是降水形成的主要来源，云滴受到空气的浮力和上升气流的顶托而悬浮于空气中，只有当云滴（包括水汽和冰晶）增大到能克服空气的阻力和上升气流的顶托，且在下降过程中又不被蒸发掉时，才能形成降水。当大气环流出现异常时，空气垂直上升运动受阻，水汽得不到有效的输送，则出现降水偏少或无降水。另外，太阳辐射和大气环流还是下垫面蒸散发过程的能量和动力条件，如上、下层空气之间的对流作用、空气紊动扩散作用可加快蒸发面上的空气混合运动，增大蒸散发量。

2. 下垫面的影响

下垫面对气象干旱形成机理的影响包括两个方面：一是通过影响蒸散发面直接影响水分支出；二是下垫面本身可能会影响正常的水汽输送，进而影响降水。根据下垫面蒸发面的不同，蒸散发分为水面蒸发、土壤蒸发、植被截留蒸发和植被蒸腾四种类型，不同的区域下垫面组成及性质有所差异，相应蒸散发量也会不同；地理位置、地形、洋流、地表覆盖等因素还会影响水汽的正常输送，在某些区域难以保证降水所需要的充足的水汽，使降

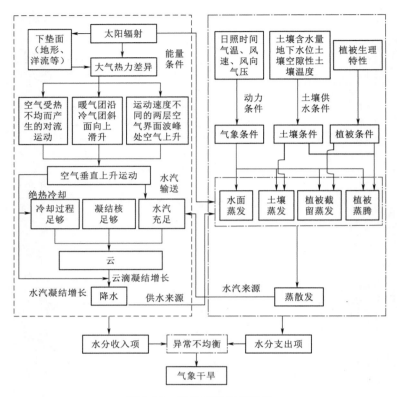

图 2.15　气象干旱形成机理

水异常偏少。如海河流域燕山、太行山自东北向西南形成了一道高耸的弧形屏障，在夏季风盛行时阻挡海洋水汽向流域内陆输送，使背风山地的降水受到一定影响。

　　在大气环流和下垫面的共同作用下，区域降水和蒸散发长期保持的均衡状态被打破，导致气象干旱。通常情况下，大气环流异常所导致的降水异常偏少是气象干旱形成的直接原因；而区域下垫面异常的反馈作用对干旱的形成和持续起着推波助澜的作用。当不利于降水的环流相当稳定，区域长时期受高压系统控制，则造成长期无雨或少雨；当这种长期无雨或少雨的状态持续一段时间后，下垫面近地面蒸发量减少，使得局地水平衡减弱，有利于维持异常环流的存在。当干旱进一步延续时，夏季强烈的太阳光照射地面，直接加热近地面的大气，使近地面空气相对湿度减小，温度升高，抑制云的生成，将会进一步加剧干旱。

2.2.4　水文干旱形成机理

2.2.4.1　水文干旱形成发展过程

　　水文干旱是因气象干旱或者人类活动造成的地表、地下水收支不平衡而引起的江河、湖泊径流和水利工程蓄水量异常偏少以及地下水位异常偏低的现象，是针对流域或区域地表水及地下水而言的。水文干旱形成过程可分为孕育、缓冲、开始、发展和解除五个阶段（图 2.16）。气象干旱发生及经济社会用水需求的增加，将影响地表水和地下水的水分收入和支出，为水文干旱的孕育阶段；水利工程建设和管理及下垫面改变对水分收入和支出也有影响，一定时期的地表水与地下水量还与前期赋存水量有关，在这些因素共同作用下，若地表水与地下水量呈现出增大或正常状态，则认为没有发生水文干旱，将这一时期称为缓冲期；若呈现出减小状态，则认为水文干旱开始；之后若持续减小，则为水文干旱的发展阶段；直至气象干旱解除一段时间或者人工取用水减少，水文干旱才得以解除。这一形成过程也解释了通常情况下水文干旱滞后于气象干旱的现象。

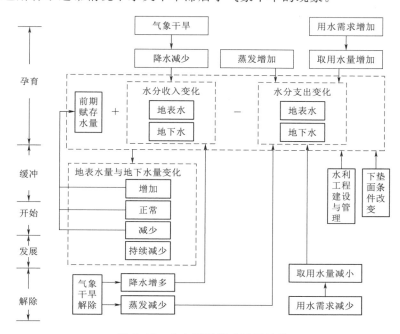

图 2.16   水文干旱形成发展过程

2.2.4.2   驱动因素

水文干旱表征为地表水或地下水的收支异常不均衡。在流域/区域"自然-人工"复合水循环系统内，对于地表水而言，其水分收入项主要为降水，在一些地区也可能会有地下水的排泄或者外调水，而其水分支出项包括人类消耗、向区域外调水、水面蒸发以及对土壤水和地下水的入渗补给；对于地下水而言，其水分收入项主要是来源于降水入渗补给，同时也会有地表水和土壤水的入渗补给，而其水分支出项则包括人工开采、潜水蒸发和排泄。这些相互联系的过程使地表水和地下水的状态处于动态变化之中，当其中某一环节受到异常干扰时，地表水和地下水的状态则会发生异常，当其异常偏少时，则发生水文干旱。气候变化背景下，1980—2020 年近四十年全国分区径流深变化趋势如图 2.17 所示。除松花江、西北诸河外，其他一级水资源分区径流深呈减少或不变趋势。

1. 气候变化

不考虑人类活动因素时，气候变化是水文干旱的主要驱动因素，即气候变化首先导致气象干旱，气象干旱发展到一定程度才会引发水文干旱。气象干旱对水文干旱的驱动机制体现在三个方面：一是降水减少直接导致地表水和地下水补给减少；二是长期气象干旱使

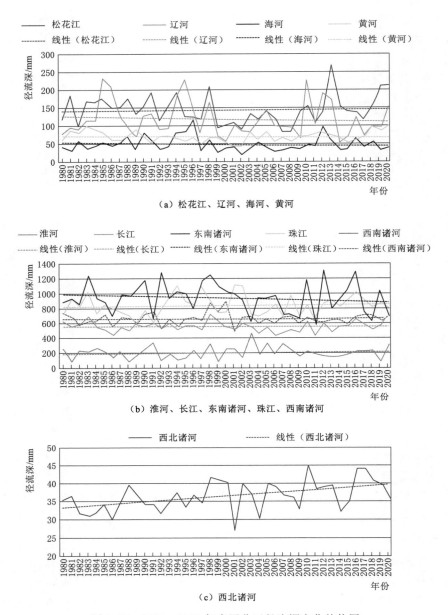

图 2.17　1980—2020 年全国分区径流深变化趋势图

水资源状态和再生条件发生变化，如导致包气带干化、厚度增大，同样降水情况下地表水产流和地下水入渗补给减少；三是有利于蒸散发的气象条件使地表水和地下水蒸发量增大。一定时期内，地表水和地下水的赋存量还与前期水量赋存状态有关，当前期赋存水量较多时，暂时的降水减少可能不会造成水文干旱，即短期气象干旱可能不会导致水文干旱；当气象干旱持续时间较长，一方面大大减小地表水和地下水补给量，另一方面蒸发量加大，则会导致水文干旱。

考虑人类活动因素时，气候变化可能不是驱动水文干旱的主要因素。在人类活动干扰较强的地区，即使没有发生气象干旱，也有可能发生水文干旱。如一定时期内，降水对地表水和地下水的补给量较往年平均水平正常甚至还多，但这一时期人类对地表水或地下水取用量大大增加，造成产流条件发生变化，导致其蒸发消耗量增大，也会发生水文干旱。

2. 土地利用变化

土地利用变化对水文干旱的驱动主要是通过影响地表水及地下水运动规律而产生的，其作用机制较为复杂。不同土地利用类型之间转换对地表水和地下水的影响不同，对水文干旱的驱动机制可分为以下四个方面：

（1）城市化、交通线路开辟等对地表水干旱起缓解作用，对地下水干旱起诱发或加剧作用。城市化、交通线路开辟主要集中在平原地区，使天然状态的土地变为居工地，原有的疏松表面变为水泥路面，水流阻力变小，水流速度变快，同时，地表水主要是通过地下排水管网汇集，蒸发也有所减少。因此，相对于天然状态的土地，城市化使地表水收入项增大，支出项减小，对地表水干旱起缓解作用；而当疏松表面变为水泥路面后，下渗能力减小，降水对地下水的补给减小，地下水收入项减小，对地下水干旱起诱发或加剧作用。当然，是否一定会发生地下水干旱还与一定时期内地下水水分支出多少有关。

（2）毁林开荒、过度放牧对地表水干旱起缓解作用，对地下水干旱起诱发或加剧作用。毁林开荒主要集中在山区，过度放牧可能发生在山区，也可能发生在平原区。森林变为耕地、草地变荒地后，植被覆盖度降低，土壤糙率减小，自然蓄积雨水量减少，地表径流量增大，增加地表水水分收入项，但是水量分布不均匀，不便于开发利用；自然蓄积水量减少，造成入渗补给地下水量也随之减少，即地下水水分收入项减少。同时，森林、草地变为耕地或荒地，蒸腾作用由全年变为季节性蒸腾或蒸腾作用微弱，蒸腾量也有所减小，地下水对土壤水补给减少。因此，毁林开荒、过度放牧对地表水干旱起缓解作用，但从长期来看，可能会带来沙漠化等生态环境问题；对地下水干旱起诱发或加剧作用，但是否一定会发生地下水干旱还与该时段的水分支出有关。

（3）水土保持对地表水干旱起诱发或加剧作用，对地下水干旱起缓解作用。水土保持是与毁林开荒、过度放牧相反的作用过程，如坡地改梯田、植树造林、种草等。这些措施使土壤糙率增加，有利于自然蓄积水量（梯田化蓄水作用尤为明显），减少地表径流量，使水量分布更为均匀，便于开发利用，对地下水的入渗补给量增大，即减小地表水水分收入项、增大地下水水分收入项；同时，植物蒸腾作用增大会加大水分支出。因此，水土保持对地表水干旱起诱发或加剧作用，对地下水干旱起缓解作用。

（4）水利工程建设对水文干旱的驱动作用体现在改变了水域面积，进而影响水分支出，其作用大小往往与该区域水域面积所占比重有关。

3. 水资源开发利用

人类通过对水资源的开发利用直接作用于地表或地下水资源。1980 年我国水资源开发利用量 4400 亿 m^3，至 2020 年水资源开发利用量 5813 亿 m^3。1980—2020 年近四十年全国水资源开发利用量变化如图 2.18 所示。

水资源开发利用对水文干旱驱动机制包括两个方面：

（1）人工直接消耗水资源诱发或加剧水文干旱，甚至起主要作用。人类通过消耗地表水和地下水，导致常年河流变为季节性河流或长期断流、平原区沿河道线补给地下水明显

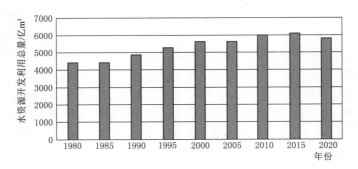

图 2.18 1980—2020 年全国水资源开发利用量变化

减少。开采的这部分水经供水工程（其中一部分水因输水渗漏归回包气带被重新分配）进入社会经济系统供给农业、工业和生活利用，其中，农业用水又回归到农作区的包气带，由包气带进行重新分配，其中大部分水被作物吸收最终耗于蒸腾；工业用水分为消耗性用水和非消耗性用水，前者如饮料生产，水进入产品中，后者如冷却、发电等；生活用水主要是日常饮用、洗漱用水等；工业和生活排放的废污水直接或者经初步处理后排入地表水或者补给地下水，这部分废污水进入地表水或地下水后如果超过天然水体自净能力，则会对其造成污染，使整体水质下降，人类为获取满足经济社会发展需求的水资源，会进一步开辟新的水源，如此恶性循环。人类通过这种"供-用-耗-排（补）"的模式对地表水和地下水直接干扰，诱发或加剧水文干旱，甚至起主要作用。

（2）人类干扰了水资源的状态，使其再生条件发生变化，可能导致水文干旱。人类开采甚至超采地下水，使区域地下水位逐年下降，导致平原区包气带厚度不断增加，降水入渗补给周期增长，入渗系数减小，地下水补给困难。地表水和地下水的天然运动规律遭到破坏，可能导致同样降水条件下地表水和地下水量有所减小，可能会加剧水文干旱。

2.2.4.3 形成机理

气候变化、土地利用变化和水资源开发利用对水文干旱的驱动都是通过影响水循环的不同环节而作用的，体现为改变地表水和地下水的收支，从而加剧或缓解水文干旱。如果不考虑人为因素，气候变化是水文干旱的主要驱动因素。气候变化首先导致气象干旱，达到一定程度将引发水文干旱。气候变化对水文干旱的驱动机制主要从以下三个方面体现：第一，降水量的减少导致地表水和地下水补给量的减少；第二，有利的蒸散发增加了地表水和地下水的蒸发；第三，长期持续的气象干旱将会改变水资源状况和再生条件，即使是相同的降水条件也会减少地表水流量和地下水渗透补给量。

如果考虑人类活动，那么形成水文干旱的主要原因可能就不再是气候变化，在受到人类活动强烈干扰的地区，即使没有发生气候变化，也有可能会发生水文干旱。如果在某个时期内，降水的补给量超过以往正常水平，但是在此期间，由于人类取用的地表水量或地下水量大大增加导致条件发生变化，造成蒸发消耗量急剧增加，也会发生大范围的水文干旱；土地利用变化的驱动机制相对比较复杂，主要受地表水和地下水运动规律的影响；水资源开发利用对水文干旱的驱动机制主要体现为人类对地表水或地下水的直接损耗诱发或加重了水文干旱，甚至起了重要作用。水文干旱形成机理如图 2.19 所示。

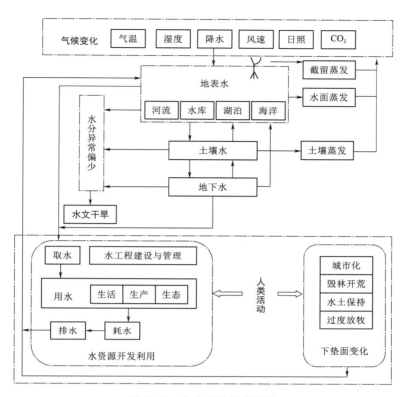

图 2.19　水文干旱形成机理

2.2.5　农业干旱灾害成灾机理

2.2.5.1　农业干旱形成发展过程

　　作物从种子发芽到新种子成熟的一生中，其生长发育状态与水有着密切的关系。在种子萌发期，作物细胞未形成液泡之前，靠吸胀作用吸水；当细胞形成液泡之后，主要靠渗透作用吸水。在水势梯度作用下，水从土壤向根系细胞内移动，由根表面进入根木质部导管，再由根木质部导管向上运动到茎木质部、叶木质部。从茎部运输到叶片中的水分只有很小一部分是用于光合作用合成有机物，而其余大部分则以水蒸气形式通过气孔或角质层散失到大气中，即气孔蒸腾和角质蒸腾。水分由土壤到根部经过整个作物体再到大气要经历以下途径：土壤—根毛—根的皮层和内皮层—根的中柱鞘—根导管—茎导管—叶柄导管—叶脉导管—叶肉导管—叶细胞间隙—气孔腔—气孔—大气，且是一个连续进行的过程，即土壤-作物-大气连续体（Soil - Plant - Atmosphere Continum，SPAC）系统，这一过程也就是作物水分的主要代谢过程。只有根系吸水和蒸腾失水协调以保持适当的水分平衡，作物才能生长发育良好。作物本身具有一定的调节水分吸收和散失而维持适当平衡的能力，如果超出一定的范围，作物体内的水分平衡被破坏，就会影响其正常生长。

　　农业干旱是因外界环境因素或人类活动引起的作物体内水分收支失衡而影响其正常生长的现象，是针对农作物而言的。农业干旱形成过程最为复杂，也可分为孕育、缓冲、开

47

始、发展和解除五个阶段（图 2.20）。自然条件下，气象干旱或水文干旱发生，意味着土壤趋向干燥的可能性增大，土壤含水量降低，为农业干旱的孕育阶段。气象干旱情况下，降水对土壤层的补给量减少、蒸散发量增大，而水文干旱发生意味着地表径流减少或地下水位下降，土壤包气带增厚，潜水蒸发补给土壤的水量减少，引起土壤水分状态变化，进而影响作物吸水。在土壤水分亏缺的初始阶段，土壤供水开始减少，由于作物自身的调节作用，需水也随之减少，因此初始时段水分胁迫对作物影响较小，可认为农业干旱尚未开始，处于孕育到开始的缓冲期。作物本身也有一定的调节能力，在土壤水分开始减小时，作物体在自身调节作用下，适当减小蒸腾消耗，能使体内水分保持相对均衡，农业干旱未开始，这一时期也可认为是缓冲期。若土壤水分持续减小，超过了作物本身的调节能力，则农业干旱开始；若土壤水分继续减小，水分胁迫进一步加大，作物生长发育受影响加大，农业干旱发展；直到气象干旱或水文干旱解除一段时间，土壤水得到有效补给，满足作物正常需水要求，农业干旱才得以解除。

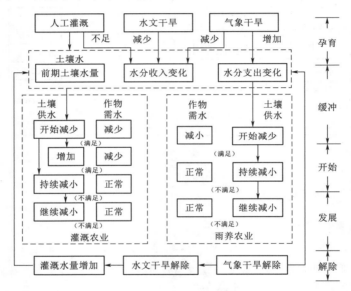

图 2.20　农业干旱形成发展过程

对于灌溉农业，气象干旱或水文干旱的发生，一方面直接影响土壤水分，另一方面还可能影响灌溉水量进而间接影响土壤水分，为孕育阶段；如果前期土壤湿度较大或在作物自身调节作用下，土壤水分依然能满足作物需水要求，则农业干旱尚未开始，处于缓冲期，与雨养农业不同的是，如果能及时补充灌溉，则作物需水能得到有效保证，农业干旱就不会发生，这也是许多地区出现严重气象干旱，而不会发生农业干旱的根本原因，将这一时期也并入缓冲期；如果不能及时补充灌溉，土壤水分持续减小，则可能难以满足作物需水，农业干旱开始；当土壤水分继续减小，则水分缺口进一步扩大，农业干旱发展，直到气象或水文干旱解除或实施灌溉，使土壤水水得到有效补给，满足作物需水要求，农业干旱才得以解除。

根据农业干旱的形成过程，可以界定农业干旱的历时及严重度。从农业干旱开始到解除的时间过程即 1 次农业干旱的历时；在 1 次农业干旱期间，土壤水分供给和作物需水的差值的累计值为该次农业干旱的严重度。在作物生长期内，可能不只发生 1 次农业干旱，不同次干旱对作物产量的影响具有累积效应。

2.2.5.2 驱动因素

农业干旱的实质是作物体内水分失衡而导致的粮食减产或失收现象。当作物体内的水分不能满足其蒸腾和代谢需求时，则驱动农业干旱。作物水分收入主要来源于土壤水，作物水分支出则主要通过叶面蒸腾的方式。因此，影响作物水分收入（土壤水含量）和支出（作物蒸腾）的因素都有可能会诱发农业干旱，概括起来主要包括气候变化、下垫面（土地利用）变化以及农业灌溉三个方面。由于本书主要研究气候和土地利用变化下的农业干旱情势（土壤干旱情势），因此，暂不讨论灌溉对农业干旱的影响，即只分析和探讨气候和土地利用变化对雨养区农业（土壤）干旱的相对驱动作用。

2.2.5.3 干旱灾害成灾机理

农业干旱研究对象为农作物，通常不是针对单株作物，而是针对田间、灌区或者区域/流域尺度的作物集合，即作物群落。对于作物群落而言，其水分收入的直接来源是土壤水分，水分支出主要是叶片蒸腾和代谢耗水，作物生长期内，当可被作物利用的土壤水不能满足作物蒸腾、代谢对水分的需求时，则发生农业干旱。在作物生长的不同时期，需水量不同，不同时期出现干旱都会对作物产生不良影响，且具有累积效应，特别是在作物需水临界期土壤水分难以满足需求时，会对产量产生较大影响。

1. 气候变化

气候变化引起气象干旱，进而驱动农业干旱，主要是通过气象要素变化驱动的。降水、风速、温度、湿度、光照等气象要素的变化影响土壤水入渗补给、蒸发和作物蒸腾，当土壤水供应不足或作物蒸腾过强而超过作物自身调节能力时，则发生农业干旱。

降水主要影响土壤水分入渗补给，降水偏少引发的气象干旱直接诱发雨养农业区农业干旱，或通过诱发水文干旱可能会间接引发灌溉农业区农业干旱。对于雨养农业区，降水是土壤水分的主要来源，尤其是对于坡地雨养农业，降水基本是土壤水分的唯一来源，而对于平地雨养农业，如果地下水位较高，还可能补给土壤水供作物利用；对于灌溉农业区，作物吸收的土壤水分主要来自人工灌溉，降水多少对其影响相对较小甚至无影响，但是如果降水严重偏少，发生严重气象干旱时，造成河流断流或地下水位降低，进而导致灌溉水量不足，也会引发农业干旱。

风速、温度、湿度、光照等气象因子主要影响作物蒸腾，作用机制较为复杂。微风可带走聚集在叶面上的水汽，加强蒸腾作用，而强风反而可能会降低叶温，致使气孔关闭，降低蒸腾作用；在一定的范围内，温度升高，则加速水分的汽化，使气孔腔内蒸汽压的增加大于外界蒸汽压的增加，叶面与大气之间的水汽压梯度加大，蒸腾加强；一般作物叶子内气孔下腔的湿度总是接近饱和状态，与空气湿度间存在蒸汽压差，当空气湿度较小时，蒸汽压差较大，蒸腾作用强烈；光照能促使气孔张开，减少内部阻力，并能提高叶温，加速水分子扩散，从而加强蒸腾。这些气象因子之间也是相互影响的，如湿度直接影响蒸腾速率，而温度可以影响湿度，光可以影响温度，风可以影响温度和湿度，它们相互联系，共同作用于作物体，从而对蒸腾产生综合影响，进而加剧或缓解农业干旱。另外，这些气象因子还会影响棵间蒸发、截留蒸发及水面蒸发，直接或间接减少土壤水分，驱动农业干旱。

2. 人类活动

人类活动一方面影响土壤水分，另一方面又影响作物蒸腾，进而对农业干旱的形成起作用。水资源开发利用包括农田灌溉用水和工程管理，主要影响作物水分收入；下垫面改变既影响作物水分收入，又会影响作物水分支出，不同的改变方式作用机理也不相同。

（1）农田灌溉用水。农田灌溉用水可有效地缓解农业干旱，受气候变化和实际灌溉面积的影响，农业用水量占用水总量的比例则有所减少。1980—2020 年全国农田灌溉用水量在 3300 亿～3510 亿 m³，1980—2020 年全国农田灌溉用水量变化如图 2.21 所示。由 2000 年全国各区农田灌溉用水量可知，东北、黄淮海、长江中下游地区农田灌溉用水量占比较大，2000 年全国分区农田灌溉用水量图如图 2.22 所示。

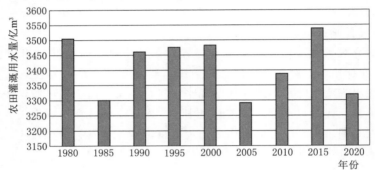

图 2.21　1980—2020 年全国农田灌溉用水量变化

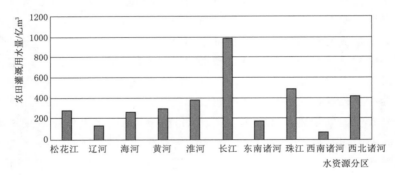

图 2.22　2000 年全国分区农田灌溉用水量

对于雨养农业区尤其是平原雨养农业区，人工大量开发地表水和开采地下水，改变了地表水和地下水的赋存条件和状况，地下水位大幅度下降致使地下水通过潜水蒸发对土壤水的补给减少，可能引发农业干旱，甚至在没有发生气象干旱或发生轻微气象干旱时发生农业干旱。对于灌溉农业区，取用的地表水和地下水有一部分甚至大部分都用于灌溉，补给土壤水分，缓解农业干旱，在发生一般甚至严重气象干旱时也可能不会发生农业干旱。但是，对于以地表水为灌溉水源的灌溉农业区，若发生特大气象干旱导致地表水资源锐减，甚至河道断流，灌溉水源得不到保证，也会引发农业干旱；对于以地下水为灌溉水源的灌溉农业区，虽然其能缓解当前的农业干旱，但若地下水长期超采可能会加大未来发生农业干旱的风险。

（2）水工程建设和管理。农田水利工程建设与管理对农业干旱形成的影响主要是通过影响灌溉水量而间接起作用的，如上游修建水库，拦截了一部分水，导致下游来水减少，可能影响下游农业灌溉用水；同时通过水库调度可削峰补枯，在枯水年可对下游河道进行补水，为农业灌溉用水提供保证，缓解农业干旱。

（3）下垫面改变。下垫面改变对农业干旱的影响体现在两个方面：一是通过不同土地利用类型之间的转换，改变了原有的产汇流规律以及地表水、地下水和土壤水之间的天然转化方式，或者影响灌溉水量，进而影响土壤水分及作物吸水；二是其他土地利用类型与农业用地之间转换或者农业内部种植结构改变，改变了农业生产规模和结构，可能会改变作物蒸腾，进而影响作物需水。

城市化、交通线路建设使呈天然状态的土地变为居住地，原有疏松表面变为不透水路面，下渗能力减小，地表径流增加，降水对地下水补给减少，可能会间接减小地下水通过潜水蒸发对土壤水的补给；毁林、过度放牧等人类活动致使森林、草地变为荒地，植被覆盖度降低，下渗能力减小，增加地表径流而减小地下水补给量，也可能会间接减小地下水通过潜水蒸发对土壤水的补给。以上这两类人类活动对于雨养农业和以地下水为灌溉水源的灌溉农业可能造成或加剧农业干旱。对于以地表水为灌溉水源的灌溉农业，由于地表径流增加可能对农业干旱起缓解作用。植树造林、种草等水土保持措施则会减少地表径流量，增加土壤含水量和地下水补给量，可能会增加地下水对土壤水的补给量，有利于缓解雨养农业和以地下水为灌溉水源的灌溉农业区的农业干旱。

梯田化、开荒等人类活动使农业种植规模扩大，对土壤水需求增加，若降水、地下水或人工灌溉对土壤水的补给不足以满足作物需求，则可能发生农业干旱；退耕还林则会起相反作用，减小种植面积及作物蒸腾，缓解农业干旱；种植结构调整对农业干旱的影响与调整方向有关，如果朝高耗水或耐旱性较差的方向调整，则可能引发或加剧农业干旱，如果朝低耗水或耐旱性较强的方向调整，则可能会缓解农业干旱。另外，农业节水技术应用对农业干旱形成也有一定的影响，根据作物不同生育期需水规律，减小作物无效蒸腾，在一定程度上可缓解农业干旱。

3. 成灾机理

总之，气候变化和高强度人类活动导致水循环水分失衡是形成干旱的本质，干旱灾害成灾机理（图2.23）具有如下特点：

（1）气象干旱是区域气候系统和下垫面受到干扰而使降水和蒸散发长期均衡打破后导致降水减少、蒸发增加而形成的。水文干旱是气候变暖、土地利用变化以及水资源开发利用影响水循环的水分失衡导致地表水和地下水的收入减少、支出增加而形成的。农业干旱灾害是气候变暖、土地利用变化以及水资源开发利用影响气象因子、土壤水和作物蒸腾等变化导致土壤水供应不足、作物蒸腾过强超过作物自身调节能力时而形成的。

（2）全球气候变暖背景下，大气环流异常导致降水量时、空分布变异，部分陆地区域降水量减少，温度升高会加剧水汽的蒸发且导致土壤水分亏缺，促使干旱灾害的发生发展，是干旱灾害呈现增加趋势的主要因素。

（3）高强度人类活动引起下垫面的改变，严重的水土流失使得土地退化、耕地被毁、河道湖泊淤积，导致土层蓄水保墒能力减弱，御旱能力降低，加大了干旱灾害的脆弱性和易发性，从而在一定程度上使得干旱灾害更加严峻。

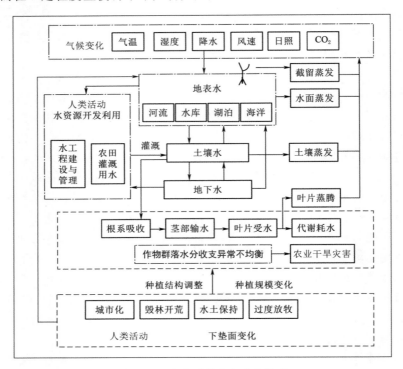

图 2.23　农业干旱灾害成灾机理

2.3　示范区干旱驱动定量分析

2.3.1　示范区概况

2.3.1.1　自然地理

江西省位于长江中下游交接处的南岸，地处东经 113°34′～118°28′，北纬 24°29′～30°04′，示范区包括宜春、吉安和新余 3 个地级市的 19 个县（市、区）（表 2.1），总面积为 36957km²，宜春、吉安和新余 3 个地级市面积分别为 12899km²、20893km² 和 3165km²。江西省地形复杂，南高北低，边缘群山环绕，中部丘陵起伏，北部平原坦荡，周边渐次向鄱阳湖区倾斜，形成南窄北宽、以鄱阳湖为底部的盆地状地形，示范区河流分布如图 2.24 所示，示范区地形分布如图 2.25 所示。

表 2.1　　　　　　　　　　　　　江西示范区范围

地级市	县（市、区）名称
宜春市	袁州区、樟树市、高安市、奉新县、万载县、上高县、宜丰县
吉安市	吉安市区、吉安县、吉水县、峡江县、新干县、永丰县、泰和县、万安县、安福县、永新县
新余市	渝水区、分宜县

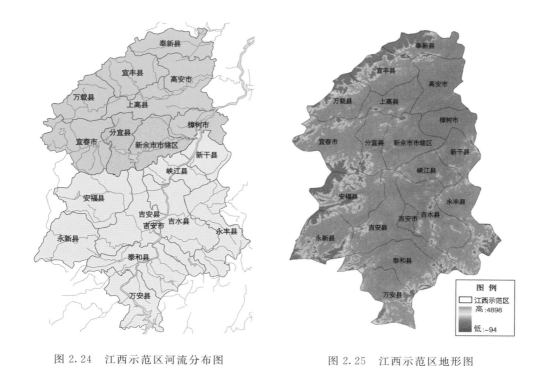

图 2.24　江西示范区河流分布图　　　　图 2.25　江西示范区地形图

2.3.1.2　数据资料来源

1. 水文气象资料

本书收集了示范区 20 个气象站 1956—2015 年的日尺度气象观测数据资料，主要包括日平均降水、日最高和最低气温，数据来源于中国气象科学数据共享服务网。水文（径流）资料收集了示范区 8 个水文站 1956—2015 年的实测和逐月还原径流资料，其中还原径流为实测径流加上水库蓄水、工农业用水等河道取用水量，即消除了水库蓄水、灌溉、人工取用水等水资源开发利用对河川径流量的影响。

2. 空间数据资料

空间数据包括数字高程模型（Digital Elevation Model，DEM）数据、土壤数据以及土地利用数据。DEM 数据的空间分辨率为 90m，来源于地理空间云。土壤数据比例尺为1∶100 万，来源于中国科学院南京土壤研究所。参照 FAO1998 土壤分类标准，自然土壤以红壤分布最广、面积最大，红壤面积约占总面积的 46%，其余土壤表现为黄壤、山地黄棕壤、紫色土、石灰（岩）土和山地草甸土等。土地利用数据收集了 1980 年、2000 年和 2015 年 3 期 Landsat TM 影像遥感数据，均来源于中国科学院资源环境科学数据中心，比例尺 1∶10 万；参照国家标准《土地利用现状分类》（GB/T 21010—2007），将研究区的土地利用分为耕地、林地、草地、水域、城镇建设用地五种土地利用方式。江西示范区不同时期土地利用占比见表 2.2。

表 2.2　　　　　　　　　　　江西示范区不同时期土地利用占比

年　份	土地利用占比/%				
	耕地	林地	草地	水域	居民用地
1980	22.8	53.1	22.7	0.8	0.6
2000	22.5	59.7	15.9	1.1	0.8
2015	21.9	62.3	13.6	1.2	1.0

3. 土壤作物资料

示范区耕作土壤分为水稻土和旱地土。水稻土为主要的农业土壤，依据生成母岩、形成特点及肥力特性，可分为黄泥田、潮泥田、青泥田、石灰泥田、紫泥田、冷浸田 6 个主要土属。旱地土主要有发育于河湖冲积物的潮土和由红、黄壤耕垦而成的黄泥土两大类。江西示范区水田参数见表 2.3。旱作物生长期及对应季节见表 2.4。

表 2.3　　　　　　　　　　　　江西示范区水田参数

作物名	生育阶段	开始时间	结束时间	需水系数 a 值	土壤下渗量/(mm/d)	上层极限/mm	上层适宜上限/mm	上层适宜下限/mm
	空闲期	1 月 1 日	4 月 15 日	0	0	140.8	140.8	96.6
早稻	泡田期	4 月 16 日	4 月 25 日	1.00	1.5	30.0	10.0	10.0
早稻	返青	4 月 26 日	5 月 4 日	0.78	1.5	30.0	10.0	10.0
早稻	分蘖前	5 月 5 日	5 月 12 日	0.98	1.5	40.0	10.0	0
早稻	分蘖后	5 月 13 日	5 月 30 日	1.14	1.5	40.0	10.0	0
早稻	拔节孕穗	5 月 31 日	6 月 16 日	1.27	1.5	40.0	10.0	0
早稻	抽穗扬花	6 月 17 日	7 月 2 日	1.35	1.5	40.0	10.0	0
早稻	乳熟	7 月 3 日	7 月 12 日	1.08	1.5	10.0	0	0
早稻	黄熟	7 月 13 日	7 月 21 日	0.93	1.5	10.0	0	0
	泡田期	7 月 22 日	7 月 26 日	1.00	1.5	30.0	10.0	10.0
晚稻	返青	7 月 27 日	8 月 2 日	0.69	1.5	30.0	30.0	20.0
晚稻	分蘖前	8 月 3 日	8 月 10 日	0.84	1.5	40.0	20.0	0
晚稻	分蘖后	8 月 11 日	8 月 27 日	1.02	1.5	40.0	20.0	0
晚稻	拔节孕穗	8 月 28 日	9 月 13 日	1.18	1.5	40.0	20.0	0
晚稻	抽穗扬花	9 月 14 日	9 月 24 日	1.26	1.5	40.0	10.0	0
晚稻	乳熟	9 月 25 日	10 月 10 日	1.26	1.5	40.0	0	0
晚稻	黄熟	10 月 11 日	10 月 20 日	1.20	1.5	10.0	0	0
	空闲期	10 月 21 日	12 月 31 日	0	0	140.8	140.8	96.6

表 2.4   旱作物生长期及对应季节

作　物	生育阶段	日　期	对应节气
冬小麦	播种—出苗	10 月 10 日—12 月 20 日	寒露—大雪
	出苗—返青	12 月 21 日—2 月 10 日	冬至—立春
	返青—拔节	2 月 11 日—3 月 20 日	立春—惊蛰
	拔节—抽穗	3 月 21 日—4 月 20 日	春分、清明
	抽穗—灌浆	4 月 21 日—5 月 15 日	谷雨、立夏
	灌浆—成熟	5 月 16 日—5 月 31 日	小满
夏玉米	播种—出苗	6 月 10 日—6 月 20 日	芒种
	出苗—拔节	6 月 21 日—7 月 5 日	夏至
	拔节—抽雄	7 月 6 日—7 月 31 日	小暑、大暑
	抽雄—灌浆	8 月 1 日—8 月 15 日	立秋
	灌浆—成熟	8 月 16 日—9 月 15 日	处暑、白露
冬油菜	播种—出苗	10 月 15 日—1 月 25 日	霜降—大寒
	出苗—现蕾	1 月 26 日—3 月 10 日	大寒—惊蛰
	现蕾—开花	3 月 11 日—4 月 10 日	惊蛰—清明
	开花—结荚	4 月 11 日—5 月 10 日	谷雨、立夏
	结荚—成熟	5 月 11 日—5 月 20 日	立夏
棉花	播种—出苗	6 月 5 日—6 月 15 日	芒种
	出苗—现蕾	6 月 16 日—7 月 15 日	芒种—小暑
	现蕾—开花	7 月 16 日—7 月 31 日	小暑、大暑
	开花—吐絮	8 月 1 日—9 月 10 日	立秋、处暑
	吐絮—成熟	9 月 11 日—10 月 18 日	白露—寒露

江西示范区所采用的土壤参数：土壤的饱和含水量为 48.3%，田间持水量为 33.5%，毛管断裂含水量为 28%，凋萎含水量为 23%。

2.3.2　干旱动态模拟模型

农业干旱是因供水不足，无法满足作物仿真正常生长发育所需水分的现象。供水不足，有自然降水不足的原因，也有降水不足后无法通过灌溉供水的原因。准确判定农业旱情是抗旱工作中非常重要的一个环节，对于全面了解旱情的发生范围、严重程度以及针对性地制定可行的抗旱措施具有重要的指导作用。

一般以土壤中实际贮存的、可供作物利用的水量多少为依据判别作物的受旱情况。无论是降水还是灌溉，水分都要首先贮存在土壤中，然后被作物生长逐步吸收利用；另外，区域的气象、水文、灌溉等条件以及灌溉用水管理状况，也都能够很好地通过农业旱情信息得以体现。因此，可通过土壤墒情信息、农作物缺水信息及遥感信息识别农业旱情。如何判别农业旱情是综合旱情预测预警的关键，为表征农业旱情的发生与发展过程，可采用多种判别方法。采用仿真技术模拟作物生长过程，识别农作物需水、缺水信息，并进行遥感信息比对是判别农业旱情行之有效的方法。

从农田水量平衡原理出发，以农田表层为原型，模拟农作物生长期农田水分循环过程及土壤墒情信息[161-163]。本次以江西示范区为例，应用仿真技术建立了作物生长模拟模型，对作物的受旱过程进行模拟。

2.3.2.1　旱作物生长过程模拟模型

1. 旱地水分平衡模拟

如果把某一旱地农田土壤视为隔离体，则农田水分在"土壤-作物-大气"连续系统内，通过降水、灌溉、土壤蒸发、作物蒸腾、下渗、地下水补给等形式进行着复杂的交换。农田水分收支模型可用图 2.26 表示。

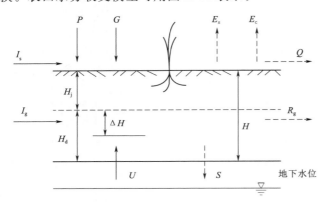

图 2.26　旱地土壤湿润层变化及水分计算示意图

能够对作物根层水分产生影响的土壤层称为计划湿润层，图 2.26 中 H_j 就是计划湿润层的深度。不同的作物由于其根系深度的不同，其计划湿润层的深度是不同的。即使是同一种作物，由于其不同生长期的根系深度在变化，其计划湿润层的深度也在变化。图中 H_m 为计划湿润层的最大深度。

进入计划湿润层的水分包括降水量 P、灌溉水量 G、地表水流入量 I_s、土壤中水的流入量 I_g 和地下水补给量 U；流出计划湿润层的水分包括土壤蒸发 E_s、作物蒸腾 E_c、农田表面产生的径流 Q、土壤中水的流出量 R_g 和深层渗漏量 S。

因此，完整的计划湿润层（农田）水分平衡方程为

$$W_{i+1} - W_i = \Delta W_i + (P + G + I_s + I_g + U) - (E_s + E_c + Q + R_g + S) \qquad (2.6)$$

式中：W_i、W_{i+1} 分别为第 i 时段初、末的计划湿润层含水量，mm；ΔW_i 为计划湿润层变化时土壤含水量的变化量，mm；P 为第 i 时段内的降水量，mm；G 为第 i 时段内的灌溉水量，mm；I_s 为第 i 时段内地表水流入量，mm；I_g 为第 i 时段内土壤中水的流入量，mm；U 为第 i 时段内的地下水补给量（即潜水蒸发量），mm；E_s 为第 i 时段内的土壤蒸发量，mm；E_c 为第 i 时段内的作物蒸腾量，mm；Q 为第 i 时段内的农田表面产生的径流量，mm；R_g 为第 i 时段内的土壤中水的流出量，mm；S 为第 i 时段内的深层渗漏量，mm。

大量的农田水分平衡研究结果表明，在旱作地区，特别是在平地上，农田水分循环以垂直方向的水量交换为主，除了小部分雨季降水通过地面径流损失外，绝大部分降水被拦蓄在疏松的土层内。

因此，式（2.6）中水平方向的水量交换，除地面径流外，均可忽略不计，即 $I_s \to 0$、$I_g \to 0$、$R_g \to 0$。若计划湿润层不变，则 $\Delta W_i \to 0$，故式（2.6）可以简化为

$$W_{i+1} - W_i = (P + G + U) - (E_s + E_c + Q + S) \qquad (2.7)$$

2. 模型中各项水量的计算

(1) 计划湿润层变化时土壤含水量的变化量 ΔW_i 的计算:

$$\Delta W_i = \frac{\Delta H}{H_d} \times W_d \tag{2.8}$$

式中：ΔH 为计划湿润层的变量，cm；H_d 为底层湿润层深度，cm，$H_d = H_m - H_j$；W_d 为底层计划湿润层（相应 H_d）土壤含水量，mm。

(2) 作物耗水量 ET 的计算。

作物耗水量 ET 为农田实际蒸散量，是土壤蒸发量 E_s 与作物蒸腾 E_c 之和。在充分供水的情况下，作物耗水量等于作物需水量。在不充分供水（如缺水等）情况下，作物耗水量是实际叶面蒸腾、棵间土壤蒸发组成、植物体和消耗于光合作用等生理过程所需的水量总和。

作物需水量（ET_M）从理论上说是指作物叶面蒸腾、棵间土壤蒸发、组成植物体和消耗于光合作用等生理过程所需要的水量总和。由于组成植物体和消耗于光合作用等生理过程所需要的水量占总需水量的很小部分，而且这一小部分的影响因素又较复杂，难于准确计算，一般将此部分忽略不计。这样，作物需水量就约等于作物叶面蒸腾和棵间土壤蒸发所消耗水量之和。作物耗水量，按下值计算:

$$ET_M = K_c \times ET_0 \tag{2.9}$$

式中：K_c 为作物需水系数；ET_0 为水面蒸发量，mm。

(3) 地下水补给量（潜水蒸发）U 的计算。

方法 1:

$$U = E_0 \times \left(1 - \frac{H_j}{H_{max}}\right)^m \tag{2.10}$$

式中：H_j 为计算时地下水埋深，cm；H_{max} 为地下水极限埋深，cm；E_0 为 E_{601} 型蒸发器水面蒸发量，mm；m 为与土壤质地有关的指数。

方法 2:

$$U = K(i) \times ET_M \tag{2.11}$$

式中：$K(i)$ 为不同生长阶段地下水利用率；ET_M 为作物需水量，mm。

(4) 农田产流 Q 和深层渗漏 S 的计算。

在一次降雨过程开始后，部分降雨量渗入土壤，储存在表层土壤里，当降雨强度大于下渗强度时，多余的降雨形成径流，称为"超渗产流"。

"超渗产流"在我国干旱地区常有发生，在干旱地区由于降雨量稀少，地下水埋深较深，土壤包气带较厚，一次降雨使整个包气带达到田间持水量几乎不大可能。但是，干旱地区植被差，土壤板结，下渗能力较小，在这样的情况下，"超渗产流"是产流的主要方式。

若降雨强度 i 超过下渗率 f 时就产生地面径流，其下渗的水量成为包气带蓄水的一部分。以此计算公式如下:

若 $i \leqslant f$，不产流；

若 $i > f$，时段径流量 $R = (i - f) \times \Delta t$。

（5）时段土壤含水量的确定。

1）土壤初始含水量 W_0 的确定。

$$W_0 = 10hdB \tag{2.12}$$

式中：W_0 为计划湿润层土壤初始含水量，mm；h 为计划湿润层厚度，cm；d 为计划湿润层内土壤平均容重，g/cm³；B 为计划湿润层土壤初始含水率（质量百分数），%。

2）土壤含水量上限的确定。

土壤含水量上限即为田间持水量。

$$W_{tc} = 10hdB_{max} \tag{2.13}$$

式中：W_{tc} 为计划湿润层土壤含水量上限，mm；B_{max} 为计划湿润层土壤田间持水率，%（质量百分数）。

3）土壤含水量下限的确定。

土壤含水量下限即为凋萎含水量。

$$W_{dw} = 10hdB_{min} \tag{2.14}$$

式中：W_{dw} 为计划湿润层土壤含水量下限，mm；B_{min} 为计划湿润层土壤凋萎含水率，%（质量百分数）。

4）毛管断裂含水量的确定。

$$W_{mgd} = 10hdB_{mgd} \tag{2.15}$$

式中：W_{mgd} 为计划湿润层土壤毛管断裂含水量，mm；B_{mgd} 为计划湿润层土壤毛管断裂含水率，%（质量百分数）。

3. 旱地墒情动态模拟

土壤的蒸散发过程大体可以分为三个不同的阶段，这种现象已被许多试验所证实。三个阶段的蒸散发规律可以归纳为：

（1）$W_{i+1} > W_{mg}$（即土壤含水量大于毛管断裂含水量），$E_s = E_p$，蒸散发按蒸散发能力进行。即当土壤含水量大于毛管断裂含水量时，供水充分，作物从土壤中吸取水分不受限制，蒸散发在表土层进行。

（2）$W_{dw} < W_{i+1} < W_{mg}$（即土壤含水量大于凋萎含水量，而小于毛管断裂含水量），$E_s/E_p = f(W_{i+1})$。即当土壤含水量大于凋萎含水量，而小于毛管断裂含水量时，作物从土壤中吸取水分将受到限制，土壤供水逐渐减少，蒸散发主要在表土层以下（30～80cm）进行，蒸散发量与土壤含水量成正比。

（3）$W_{i+1} < W_{dw}$（即土壤含水量小于凋萎含水量），$E_s = $ 常数，即当土壤含水量小于凋萎含水量时，作物生长开始受到抑制，丧失膨压以至凋萎，土壤表层和浅层（80cm）干枯，液体水蒸散发基本停止，深层土壤剖面中的水分，以水汽扩散的方式穿过干土层进入大气，蒸散发量数值低，变化慢，趋于一个很小的常数。为此，提出两层作物模拟模型，将土壤垂直方向计划湿润层分成上层和下层两层。

土壤水的消退：上层土壤水的消退按作物蒸散发能力进行；下层土壤水的消退和它的含水量成正比；计划湿润层以下的土壤水消退以一个很小的常数进行，它以潜水蒸发的方式向计划湿润层补给。

降水先满足表层；上层蓄满后再补充下层，上层和下层都蓄满后，就以产流（即深层渗漏）的方式补充深层土壤水。

作物通过根系吸收土壤中的水分，但只有大于凋萎含水量的水分才能被作物吸收，因此土壤中有效水分为田间持水量到凋萎含水量之间的部分。

根据有关试验结果，结合江西示范区的特点，上层取 30cm，下层取 50cm，这样计划湿润层就为 80cm。旱作物模拟两层模型示意图如图 2.27 所示。

4. 动态模拟灌溉条件判别

当土壤含水量低于毛管断裂含水量时，作物将发生旱象，此时应当提出灌溉要求，如果有水可供，则不发生干旱，否则将发生干旱。可供的灌溉水量，由当地的水库、河流、水塘等提供。

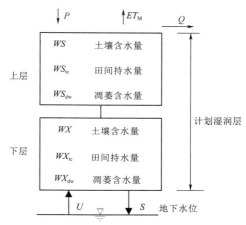

图 2.27　作物模拟两层模型示意图

2.3.2.2　休闲期土壤水分模拟

休闲期虽然地块上没有作物，但由于土壤水分的变化是连续的，因此有必要对这一时期的土壤水分变化进行模拟。

1. 蒸发量计算

休闲田的蒸发量计算公式为

$$E_i = E_{601} \times \frac{W_i}{W_{\max}} \tag{2.16}$$

式中：E_{601} 为 E_{601} 型蒸发器水面蒸发量，mm；W_i 为第 i 时段深度为 30cm 土层内的含水量，mm；$W_{\max}$ 为深度为 30cm 土层内的田间持水量，mm。

2. 土壤水分模拟方法

水量平衡方程式为

$$W_{i+1} = W_i + P_i + U_i - E_i - S_i \tag{2.17}$$

式中：P_i 为第 i 时段内的降水量，mm；U_i 为第 i 时段内的地下水补给量（即潜水蒸发量），mm；S_i 为第 i 时段内的水田渗漏量，mm。

当 $W_{i+1} > W_{\max}$ 时，如果 $W_{i+1} - W_{\max} \geq f_c$（稳渗率），则 $S_i = f_c$，径流量 $R = W_{i+1} - W_{\max} - f_c$；如果 $W_{i+1} - W_{\max} < f_c$（稳渗率），则 $S_i = W_{i+1} - W_{\max}$，径流量 $R = 0$。

当 $W_{i+1} < 0$ 时，令 $W_{i+1} = 0$，即当土壤含水量小于凋萎含水量时，实际蒸发接近为 0。

2.3.2.3　水稻生长过程模拟模型

1. 水稻生长过程模拟方程

水田水平衡方程为

$$H_{i+1} - H_i = (P_i + G_i + U_i) - (E_{si} + E_{ci} + F_{ci} + D_i) \tag{2.18}$$

式中：H_i、H_{i+1} 为第 i 时段初、末的水田水深，mm；P_i 为第 i 时段内降水量，mm；G_i 为第 i 时段内灌溉水量，mm；U_i 为第 i 时段内地下水补给量（即潜水蒸发量），mm；E_{ci} 为第 i 时段内作物蒸腾量，mm；F_{ci} 为第 i 时段内水田渗漏量，mm；E_{si} 为第 i 时段内水田水面及土壤蒸发量，mm；D_i 为第 i 时段内水田排水量，mm。

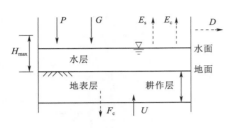

图 2.28　水田水分模拟示意图

水稻生长过程水田水分模拟示意如图 2.28 所示。

2. 水田水分动态特征模拟

（1）水田水层适宜深度及灌排水规则。为满足水稻生长要求，水田内应保持适宜的田间水层深度，适宜水深范围随水稻生长阶段而变，从有利于高产并充分利用雨水和节约用水为出发点，根据试验资料确定水稻每个生长阶段的上、下两个田间适宜水深界限和水田允许拦蓄雨水的最大深度，制定相应的灌排水规则。水田允许拦蓄雨水的最大深度 H_{max}，即水田蓄水极限，超过水田蓄水极限时的降水应全部排掉；H_{syx} 是田间适宜水深的下限，当田间水层低于此深度就应灌水，制定的灌水规则是灌到田间适宜水深上限 H_{sys}，这样既有利于水稻生长，又预留了从 H_{syx} 至 H_{max} 之间的一部分容积以便拦蓄和利用雨水。

（2）水稻需水量。水稻需水量 ET_M 是指水稻蒸腾 E_c、水田水面及土壤蒸发量 E_s 之和。水田有充足的水分来供给水稻的植株散发与棵间蒸发。计算公式如下：

$$ET_M = \alpha \times E_{601} \tag{2.19}$$

式中：ET_M 为水稻需水量，mm；α 为需水系数；E_{601} 为 E_{601} 蒸发皿水面蒸发量，mm。

（3）水田水分动态模拟。在确定了水稻各生长阶段的田间适宜水深和灌排水规则、蒸散发系数与渗漏强度之后，即可以逐日降水量、蒸发量为输入，以田间适宜水深上下限区间为调蓄容积，根据水量平衡原理进行逐日连续调蓄演算，从而求出水稻实际耗水及水田水分模拟过程。

水田水量平衡方程以日为计算时段，当第 i 天开始时的水田水深 H_i 小于该日的水田适宜水深下限 H_{syx} 时就应该灌水（当 $H_{syx}=0$ 时，此时认为土壤含水量为田间持水量，灌溉水量还要加上田间持水量与饱和含水量的差值），灌到第 i 日末的水田水深为适宜水深上限 H_{sys}，灌水量 G_i 为

$$G_i = H_{sys} - H_{syx} - P_i + ET_{Mi} + F_{ci} \tag{2.20}$$

当第 i 日的降水量 P_i 超过了当日水田的蓄水深度上限与蒸散发量和渗漏之和时，水田就要排水，排水量为

$$D_i = P_i - (H_{max} - H_i) - ET_{Mi} - F_{ci} \tag{2.21}$$

在排水时段末，水田水深等于蓄水上限 H_{max}。

当 i 日开始时的水田水深 H_i 大于适宜水深下限 H_{syx}，而当日的降水量 P_i（扣除需水、下渗，）又不超过水田的调蓄水深时，水田既不灌水也不排水，则第 i 日末的水田水深为

$$H_{i+1} = H_i + (P_i - ET_{Mi} - F_{ci}) \tag{2.22}$$

（4）水稻缺水量计算。第 i 日水稻缺水量为作物蓄水量与水稻实际耗水量之差：

$$QET_i = ET_{Mi} - ET_i \tag{2.23}$$

2.3.2.4 模型验证

水田水分干旱模拟结果的可靠性取决于基本资料参数的可靠程度和水稻旱情等级划分标准是否合适。江西示范区1970—2015年实际发生中等以上的干旱7次，其中，中旱5次，重旱1次，特旱1次；模拟结果为发生中等以上的干旱6次，其中，中旱4次，重旱1次，特旱1次，说明江西示范区水田水分干旱模拟结果与实际发生的旱情基本一致，水田水分干旱模拟成果较为可靠。说明农业干旱模拟结果与实际发生的旱情拟合度达90%以上，模拟成果较为可靠，模拟干旱与同期实际旱情比对如图2.29所示。

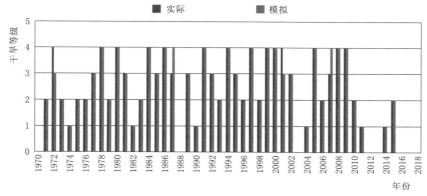

图2.29 干旱模拟与同期实际旱情比对图

2.3.3 干旱驱动定量结果分析

2.3.3.1 气象干旱驱动定量分析

由气象干旱形成机理分析可知，大气环流主要是通过影响降雨来驱动气象干旱，而下垫面主要是通过影响蒸发来驱动气象干旱的；但因气候系统运动规律极其复杂，难以从气候运动机理角度定量模拟大气环流对气象干旱的驱动作用，因此，本书采用农业干旱模型定量模拟下垫面（土地利用）变化对实际蒸发的影响，量化土地利用变化对气象干旱的相对驱动影响，从而间接地分离出大气环流对气象干旱的相对影响贡献率。

1. 方案设计

为分析下垫面（土地利用）变化对气象干旱的驱动作用，需以基准期干旱情势作为基准方案，即采用1956—1980年作为基准期，以该时段干旱情势作为基准方案。1981—2015年作为影响期，根据此时段的干旱情势来设计对比方案。为了进一步分析下垫面（土地利用）变化在年际上对气象干旱的影响作用。具体的模拟方案设计见表2.5。

表2.5　　　　　　　　　气象干旱驱动定量模拟方案设计

驱动要素	数据系列	基准方案 D_b	下垫面（土地利用）变化方案 D_h	气候和下垫面变化方案 D_a
气候变化	基准期气象数据	√	√	
	影响期气象数据			√
下垫面（土地利用）变化	基准期下垫面	√		
	影响期下垫面		√	√

（1）基准方案：以 1956—1980 年气象数据、1980 年土地利用数据作为输入条件，结合气象干旱指标 SPEI，模拟得到基准期的基准方案 D_b。

（2）下垫面（土地利用）变化方案：在基准方案的基础上，保持基准期气象数据不变，利用 2015 年土地利用数据代替 1980 年土地利用数据，并修改相应的土地利用参数，其他参数保持不变。结合气象干旱指标 SPEI，模拟得到 2015 年在土地利用驱动下的下垫面（土地利用）变化方案 D_h。

（3）气候和下垫面（土地利用）变化方案：以 1981—2015 年气象数据、2015 年土地利用数据作为输入条件，结合气象干旱指标 SPEI，模拟得到影响期的气候和下垫面（土地利用）变化方案 D_a，则气候变化对气象干旱贡献方案，即气候变化方案 $D_c = D_a - D_h$。

2. 定量分析

以江西示范区 1956—2015 年气象资料为基础，利用 1980 年和 2015 年土地利用数据，模拟分析气象干旱驱动定量结果（表 2.6 和图 2.30）。

表 2.6　　　　　　　　　　气象干旱驱动模拟分析结果

	干旱特征指标	干旱历时/旬	干旱面积占比/%	干旱强度
模拟结果	基准方案 D_b	8.12	64	0.82
	气候变化方案 D_c	8.63	70.8	0.94
	下垫面（土地利用）变化方案 D_h	8.17	64.5	0.83
变化量	$\Delta D_c = D_c - D_b$	0.51	6.8	0.12
	$\Delta D_h = D_h - D_b$	0.05	0.5	0.01
	$\lvert \Delta D \rvert = \lvert \Delta D_c \rvert + \lvert \Delta D_h \rvert$	0.56	7.3	0.13
驱动作用相对值/%	$\theta_c = \Delta D_c / \Delta D$	91	93	92
	$\theta_h = \Delta D_h / \Delta D$	9	7	8

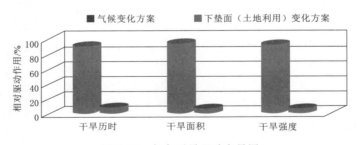

图 2.30　气象干旱驱动定量图

从表中结果可以看出：

（1）从驱动作用方向来看，大气环流对气象干旱（历时、面积、强度）的作用方向均为正向，即大气环流在不同程度上加剧了气象干旱；而下垫面（土地利用）变化对气象干旱（历时、面积、强度）的作用方向均为正向。总的来说，土地利用变化远小于大气环流对气象干旱的驱动影响，即大气环流是驱动气象干旱发生的主要影响因素。

（2）从干旱历时来看，大气环流对气象干旱历时影响较大，占主导地位，相对驱动影响贡献率91%；而下垫面（土地利用）变化对气象干旱历时影响较小，相对驱动影响贡献率9%。

（3）从干旱面积来看，大气环流对气象干旱面积影响较大，占主导地位，相对驱动影响贡献率93%；而下垫面（土地利用）变化对气象干旱面积影响较小，相对驱动影响贡献率7%。

（4）从干旱强度来看，大气环流对气象干旱强度影响较大，占主导地位，相对驱动影响贡献率92%；而下垫面（土地利用）变化对气象干旱强度影响较小，相对驱动影响贡献率8%。

2.3.3.2 水文干旱驱动定量分析

1. 方案设计

水文干旱是气候变化、土地利用变化和水资源开发利用共同作用的结果，为分析气候变化、土地利用变化和水资源开发利用对水文干旱的驱动作用，需设计4个方案，包括1个基准期（1956—1980年）基准方案和3个影响期（1981—2015年）模拟方案（表2.7）。

（1）基准方案：以1956—1980年气象数据、1980年土地利用数据作为输入条件，结合水文干旱指标SRI，模拟得到基准期的水文干旱情势。

（2）气候变化方案：在基准方案基础上，保持基准期土地利用数据不变，用1981—2015年气候数据代替基准期的气象数据。结合水文干旱指标SRI，模拟得到影响期的气候驱动下的水文干旱情势。

表2.7 水文干旱驱动定量模拟方案设计

驱动要素	数据系列	基准方案 D_b	气候变化方案 D_c	土地利用变化方案 D_l	水资源开发利用方案 D_w
气候变化	基准期气象数据	√	√	√	
	影响期气象数据		√		√
人类活动	基准期下垫面	√	√	√	√
	影响期下垫面			√	√

（3）土地利用变化方案：在基准方案基础上，保持基准期气象数据不变，用2015年土地利用数据代替1980年土地利用数据，并修改相应的土地利用参数，其他参数保持不变。结合干旱指标SRI，模拟得到影响期的土地利用驱动下的水文干旱情势。

（4）水资源开发利用方案：以影响期1981—2015年气象数据、2015年土地利用数据作为输入条件，结合水文干旱指标SRI，模拟得到影响期的水文干旱情势。在根据影响期1981—2015年实测径流，计算得到影响期考虑水资源开发利用下的水文干旱情势。

2. 定量分析

根据干旱动态模拟模型分别对各方案进行模拟，并计算气候变化、土地利用变化和水资源开发利用对水文干旱的相对驱动作用，结果见表2.8和图2.31。

表 2.8　　　　　　　　　　　　　　水文干旱驱动模拟分析结果

干旱特征指标		干旱历时/旬	干旱面积占比/%	干旱强度
模拟结果	基准方案 D_b	7.62	61	0.74
	气候变化方案 D_c	7.77	64.0	1.10
	土地利用变化方案 D_l	8.02	61.9	1.07
	水资源开发利用方案 D_w	8.33	64.9	0.92
变化量	$\Delta D_c = D_c - D_b$	0.15	3.0	0.36
	$\Delta D_l = D_l - D_b$	0.40	0.9	0.33
	$\Delta D_w = D_w - D_b$	0.71	3.9	0.18
	$\|\Delta D\| = \|\Delta D_c\| + \|\Delta D_l\| + \|\Delta D_w\|$	1.26	7.8	0.87
驱动作用相对值/%	$\theta_c = \Delta D_c / \Delta D$	12	38	41
	$\theta_l = \Delta D_l / \Delta D$	32	12	38
	$\theta_w = \Delta D_w / \Delta D$	56	50	21

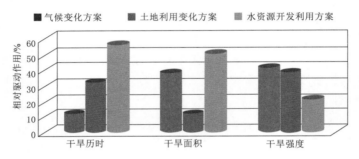

图 2.31　水文干旱驱动定量图

从表 2.8 可以看出：

（1）气候变化、土地利用变化以及水资源开发利用对水文干旱的驱动作用均为正值，说明气候和土地利用变化，以及水资源开发利用均加剧了水文干旱情势，即不同程度上延长了水文干旱历时、增大了水文干旱面积、增加了水文干旱强度。

（2）从水文干旱历时影响来看，水资源开发利用对干旱历时的影响最大，其对水文干旱历时相对驱动作用为 56%；其次是土地利用变化因素，对干旱历时相对驱动作用为 32%；气候变化相对驱动作用为 12%。综合土地利用方式变化和水资源开发利用因素，人类活动对水文干旱历时相对驱动作用为 88%，占主导地位。

（3）从水文干旱面积影响来看，水资源开发利用是水文干旱面积变化的主要驱动力，其对水文干旱面积相对驱动作用为 50%，其次是气候变化因素，对干旱历时相对驱动作用为 38%；土地利用变化相对驱动作用为 12%。综合土地利用方式变化和水资源开发利用因素，人类活动对水文干旱历时相对驱动作用为 62%，占主导地位。

（4）从水文干旱强度影响来看，气候变化对水文干旱强度相对驱动作用为 41%，是最主要的驱动因素。人类活动因素中，土地利用变化相对驱动作用为 38%，水资源开发利用相对驱动作用为 21%。

总之，水资源开发利用是驱动水文干旱发生的主要影响因素，气候变化次之，而土地利用变化对水文干旱情势的影响相对较小。

2.3.3.3 农业干旱驱动定量分析

本书应用仿真技术建立了旱作物和水稻生长模拟模型，分别对江西示范区的旱作物和水稻受旱过程进行模拟。

1. 方案设计

农业干旱是气候变化、土地利用变化和水资源开发利用共同作用的结果，为分析气候变化、土地利用变化和水资源开发利用对农业干旱的驱动作用，需设计4个方案，包括1个基准期（1956—1980年）基准方案和3个影响期（1981—2015年）模拟方案（表2.9）。

（1）基准方案：以1956—1980年气象数据、1980年土地利用数据作为输入条件，结合农业干旱指标CWSI，模拟得到基准期的农业干旱情势。

（2）气候变化方案：在基准方案基础上，保持基准期土地利用数据不变，用1981—2015年气候数据代替基准期的气象数据。结合农业干旱指标CWSI，模拟得到影响期的气候驱动下的农业干旱情势。

表2.9 农业干旱驱动定量模拟方案设计

驱动要素	数据系列	基准方案 D_b	气候变化方案 D_c	土地利用变化方案 D_l	水资源开发利用方案 D_w
气候变化	基准期气象数据	√	√	√	
	影响期气象数据		√		√
人类活动	基准期下垫面	√	√	√	√
	影响期下垫面			√	√

（3）土地利用变化方案：在基准方案基础上，保持基准期气象数据不变，用2015年土地利用数据代替1980年土地利用数据，并修改相应的土地利用参数，其他参数保持不变。结合农业干旱指标CWSI，模拟得到影响期的土地利用驱动下的农业干旱情势。

（4）水资源开发利用方案：以影响期1981—2015年气象数据、2015年土地利用数据作为输入条件，结合农业干旱指标CWSI，模拟得到影响期的农业干旱情势。在根据影响期1981—2015年实测径流，计算得到影响期考虑水资源开发利用下的农业干旱情势。

2. 定量分析

气候变化、土地利用变化及水资源开发利用对农业干旱的相对驱动作用，结果见表2.10和图2.32。

表2.10 农业干旱驱动模拟分析结果

干旱特征指标		干旱历时/旬	干旱面积占比/%	干旱强度
模拟结果	基准方案 D_b	7.42	62	0.65
	气候变化方案 D_c	7.96	64.7	1.12
	土地利用变化方案 D_l	7.48	62.6	0.69
	水资源开发利用方案 D_w	6.60	55.5	0.24

续表

干旱特征指标		干旱历时/旬	干旱面积占比/%	干旱强度
变化量	$\Delta D_c = D_c - D_b$	0.54	2.7	0.47
	$\Delta D_l = D_l - D_b$	0.06	0.6	0.04
	$\Delta D_w = D_w - D_b$	-0.82	-6.5	-0.41
	$\|\Delta D\| = \|\Delta D_c\| + \|\Delta D_l\| + \|\Delta D_w\|$	1.42	9.8	0.92
驱动作用相对值/%	$\theta_c = \Delta D_c / \Delta D$	38	28	51
	$\theta_l = \Delta D_l / \Delta D$	4	6	4
	$\theta_w = \Delta D_w / \Delta D$	-58	-66	-45

注　表中"正值"表示加剧作用；"负值"表示缓解作用。

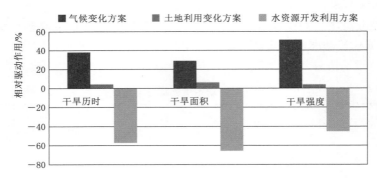

图 2.32　农业干旱驱动定量图

从表 2.10 可以看出：

（1）从各驱动因素对农业干旱驱动作用方向来看，气候变化、土地利用变化对农业干旱起加剧作用，即延长干旱历时、增大干旱面积和强度；而水资源开发利用对农业干旱起缓解作用，对干旱历时、面积及强度均有不同程度的减小作用。

（2）从各驱动因素对农业干旱历时影响来看，土地利用变化对于干旱历时的影响只占4%，水资源开发利用对干旱历时相对驱动作用为-58%，占主导地位且起减小干旱历时作用；气候变化延长干旱历时，但对干旱历时变化的驱动作用相对于水资源开发利用要小。

（3）从对农业干旱面积影响来看，水资源开发利用对干旱面积相对驱动作用达-66%，很大程度上减小干旱面积；而气候变化和土地利用变化对于干旱面积相对驱动作用分别为28%和6%，这两个因素虽然可增大干旱面积，但是和水资源开发利用的缓解作用相比力度较小。

（4）从对农业干旱强度影响来看，气候变化对农业干旱强度相对驱动作用为51%；人类活动对农业干旱相对驱动作用为49%，其中土地利用变化相对驱动作用为4%，且起加剧作用，水资源开发利用相对驱动作用为-45%，起缓解作用，人类活动总体上起缓解作用。

总之，气候变化和土地利用变化对示范区农业干旱起加剧作用，而水资源开发利用起缓解作用，且占主导地位；对农业干旱历时和面积影响最大的是水资源开发利用因素，气候变化是对农业干旱强度影响最大的因素。

2.3.3.4 示范区干旱统计特征分析

根据江西示范区气象、水文和农业干旱评估结果，对比分析干旱次数、历时、面积和强度之间的差异。气象干旱、水文干旱、农业干旱评估时段为 1956—2015 年，为对比分析三种干旱类型指标统计特征，均取 1956—2015 年评估结果来作对比分析。气象、水文和农业干旱主要特征指标对比结果如图 2.33 所示，图中分别给出了干旱次数对比结果，干旱面积、历时、强度平均值对比结果。

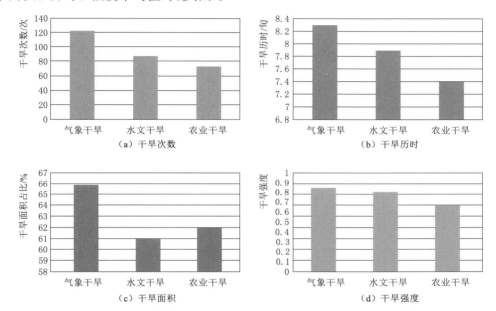

图 2.33　气象、水文和农业干旱主要特征指标统计值对比

从图 2.33 中可以看出气象、水文和农业干旱各特征指标存在以下关系：

（1）干旱次数。1956—2015 年间，江西示范区共发生气象干旱 122 次、水文干旱 87 次、农业干旱 72 次，气象干旱发生次数明显比农业干旱和水文干旱要多。原因包括两个方面：一是若气象干旱本身强度较小或者受灌溉等人类活动干扰，气象干旱发生并不一定会发生农业干旱和水文干旱；二是在一段时间内连续发生两次或者多次气象干旱事件引发的农业或水文干旱间隔可能不明显，在干旱识别时将其识别为一次干旱。

（2）干旱面积。气象、水文和农业干旱平均干旱面积分别占示范区总面积的 66%、61% 和 62%。气象干旱平均覆盖面积最大，其次是农业干旱，平均干旱面积最小的是水文干旱。这一特征也可以用来解释在某些地区虽然发生气象干旱但不一定发生农业干旱和水文干旱的现象。农业干旱面积较水文干旱面积大，是因为土壤水相对于水资源量对于降水和蒸发的变化更为敏感，农业干旱与气象干旱联系更为紧密。

（3）干旱历时。气象、水文和农业干旱平均干旱历时分别为 8.3 旬、7.9 旬和 7.4 旬，气象干旱历时大于水文、农业干旱平均历时。气象干旱是降水和蒸发不均衡而引起的，如果降水增加或蒸发减小而使其之间的均衡关系恢复，则气象干旱结束；而农业干旱和水文干旱则和土壤含水量和水资源量密切相关,其变化相对于降水和蒸发有一定的滞后效应。

(4) 干旱强度。气象、水文和农业平均干旱强度分别为 0.86、0.82 和 0.68,气象干旱平均干旱强度最大,其次是水文干旱,农业干旱平均干旱强度最小。

2.4　气象-水文-农业干旱之间关联关系

2.4.1　干旱之间关联关系

天然状态下,气象干旱是水文干旱和农业干旱(天然状态下主要为雨养农业)形成的唯一外在驱动力。气象干旱发生,引起土壤含水量降低,若土壤水分得不到地下水的有效补给或补给不足,则诱发农业干旱;气象干旱持续发展,地表水和地下水一方面以水面蒸发或潜水蒸发的形式耗失,另一方面农业干旱情况下的包气带增厚、干化,同等降水条件下产流减小,补给地下水的水量减小,则诱发水文干旱。

人类活动干扰强烈的地区,气象、水文、农业干旱之间的关系变得更加复杂。除气象因素外,人类通过开发利用水资源,改变了水循环演变过程,导致地表水或地下水量减少,可能出现未发生气象干旱,却发生水文干旱的情况;同时,人类也可以通过修建水利工程进行水资源调控,可能出现发生气象干旱,却没有发生水文干旱的情况。对于雨养农业,气象干旱依然是农业干旱的主要驱动力之一,而人类活动(如超采地下水)可能导致地下水对土壤水补给减少,引发农业干旱,出现未发生气象干旱,却发生农业干旱的情况;对于灌溉农业区,气象干旱与农业干旱的关系间接化,灌溉成为作物水分吸收的主要来源之一,一般发生气象干旱时不会形成农业干旱,但是如果气象干旱导致严重水文干旱,进而影响灌溉水量,则会导致农业干旱。人类还可以通过调整农业生产规模、种植结构和作物品种等方式来影响农业需水量,如果调整后的农业需水情况与当地水资源条件或灌溉条件不相适应,则会出现未发生气象干旱或水文干旱,却发生农业干旱的情况。

气象干旱-水文干旱-农业干旱之间关联关系如图 2.34 所示。

2.4.2　干旱时滞性

(1) 东北嫩江下游由气象干旱到水文干旱时滞为 1 个月,即嫩江下游水文-气象干旱平均响应时间为 1 个月;气象干旱到农业干旱时滞为 1 个月,即嫩江下游农业-气象干旱平均响应时间为 1 个月;农业与水文发生时间差距并不大,农业干旱几乎紧随着水文干旱而发生[164]。东北嫩江下游气象干旱-水文干旱-农业干旱时滞关联见表 2.11。

(2) 滦河流域春季、夏季、秋季和冬季由气象干旱到农业干旱的时滞分别为 7 个月、2 个月、5 个月和 8 个月,由农业干旱到水文干旱的时滞分别为 1 个月、2 个月、1 个月和 12 个月。夏季、秋季三种干旱间的时滞相对较短,这可能与夏季气温高,蒸发量大有关。同时,该研究区冬季常伴随着降雪,大部分积雪于次年春天融化以补充土壤水和形成地面径流,因此,春季较长的干旱延时可能与融雪有关[165]。滦河流域气象干旱-水文干旱-农业干旱时滞关联见表 2.11。

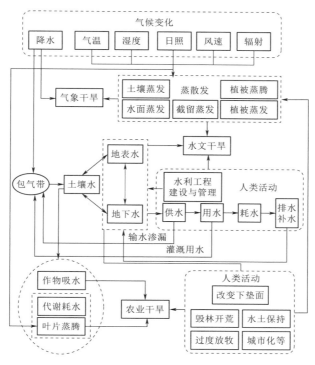

图 2.34 气象干旱-水文干旱-农业干旱之间关联关系图

（3）黄河流域夏季、秋季和冬季由气象干旱到水文干旱的时滞为 1~3 个月、2~4 个月和 4~5 个月。黄河流域夏季由气象干旱到农业干旱的时滞为 1~2 个月，主要与夏季温度较高，蒸发量较大有关；秋季和冬季时滞分别为 3~5 个月和 9~13 个月。黄河流域气象干旱-水文干旱-农业干旱时滞关联表见表 2-11。另外，黄河流域上、中、下游水文干旱对上游气象干旱响应时间分别为 2 个月、8~9 个月和 11 个月；中、下游水文干旱对中游气象干旱响应时间分别是 1 个月、9 个月，下游水文干旱对下游气象干旱存在 1 个月的滞后时间[166]。

（4）长江中下游江西示范区。研究结果表明，示范区气象干旱现象呈明显增加趋势，且 2000 年以后，由于降雨量和气温一直在多年平均值以下波动，因此气象干旱频繁且严重，并且持续时间较长。气象干旱空间差异并不大，特旱和重旱年份干旱程度差异并不明显。水文干旱和农业干旱现象也呈现明显的增加趋势，且水文干旱和农业干旱频繁且严重，并且持续时间较长，尤其在 2000 年以后，持续时间较长。江西示范区主要是灌溉农业区，当发生气象干旱导致严重水文干旱，进而影响灌溉水量时，则会导致农业干旱，气象干旱、水文干旱和农业干旱间呈现一定的时滞关系，气象干旱到水文干旱时滞为 3 个月，即水文干旱对气象干旱的响应时间为 3 个月；水文干旱到农业干旱时滞为 1 个月，即农业干旱对水文干旱的响应时间为 1 个月；气象干旱到农业干旱时滞为 4 个月，即农业干旱对气象干旱的响应时间为 4 个月。江西示范区气象干旱-水文干旱-农业干旱时滞关联表见表 2.11。

（5）西南地区气象干旱到水文干旱时滞 1～8 个月。气象、水文干旱事件的历时、严重程度和强度之间具有紧密的相关性；流域气象干旱是水文干旱的主要驱动力，人类活动对水文干旱的影响相对较小。西南地区气象干旱-水文干旱-农业干旱时滞关联表见表 2.11。

（6）西北内陆河流域气象干旱到水文干旱时滞为 2 个月，即水文干旱对气象干旱的响应时间为 2 个月；水文干旱到农业干旱时滞为 1 个月，即农业干旱对水文干旱的响应时间为 1 个月；气象干旱到农业干旱时滞时间为 3 个月，即农业干旱对气象干旱的响应时间为 3 个月[167]。西北内陆河流域气象干旱-水文干旱-农业干旱时滞关联见表 2.11。

表 2.11　　气象干旱-水文干旱-农业干旱时滞关联

分区	季节	干旱时滞/月		
		气象干旱→水文干旱	气象干旱→农业干旱	农业干旱←→水文干旱
东北嫩江下游		1	1	0
滦河流域	春	8	7	1→
	夏	4	2	2→
	秋	6	5	1→
	冬	20	8	12→
黄河流域	夏	1～3	1～2	1→
	秋	2～4	3～5	1→
	冬	4～5	5～9	2→
长江中下游江西省示范区		3	4	1←
西南地区		1～8	1～3	—
西北内陆河流域		2	3	1←

注　"←"表示水文干旱到农业干旱的时滞；"→"表示农业干旱到水文干旱的时滞。

2.4.3　干旱空间关联性

（1）长江中下游江西示范区干旱空间关联性。将江西示范区各个干旱评估单元 1956—2015 年发生气象、水文和农业干旱历时（总和）和强度（总和）进行对比，得到各种干旱类型的干旱历时和强度的空间分布。从气象、农业和水文干旱历时分布对比来看，气象干旱历时较长的区域分布在吉安、宜春西部山区；吉安、宜春东部及新余地区因灌区较为集中，农业干旱历时比气象干旱历时要小，也比周围其他地区农业干旱历时要小；水文干旱则在山丘区历时较长。从气象、农业和水文干旱强度分布来看，气象干旱强度较大的区域分布在吉安、宜春西部山区，而这些地区也是农业干旱强度较为严重的地区，其中在灌区比较集中的东部，农业干旱强度相对于周边其他地区有所减小；水文干旱强度则在吉安、宜春西部一带比较严重。从三类干旱历时和强度分布整体对比情况来看，气象干旱历时和强度要大于农业干旱历时和强度，与下游灌区相比，山区水文干旱比气象干旱历时和强度的增大更为明显。出现这一特征的可能原因有：一是山区产流对于降水减少更为敏感，减少同样幅度的降水，山区产流减小幅度要比平原区大，所以虽然山区气象干旱强度没有平原区严重，而其水文干旱却更为严重；二是山区耕地蓄积了大量雨水用于蒸发蒸腾，导致地表产流和入渗量较少；三是下游灌区面积较大，灌溉作用可能导致水资源量相对较大。

（2）东北地区嫩江下游长时间农业连旱多起源于西南部，沿东北方向逐渐向上部扩散迁移，最终结束于东北部或中部，或扩散再收缩最终结束于西南部。且嫩江下游中上部区域干旱的迁移速率相对较快，较长历时的干旱事件会经历多个增强-减弱-再增强-再减弱的过程。气象干旱分布较为离散，农业和水文干旱连续性强，水文干旱情况由北至南加重，西南部地区均为农业干旱易成灾区。

（3）滦河流域可分为东南部、中部和西北部三个干旱区。气象干旱发生频率显著上升，干旱历时和强度不断增加；各干旱特征的高值区均集中在流域东南部，且有向中部转移的趋势。水文干旱的发生频率、历时及强度总体上均呈增加趋势，21世纪后趋势显著。

（4）黄河流域上游地区易发生气象干旱，中下游地区水资源开发利用缓解了农业干旱，却加剧了水文干旱。

第3章

全新世以来干旱序列重构

3.1 全新世以来干旱序列重构方法

为积极应对人类共同面对的全球气候环境问题，20世纪80年代，国际上提出了以弄清人类赖以生存的自然环境变化机制为研究目标的"国际地圈生物圈计划"（International Geosphere - Biosphere Program，IGBP）。其中，"过去全球变化研究计划"（Past Global Changes，PAGES）是 IGBP 的三项核心计划之一。由于器测资料的时间序列普遍较短，目前对于过去气候环境变化的研究主要依赖于分析一些自然或者人文资料，以获得过去的气候环境信息，这些资料被称为环境代用资料，主要包括历史文献、考古资料和冰芯（包括极地冰芯和中纬度冰芯）、深海沉积物、湖泊沉积物、风成沉积序列（包括黄土-古土壤序列以及风成砂-古土壤序列等）、树木年轮、石笋、珊瑚等"自然证据"。通过对这些气候环境信息载体（环境代用资料）中物理、化学和生物信息的系统分析，提取载体中记录的气候环境变化信息，结合历史文献及考古资料的分析，认识过去气候环境的变化及其演变规律。

需要指出的是，目前从"自然证据"中获取的干旱相关气候环境信息如降水（或湿度），与考古资料、历史文献记载以及现代气象学意义上的降水并不完全等同；大部分自然证据记录的是降水、温度和蒸散发等的综合结果，即"有效湿度"的变化[168-171]。

过去几十年，学者们基于多种自然证据及考古资料和历史文献对中国不同区域全新世以来的干湿变化进行了研究，但已有研究获得的结果差异较大[168,172]，不仅仅表现在不同环境代用指标指示意义的多解性方面，还表现为干湿变化的区域性和局地性。这些差异的存在不仅干扰我们对全新世以来干湿演化过程的认识，也不利于弄清不同区域干湿变化的驱动机制。因此，有必要对多源信息载体记录的干湿变化进行分区讨论，以便能准确把握不同地区之间干湿变化的异同性，为理解区域干湿变化的驱动机制提供依据。

如图 3.1 所示，本书在合理分区的基础上，利用甄选出的文献和数据重构区域干旱序列，主要步骤包括：①审查记录的可靠性（包括年代和数据连续性等）；②筛选最具干湿代表性的代用指标记录；③利用 Getdata 软件以 50a/20a 间隔对指标变化曲线进行数字化，提取干湿变化数据；④数据标准化，获得每个样点 100a/20a 分辨率的干湿记录；⑤计算每个分区内所有序列的平均值，获得每个分区时间分辨率为 100a/20a 的平均干旱序列，即分区干旱序列。

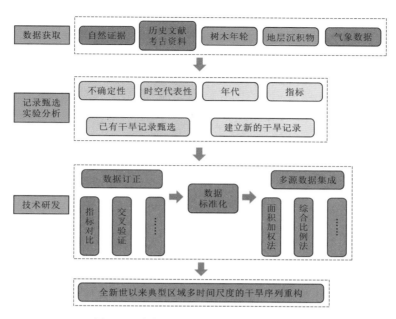

图 3.1 全新世以来干旱序列重构流程图

3.1.1 干旱序列重构研究分区

准确重建不同区域全新世以来干湿序列的一个重要条件是采用科学的方法进行合理分区。受制于历史干旱记录的数量总体较少且分布较为分散，如果采用历史干旱记录直接进行分区会造成"飞地"，本书首先基于 48 个月尺度的全球标准化降水蒸散指数（SPEI）最新数据集 v2.5 进行分区研究。该数据集的时间分辨率为 1 个月，空间分辨率为 $0.5° \times 0.5°$，时间跨度为 1901—2015 年。

采用经验正交函数分解（empirical orthogonal function，EOF）方法对中国境内的 SPEI 格点数据进行分析。EOF 最早由 Pearson 于 1902 年提出，是一种分析矩阵数据中的结构特征、提取主要数据特征量的方法；Lorenz 在 1956 年首次将其引入气象和气候研究中，其在地学及其他学科中也得到了广泛应用[173]。在地学数据分析中，特征向量对应的是空间样本，所以也称空间特征向量或者空间模态；主成分对应的是时间变化，也称时间系数。因此，地学中也将 EOF 分析称为时空分解。分析的具体步骤如下：

（1）对所有选定的 X 场（全国范围内的 SPEI 格点数据）进行距平处理，得到一个数据矩阵 $\boldsymbol{X}_{m \times n}$。

（2）计算 $\boldsymbol{X}$ 与其转置矩阵 $\boldsymbol{X}^{\mathrm{T}}$ 的交叉积，得到方阵：

$$\boldsymbol{C}_{m \times m} = \frac{1}{n} \boldsymbol{X} \times \boldsymbol{X}^{\mathrm{T}} \tag{3.1}$$

（3）计算方阵 $\boldsymbol{C}$ 的特征根（$\lambda_{1,2,\cdots,m}$）和特征向量 $\boldsymbol{V}_{m \times m}$，二者满足：

$$\boldsymbol{C}_{m \times m} \times \boldsymbol{V}_{m \times m} = \boldsymbol{V}_{m \times m} \times \boldsymbol{\Lambda}_{m \times m} \tag{3.2}$$

其中，$\boldsymbol{\Lambda}$ 是 $m \times m$ 维对角矩阵，即

$$\boldsymbol{\Lambda} = \begin{bmatrix} \lambda_1 & 0 & \cdots & 0 \\ 0 & \lambda_2 & \cdots & 0 \\ \vdots & \vdots & & \vdots \\ 0 & 0 & \cdots & \lambda_m \end{bmatrix} \tag{3.3}$$

将特征根 λ 按从大到小的顺序排列，即 $\lambda_1 > \lambda_2 > \lambda_3 > \cdots > \lambda_m$，$\lambda \geqslant 0$。每个非 0 的特征根对应一列特征向量值，也称为 EOF。λ_1 对应的特征向量值称为第一个 EOF 模态，也就是 $\boldsymbol{V}$ 的第一列，即 $\text{EOF}_1 = V(\quad , 1)$；$\lambda_k$ 对应的特征值向量是 $\boldsymbol{V}$ 的第 k 列，即 $\text{EOF}_k = V(\quad , k)$。

（4）计算主成分。将 EOF 投影到原始资料矩阵 $\boldsymbol{X}$ 上，就得到所有空间特征向量对应的时间系数（即主成分）即

$$PC_{m \times n} = \boldsymbol{V}_{m \times n}^{\mathrm{T}} \times \boldsymbol{X}_{m \times n} \tag{3.4}$$

其中，PC 中每行数据就是对应每个特征向量的时间系数，第一行 $PC(1, \quad)$ 就是第一个 EOF 的时间系数，以此类推。

（5）此外，第 k 个特征向量对 X 场的贡献率为

$$\rho_i = \frac{\lambda_i}{\sum\limits_{i=1}^{m} \lambda_i} \tag{3.5}$$

前 p 个特征向量对 X 场的贡献率为

$$P_i = \frac{\sum\limits_{i=1}^{p} \lambda_i}{\sum\limits_{i=1}^{m} \lambda_i} \tag{3.6}$$

EOF 分析结果表明，前 9 个模态解释的方差变率超过 70%，从第 10 个模态开始，解释的方差变率增加较小，因此，本书选取前 9 个模态作为分区依据（图 3.2）。

由于收集到满足条件的干湿记录总体较少，如果将全国分为 9 个分区则有的分区记录较少甚至没有记录，区域代表性较差。因此，根据甄选出的全新世以及近两千年以来的干湿记录的空间分布情况，并考虑这些干湿记录的变化趋势，进行分区调整，合并记录较少的分区，最终将全国划分为 5 个区域：北方中部地区、东北地区、南方地区、滇藏地区和西北地区（图 3.3）。

3.1.2　干旱记录甄选标准

为保证重建序列的可靠性和代表性，依据记录连续性、长度一致性、时间分辨率和指标可靠性等方面的原则进行干湿记录的甄选。具体标准如下：

（1）干湿记录必须具有准确的年代数据，且年代控制点的数量不少于 5 个（部分样点较少的区域年代数据不少于 3 个），全新世以来的干旱记录单个样品的理论分辨率不大于 200a，近两千年以来的干旱记录单个样品的理论分辨率不大于 100a。

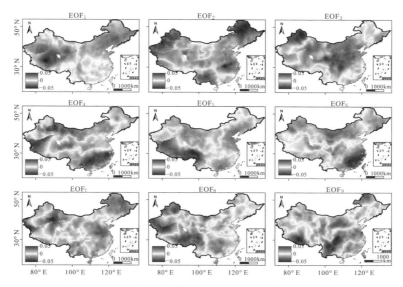

图 3.2 中国 SPEI 指数模态分解各主要模态空间分布

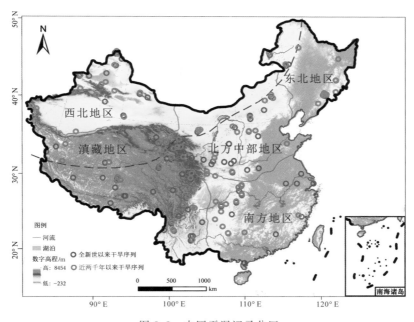

图 3.3 中国干湿记录分区

（2）干旱记录不能出现沉积间断，且全新世以来的干旱记录覆盖时间长度需大于
10.0ka，具有较高年代密度且区域干湿记录较少的情况下可根据干湿指标的可靠性放宽至
8.0ka，但总体缺少的时间长度不能大于总体的 10%。近两千年以来的干旱记录覆盖时间
长度不小于 1.5ka，具有较高年代密度且区域干湿记录较少的情况下可根据干湿指标的可
靠性放宽至 1.3ka，但总体缺少的时间长度不能大于总体的 10%。

（3）具有多种环境代用指标的相互佐证，根据原作者对原始记录的岩性和代用指标等的分析结果，并结合研究点所处的位置和其他佐证资料（主要依据作者综合研究所得出的结论），选取一个最能代表该点干湿变化的指标记录，如反映有效湿度或降水变化的黏土含量、总有机碳（TOC）、蒿藜比值（A/C）、乔木孢粉含量，以及直接重建的年平均降水量等指标。

3.1.3   干旱记录标准化与区域干旱序列重构

依据 3.1.2 确定的甄选标准，从下载的文献和数据中甄选出全新世以来全国范围内的 105 条干湿记录和近两千年以来的 114 条干湿记录。采用 GetData 软件对选取的干湿变化指标进行数字化，如图 3.4 所示，进行数字化处理时，在尽可能保证干湿记录总体变化趋势的前提下，全新世以来以 50a 为间隔进行数据提取，近两千年以来以 20a 为间隔进行数据提取。当记录的时间分辨率低于 50a 或 20a 时，采用相邻两个样品的线性插值获取 50a 或 20a 的干湿数据。所有数据数字化完成后，计算出全新世每条记录每 100a 内和近两千年以来每 20a 内的干湿变化指标的平均值，从而获得全新世以 100a 为间隔和近两千年以来以 20a 为间隔的干湿变化指标数据。

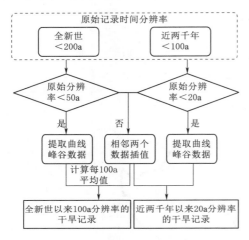

图 3.4   获取干湿记录过程的流程图

在尝试 log 函数转换、atan 函数转换、Z-score 标准化等多种标准化方法后，考虑到本书中一些记录时间尺度较短，为更容易区分特定时段内序列的干湿变化，最终对选择的方法进行修正[174]。采用改进后的最大-最小值标准化方法对干湿记录进行无量纲标准化处理，具体的公式为

$$x = \frac{x_i - x_{min}}{x_{max} - x_{min}} \times 4 \tag{3.7}$$

式中：x_i 为干湿变化指标实际值；x_{min} 为该指标在整个序列中的最小值；x_{max} 为该指标在整个序列中的最大值。

最终获得每个样点变化于 0～4 之间无量纲的干湿变化记录，0 代表最干旱，4 代表最湿润。计算每个分区所有干旱记录的平均值，获得每个分区时间分辨率为 100a（全新世以来）或者 20a（近两千年以来）的平均干旱序列。

3.2   全新世以来百年尺度的干旱序列重构

3.2.1   甄选出的干旱记录

从东亚古环境科学数据库和美国古气候数据中心下载中国境内全新世以来与干湿有关的古气候记录数百条；从中国知网和 web of science 等数据库下载全新世以来干湿变化相关文献近千篇。

　　按照记录连续性、长度一致性、时间分辨率和指标可靠性等方面的原则以及前文确定的甄选标准，甄选出 105 条与有效湿度、降水或干旱相关的高分辨率干湿记录，包括湖泊沉积记录 58 条、泥炭或沼泽沉积记录 20 条、河流沉积记录 1 条、黄土-古土壤序列 14 条、石笋记录 10 条、近海沉积记录和冰芯记录各 1 条。另外，本书新获得风成砂-古土壤记录和湖沼-风成砂记录各 2 条，共计 109 条全新世以来的干旱记录。

　　根据前文的分区结果，各分区包含的干湿记录点分别为：北方中部地区 31 条（湖泊沉积记录 11 条，黄土-古土壤记录 13 条，石笋记录 3 条，风成砂-古土壤记录 2 条，湖沼-风成沉积记录 2 条）、东北地区 11 条（湖泊沉积记录 6 条，泥炭记录 5 条）、南方地区 20 条（湖泊沉积记录 5 条，泥炭记录 6 条，石笋记录 7 条，河流沉积和浅海沉积记录各 1 条）、滇藏地区 31 条（湖泊沉积记录 26 条，泥炭记录 5 条）和西北地区 16 条（湖泊沉积记录 10 条，泥炭记录 4 条，黄土-古土壤记录和冰芯记录各 1 条）。

3.2.2　全新世以来不同区域的干旱变化特征

　　从重构的全国平均及各分区全新世以来 100a 分辨率干湿序列看（图 3.5），新仙女木事件（Younger Drays，YD）结束后（距今约 11700 年）全国整体的气候条件迅速暖湿化，并在短短数百年时间内湿度水平增加了近 50%。进入全新世以后［图 3.5（a）］，全国平均干旱序列的变化呈现出明显的早、中、晚全新世阶段性特征：早全新世时期（11.7～8.2ka BP）湿度水平呈不断增加趋势，其中前半段呈快速增加趋势，后半段增加趋势相对减缓；中全新世（8.2～4.2ka BP）有效湿度达到整个全新世以来的最高水平，虽然在 7.0～6.0ka BP 之间存在明显的干湿波动，但整体湿度水平依然显著高于早全新世；晚全新世以来（4.2～0ka BP）虽然在中、晚全新世转换期间存在短期的增湿，但总体上呈逐渐的干旱化趋势，比早全新世更干旱。总的来看，全新世以来全国整体的干湿变化呈现出"较干—湿润—干"的三个变化阶段，这与前人的研究结果基本一致[175-176]，与全新世以来全国平均气温的变化趋势也具有很好的可比性[177]。

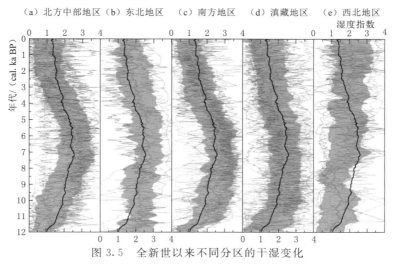

图 3.5　全新世以来不同分区的干湿变化

注：黑色粗曲线代表全国平均干湿变化；灰色区域表示不同分区干湿变化曲线的标准偏差。

从不同分区的干旱序列来看，全新世以来全国各分区的干湿变化特征差异较大。

（1）北方中部地区：整体的干湿变化趋势与全国平均干湿变化一致［图 3.5（a）］，YD 事件结束后迅速暖湿化，在 11.0～9.7ka BP 变化趋势微弱，9.7～9.1ka BP 湿度水平又急剧增加。9.1～3.3ka BP 为全新世以来的适宜期，持续时间较长，且暖湿程度明显高于其他时期，其中 8.7～3.7ka BP 为最湿润期。类似地，在 7.0～6.0ka BP 也存在明显的百年尺度干湿波动变化，但总体湿度水平依然显著高于 9.1ka BP 以前。3.3ka BP 以后干旱化过程明显，其中在 3.3～1.7ka BP 湿度急剧下降；1.7ka BP 以来湿度变化相对较小，且为全新世以来最干旱时期。

（2）东北地区：全新世以来的干湿变化趋势与全国平均干湿变化水平基本类似，但在不同阶段的变化特征差异较大［图 3.5（b）］；在早全新世百年尺度的干湿波动明显，但总体的变化趋势微弱，到 7.8ka BP 之后有效湿度迅速增加，并在 7.0ka BP 前后增加到全新世以来的最高水平，全新世最适宜期为 7.8～4.2ka BP；4.2ka BP 以后虽然波动也较为明显，但总体上呈明显的干旱化趋势。

（3）南方地区：YD 事件结束后到 11.0ka BP 的数百年时间里湿度水平急剧上升［图 3.5（c）］，在 11.0～7.5ka BP 呈缓慢的波动增加趋势，7.0～5.0ka BP 呈明显的干湿波动变化；整个区域约 9.6～5.0ka BP 为全新世最湿润期；而 5.0～3.5ka BP 湿度指数急剧减小，干旱化趋势显著，3.5ka BP 以来虽然波动较小，但总体上依然呈不断干旱化趋势。

（4）滇藏地区：明显不同于全国平均以及东北和北方中部季风边缘区的干湿变化特征［图 3.5（d）］，自 YD 事件结束后直至约 10.0ka BP 均呈急剧的暖湿化过程，在 10.0～6.0ka BP 期间的湿度为整个全新世最高水平，且总体变化微弱；期间虽然存在几次较为明显的干旱事件，但总体表现为相对稳定的湿润期。6.0ka BP 以后表现为持续的干旱化过程，在 4.0～3.0ka BP 存在明显的干湿波动；3.0ka BP 以来是全新世最干旱的时期。

（5）西北地区：总的来看，该区 12.0ka BP 以来呈不断暖湿化趋势［图 3.5（e）］，自 YD 事件结束后湿度指数急剧增加，在 12.0～8.2ka BP 期间呈 M 形波动变化趋势，总体的湿度增加较小，约 8.6ka BP 前后达到早全新世的最低湿度水平；8.2～2.2ka BP 期间均呈现出明显的波动增加趋势，在 7.5～4.5ka BP 期间存在明显的湿度稳定期，总体的湿度水平显著高于早全新世，且在 3.6ka BP 前后存在一个明显的湿度峰值；而 2.2ka BP 以来湿度指数变化微弱，且总体的湿度水平较高，为全新世以来该区域的最湿润期。

从全国不同分区干旱序列看，各分区全新世最大湿润期出现的时间存在明显的"东西"和"南北"差异。首先，在"东西"差异方面主要表现为亚洲季风区（北方中部地区、东北地区、滇藏地区和南方地区）和西风区（西北地区）之间的反位相变化特征，即北方中部地区、东北地区、滇藏地区和南方地区的最大湿润期出现在早、中全新世，晚全新世干旱化趋势明显，为整个全新世最干旱期；而西北地区则表现为自早全新世开始逐渐向湿润化发展，到近 2.2ka BP 以来达到最大湿润期。这种区域差异与目前的科学认识基本一致，被分别称为"季风模态"和"西风模态"[172,178-179]。已有研究表明，这两种模态之间的反位相变化在轨道尺度、亚轨道尺度乃至年代际和年内尺度上均存在[172]，且基于现今的气象观测资料也验证了这种差异性的存在，如近半个世纪以来中国北方季风边缘区虽然年平均气温不断升高，但年平均降水呈微弱增加甚至在很多地区呈明显减少趋势；而西北地区则呈现出显著的暖湿化趋势[180]，自 1961 年以来年平均有效降水以约 6.8mm/10a 的趋势显著增加。

在"南北"差异方面主要表现为东北地区、北方中部地区和南方地区之间最大湿润期出现的时间存在明显的空间异步性，从北向南湿度最大期依次向早全新世推进，分别为 7.8～4.2ka BP、9.1～3.3ka BP 和 9.6～5.0ka BP；这与 An 的研究结果完全不同[168]，其认为东部季风区的全新世湿度最大期从北向南依次约为 9.0ka BP、6.0ka BP 和 3.0ka BP，但与中国北方和南方季风区的集成重建结果基本一致[181]。比较来看，东北地区和北方中部地区之间的差异主要表现在早全新世，而两个区域的湿度最大时期均主要出现在中全新世，但与南方地区的差异较大，这种差异主要反映了目前学者们在东亚夏季风研究中的两个方面的争议。

一个是指标的环境指示意义方面。将集成重建的南方地区湿度指数与各记录点进行对比，发现来自南方的较多高分辨率干湿记录与区域集成结果之间存在较大的差异。众多的来自湖泊沉积中多代用指标的证据显示，南方地区全新世以来的最大湿润期出现在中全新世，如来自福建省屏南县的天湖山泥炭沉积结果显示区域的常绿乔木栎属（$Quercus$）花粉的最高含量出现在 8.2～4.0ka BP 期间[182]，指示了强盛的东亚夏季风发生在中全新世。这一研究结果与来自神农架的大九湖泥炭记录结果具有很好的一致性，该区的乔木花粉高含量也出现在 8.4～4.0ka BP 期间[183]。类似的结果还有来自湖光岩玛珥湖沉积物中指示东亚夏季风强度变化的正构烷烃 $\Delta\delta^{13}C_{31-29}$ 值的变化[184]。然而，几乎所有的来自石笋 $\delta^{18}O$ 的记录结果均显示了 11.0～6.0ka BP 期间较偏负的 $\delta^{18}O$ 值，也就是说这些记录显示早全新世东亚夏季风最为强盛[185-194]；而这些石笋所显示的结果很可能就是导致集成重建的整个南方地区的东亚夏季风最强盛期出现在早全新世的主要原因。

另一个是南方地区和北方中部地区究竟哪个区域的干湿变化最能代表东亚夏季风的强度。要回答这个问题就首先需要了解东亚夏季风的定义，目前学术界对东亚夏季风强度的定义存在很大的争议[154,195-196]。有学者认为北方地区的季节性风力强度和夏季降雨变化指示了东亚夏季风的强度[197]，其强有力的证据主要来自现代的气象观测资料，已有研究显示近半个世纪以来北方大部分地区明显减少的夏季降水与减弱的夏季风场强度呈显著的正相关关系，而南方地区尤其是长江中下游地区的降雨呈显著的增加趋势，与夏季风成负相关关系，因此南方地区的干湿变化并不能反映东亚夏季风的强度变化。而另一种观点认为南方地区的梅雨引起的降水量变化才能代表东亚夏季风强度[198-199]，但这些研究并没有明确提出东亚夏季风指数的概念，因此受到广泛的质疑。刘建宝[196] 的研究及其参考资料分析讨论的结果认为南方地区的梅雨变化与气象学家传统概念下的东亚夏季风强度呈负相关关系，当东亚夏季风较弱时由于其向北方的渗透能力有限而长期滞留南方，并导致了较强的梅雨降水；而强的东亚夏季风指示来自南方的携带着丰富水汽的暖湿气流向北方渗透的能力增强，因而引起北方地区的季风降水增多。一些来自南方地区的地质记录也从侧面支持了传统意义上的这种关于东亚夏季风强度变化的观点，如来自浦江沉积物的 Rb/Sr 值[200]、巢湖地区基于湖泊沉积物中孢粉重建的年平均降水[201] 和湖光岩玛珥湖的热带植物花粉数据[202] 等均表现出南方地区早、晚全新世较大的降水量，而中全新世降水相对微弱，这种变化模式在北方季风区包括石笋在内的大部分地质记录中均很少发现，其很可能反映的是南方地区的梅雨变化。因此，来自南方地区的地质载体所记录的干湿变化很有可能包含了梅雨的降雨信号，而来自中国北方的降水量（包括地质记录中代用指标记录的有效湿度或季风降水）才是最能代表传统概念下的东亚夏季风强度大小的衡量标准。

3.2.3　全新世以来不同分区干旱变化的驱动机制

从前文章节的分析来看，虽然本书的分区结果显示可将全国全新世以来的干旱序列分为五个分区，但总体而言，全新世以来的干湿变化主要表现了三种变化模式：东亚季风区，西南季风区和西风区 [图 3.6（a~c）]。本书分区中，北方中部地区、东北地区和南方地区位于东亚季风区，西北地区位于西风区，滇藏地区位于西南季风区。由于我国绝大部分的人口主要生活在东亚夏季风（East Asian Summer Monsoon，EASM）影响区域，为此，本书主要探讨全新世以来 EASM 的驱动机制。

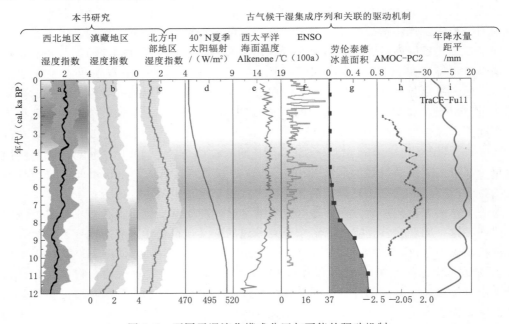

图 3.6　不同干湿演化模式分区与可能的驱动机制

注：a、b 和 c 为本书研究内容；d 为 40°N 夏季太阳辐射[208]；e 为西北太平洋海表温度[209]；f 为 100 年平均的 EN-SO 指数[210]；g 为劳伦泰德冰盖面积变化[207]；h 为基于多代用指标集成重建的大西洋经向翻转流（Atlantic Meridional Overturning Circulation，AMOC）指数变化[211]；i 为基于 TraCE – 21ka 模拟的全新世 TraCE – Full 模拟结果[205]。

从重构的干湿变化序列来看，EASM 的季风降水峰值出现在 7~6ka BP 之间，这明显区别于北半球夏季太阳辐射的峰值，其峰值出现在 12~10ka BP。以上表明全新世以来 EASM 的变化明显滞后于北半球夏季太阳辐射约 5~3ka BP，这与前人得出的结论基本一致[203]。随后基于基尔气候模型也验证了在千年尺度的变率上这种滞后关系的存在[204]；基于不同地质证据的研究均显示 EASM 的这种滞后关系在轨道尺度的变化上普遍存在[205-206]，这种滞后关系主要受北半球高纬冰量强迫影响。然而，重建的北半球高纬冰量数据显示，虽然在早全新世冰量巨大，中晚全新世以来的冰量面积并没有明显的区别[207]（图 3.6）。但已有古气候记录均显示出中到晚全新世 EASM 的明显变化特征（图 3.6），说明除了高纬冰量外，EASM 在亚轨道尺度上的变化可能还受到其他反馈机制的影响。

研究表明，作为地球气候系统的重要组成部分，大西洋经向翻转环流（Atlantic Meridional Overturning Circulation，AMOC）在调节海洋热量平衡，尤其是在大西洋低纬度和高纬度热量/盐度传输上具有重要作用[213-214]。值得指出的是，目前为止在千年尺度上 EASM 变化的高纬冰量驱动理论的一个中间媒介是发生于对流层中上层的中纬度西风的强度变化[215]，而中纬度西风强度的变化取决于中高纬度地区的热量差异[216]。可以推断，由于太平洋和印度洋是东亚夏季风影响区的主要水汽来源地，在早全新世，增强的太阳辐射使欧亚大陆和两大洋之间的热对比增强，而增强的海陆热对比有利于赤道辐合带向北迁移。与此同时，北半球高纬度地区大面积冰盖持续融化并注入高纬度海域，降低了海表海水盐度和密度，减少了高纬度海洋的深海对流，并减弱了 AMOC[207,211,214]（图 3.6），微弱或停滞的 AMOC 在一定程度上抑制了赤道辐合带的北移[217]。因此在早全新时期 EASM 的强度被微弱的 AMOC 抑制。此外，北半球增强的夏季太阳辐射也使得中低纬度地表升温较快[218]；而高纬度地区受大面积的冰盖影响，反射较强，升温微弱，因此在早全新世，中高纬度的热对比增强，导致西风加强，而冷干性质的高纬高压随西风东进[215]；强烈的西风抑制了 EASM 在内陆的季风降水，使得 EASM 在早全新世并未表现出应有的强盛，尤其是在季风边缘区呈现出冬季风占主导的冷干气候环境。

到中全新世，随着高纬冰盖面积逐渐减小[207]（图 3.6），一方面使中高纬度热量差异逐渐缩小，西风减弱；另一方面随着冰盖面积减小到一定程度，AMOC 逐渐恢复并持续增强[211,214]，到中全新世达到最强（图 3.6），促进了赤道辐合带向北迁移[217,219-220]。与此同时，较高的太阳辐射使海陆热力差异不至于太低，因此来自北太平洋的水汽含量依然较高。缺少强劲西风的抑制作用，逐渐向内陆深入的季风带来了丰沛的对流降水[204]。因此，这些因素的共同作用使 EASM 在中全新世达到鼎盛。

晚全新世以来，随着太阳辐射的持续减小，欧亚大陆和北太平洋热对比持续减弱，加上 AMOC 的减弱[211,214]（图 3.6），赤道辐合带南移[219]，东亚夏季风强度持续减弱。除此之外，已有研究表明，ENSO（El Niño - Southern Oscillation）在早全新世就已经存在，并广泛影响着全球气候[210]；作为对地球气候系统影响最大的大尺度海气模态之一，其强度变化对东亚季风的强度具有关键的主导作用[221]。尤其是晚全新世以来，强烈的 ENSO 活动可能在很大程度上削弱了 EASM 的强度[210]。因此，本书认为全新世以来 EASM 的变化是太阳辐射和高纬冰量以及全球大尺度海气模态共同作用的结果，这也得到模型模拟的支持[205]。

3.3　近两千年以来年代际尺度的干旱序列重构

3.3.1　甄选出的干旱记录

用于研究近两千年以来干湿变化的环境代用资料主要包括冰芯、树木年轮、湖泊沉积、黄土地层沉积、洞穴石笋以及历史文献与考古资料等，指示干湿记录的代用指标有孢粉、氧同位素、碳同位素、有机碳、化学元素比、叶蜡等。按照记录连续性、高时间分辨率和指标可靠性等方面的原则以及前文确定的甄选标准，通过对相关文献数据资料的甄选，梳理出全国范围内 114 条高分辨率多源干湿记录，其空间分布及分区如图 3.3 所示，包括冰芯（3 条，占 3%）、树木年轮（7 条，占 6%）、石笋（26 条，占 23%）、湖泊沉积物（67 条，占 59%）以及历史文献与考古资料（11 条，占 10%）。由于中国的气候类型存在显著的区域差异性，且不同区域所拥有的代用资料类型及其数量也各不相同，因此从代用指标不同分区的分布来分析各地干湿变化特征，具体表现为：北方中部地区最多，共 32 条（占 28%），然后依次为滇藏地区，共 22 条（占 19%）；南方地区，共 22 条（占 19%）；西北地区，共 22 条（占 19%）；东北地区，共 16 条（占 15%）。以 20a 为标准统一上述各记录分辨率，对每个 20a 分辨率地质记录点的指标进行标准化（其变化于 0~4 之间），计算各个分区内所有序列的平均值，重构各分区近两千年以来的干湿变化序列（图 3.7）。

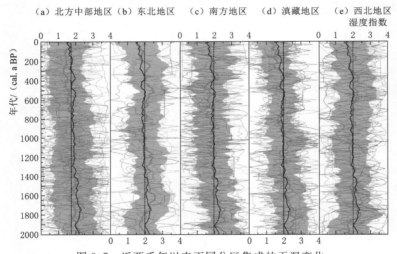

图 3.7　近两千年以来不同分区集成的干湿变化

注：黑色粗曲线代表全国平均干湿变化；黑色虚线代表各区干湿变化的平均值；灰色区域表示不同分区干湿变化曲线的标准偏差。

3.3.2　近两千年以来的干旱特征

重构的干湿序列（图 3.7）表明：根据干湿变化趋势及波动范围可将近两千年以来全国平均干湿变化特征大致分为三个阶段：2000~1300a BP 为最湿润期，但波动较大；1300~500a BP 为稳定的相对干旱期；500a BP 以来逐渐向干旱化转变，且为近两千年以来最为干旱期。但不同分区的干湿变化存在较大差异性，故对不同区域代用资料重建的干湿变化特征进行梳理总结和对比分析。各区干湿序列的百年际波动主要特征如下：

（1）北方中部地区：2000~1650a BP 干湿变化呈逐渐下降趋势，干旱化较为明显，但整体相对偏湿；1650~1250a BP 出现先上升后下降的干湿变化，较为湿润；1250~750a BP 为稳定湿润期且波动较小；750~200a BP 干旱化过程明显，达到近两千年以来气候最干的时段；200a BP 以后呈逐渐湿润化过程，但增幅有限，气候仍然偏干［图 3.7 (a)］。

（2）东北地区：2000～1700a BP 气候干旱，呈先变干后逐渐变湿的趋势；1700～1150a BP 前后为湿润期，并达到近两千年以来的最湿润期；1150a BP 后波动范围较小，总体较为干旱，并维持这种偏干的状态直到 700a BP 前后；700～200a BP 波动较为明显，较为湿润；200a BP 以来逐渐向干旱化发展，达到近两千年以来最干［图 3.7 (b)］。

（3）南方地区：2000～1400a BP 干湿变化波动较大，整体呈现逐渐变干的变化趋势，但整体上较为湿润；1400～850a BP 呈现相对稳定的偏干特征，持续时间相对较长；850～400a BP 干旱化较为明显；400～150a BP 为波动中出现小幅度增湿期，但在 150a BP 以后又快速转干，比上一阶段的干旱期偏干［图 3.7 (c)］。

（4）滇藏地区：总体上近两千年以来滇藏地区表现出逐渐干旱化过程［图 3.7 (d)］；其中 2000～1600a BP 湿度呈逐渐降低趋势，但此时段最为湿润；1600～750a BP 呈逐渐干旱化趋势，其间出现两次较为短暂湿润期，分别为 1400～1550a BP 和 1100～950a BP，总体偏干；在 750～300a BP 之间湿度有所回升，但在 500a BP 左右有干旱事件发生，气候整体上仍然偏干；300a BP 以来呈逐渐变干趋势，干湿变化波动较小，气候最为干旱。

（5）西北地区：过去两千年中，2000～1850a BP 气候相对干旱；1850～1300a BP 左右，干湿波动较大，整体上较为湿润；1300～600a BP，为相对稳定的干旱期，但有逐渐变湿的趋势；600～100a BP 波动较为明显，气候相对湿润，且在 400a BP 前后达到近两千年以来的湿度最大期；近 100a BP 以来气候逐渐向干旱化发展［图 3.7 (e)］。

从集成重建的近两千年以来全国五个分区的湿度指数结果得出，近两千年以来干湿变化趋势在东北地区和西北地区的变化相似，即 2000～1700a BP 期间气候干旱，1700～1300a BP 前后为湿润期，1300～600a BP 为相对稳定的干旱期，600～100a BP 左右为湿润期，100a BP 以后逐渐向干旱化发展，但东北地区干湿变化波动幅度相对较大。南方地区和北方中部地区的湿度指数变化趋势存在差异性，即南方地区 1450～400a BP 相对偏干，而北方中部地区在 1650～750a BP 期间相对湿润；南方地区在 400～100a BP 偏湿，而北方中部地区在 600～200a BP 干旱化过程明显。滇藏地区在近两千年以来干湿变化呈逐渐下降趋势，2000～1850a BP 十分湿润，与其余各地均有所差异。

3.3.3 黑暗时代冷期、中世纪暖期、小冰期等特征期的气候特征

为了评估现代的气候情况以及预测未来气候变化可能的发展趋势，对过去历史时期的气候变化规律与特征的研究显得尤为重要。其中黑暗时代冷期（Dark Cold Age Period，DCAP）、小冰期（Little Ice Age，LIA）和中世纪暖期（Medieval Warm Period，MWP）为距今最近的典型气候特征期，从而成为研究历史时期百年尺度至年代际尺度气候变化的重要时期。黑暗时代冷期约在 1850～1150a BP 范围内，中世纪暖期大约在 1150～600a BP 范围内，小冰期约在 600～50a BP 范围内[222]。图 3.8 为黑暗时代冷期、中世纪温暖期和小冰期不同区域干湿序列的变化特征。由图 3.8 可知，近两千年以来，全国平均湿度呈现出黑暗时代冷期湿润，中世纪暖期干旱，小冰期偏干的气候变化特征。具体表现为黑暗时代冷期湿度呈不断降低的变化趋势，其中 1850～1400a BP 湿度较高，1400～1150a BP 湿度较低，该时期总体湿度偏高；中世纪暖期保持相对较为稳定的偏干变化趋势，且此期

间气候最为干旱；小冰期气候呈逐渐干旱化趋势，600～300a BP 期间湿度明显高于中世纪暖期但低于黑暗时代冷期，300～50a BP 期间干旱化低于中世纪暖期，因此此时段气候最为干旱。

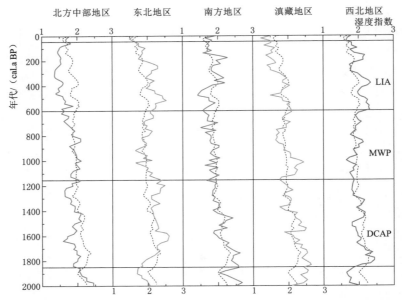

图 3.8　近两千年以来不同分区集成的干湿变化在不同时期的变化特征
注：黑色虚线为全国平均干湿变化。

但从不同分区序列来看，近两千年以来干湿变化特征在不同区域间存在差异性，结果如下：

（1）北方中部：近两千年以来北方中部地区呈现暖湿冷干的气候模式[223]，黑暗时代冷期在 1650～1400a BP 期间出现湿润期，整体呈现逐渐变干的趋势；中世纪暖期在 1150～800a BP 期间湿度保持相对较高的趋势，在 800～600a BP 期间湿度有所下降，但仍高于小冰期，呈现相对较湿的气候特点；小冰期湿度最低，干旱化明显，虽在 300～50a BP 期间湿度有所上升，但整体仍然偏干。

（2）东北地区：干湿变化特征与全国平均湿度变化一致，但干湿变化波动较大，相比于全国平均湿度变化趋势更明显，黑暗时代冷期较为湿润，这与科尔沁地区 1700～1000a BP 亚暖湿的气候研究结果较为一致[224]；中世纪暖期湿度最低，相对干旱；小冰期的湿度呈逐渐降低的变化趋势，但仍明显高于中世纪暖期，较为湿润。

（3）南方地区：南方地区整体呈现暖干冷湿的气候模式，黑暗时代冷期和小冰期湿度明显高于中世纪暖期，而且黑暗时代比小冰期更加湿润，但在黑暗时代冷期中 1400～1150a BP 期间和小冰期中 600～400a BP 期间湿度较低，与中世纪暖期湿度变化相似。这种变化趋势可能与近两千年东亚夏季风强度逐渐减弱息息相关[225]。

（4）滇藏地区：滇藏地区整体呈现逐渐干旱化的变化趋势，黑暗时代冷期湿度最高，这似乎与雨热同期（即暖湿的气候模式）相违背，但这一结果与其他滇藏地区的研究结果较为一致[226,227]，均表现为冷湿的气候模式；1150～900a BP 的气候特征显示了对全球变化的中世纪温暖期响应，表现为暖湿的气候模式，但在 900~600a BP 期间湿度下降，气候偏干；小冰期时湿度逐渐下降，呈现逐渐干旱化趋势，整体呈现偏干的气候特征，但在 600~300a BP 期间的湿度超过了中世纪暖期 900~600a BP 期间的湿度。

（5）西北地区：西北地区近两千以来的干湿变化趋势与全国平均的湿度变化较为相似，呈现暖干冷湿的气候模式，即黑暗时代冷期湿度虽呈逐渐下降的变化趋势，但相比于中世纪暖期的湿度仍较为湿润；中世纪暖期偏干，湿度变化趋势低于黑暗时代冷期和小冰期；小冰期湿度增加到两千年以来最高的水平，较为湿润。这与中亚干旱区的中世纪暖期较为干旱，小冰期较为湿润的研究结果一致[228]。

3.3.4 讨论

从上文可以看出，重构的近两千年以来干湿变化相比于全新世以来的干湿变化趋势并不显著，这可能是因为在短时间尺度下，将全国分为五个气候区，每个气候区内部不同地区湿度变化的区域性差异显著，导致变化趋势出现"相互抵消"的现象。考虑到这个原因，结合本书其他专题的研究结果，根据全国气候、地理条件和干旱的特点，按东北、内蒙古、新疆、西藏、西北、西南、黄淮海、长江中下游和华南九个大区，将全国范围内 114 条高分辨率多源干湿记录分为九个区，其中，东北地区（黑龙江省、吉林省和辽宁省）13 条、内蒙古地区（内蒙古自治区）14 条、新疆地区（新疆维吾尔自治区）15 条、西藏地区（西藏自治区）12 条、西北地区（青海省、甘肃省、宁夏回族自治区和陕西省）24 条、西南地区（四川省、云南省、重庆市和贵州省）19 条、黄淮海地区（北京市、天津市、河北省、山西省、河南省和山东省）4 条、长江中下游地区（湖北省、湖南省、安徽省、江西省、江苏省、浙江省和上海市）8 条和华南地区（广西壮族自治区、广东省、福建省和海南省）5 条，再次进行近两千年以来气候变化特征的分析。

图 3.9 中的结果显示近两千年以来东北地区和新疆地区的干湿变化趋势相似，均显示近 200a BP 呈逐渐干旱化趋势；内蒙古地区的干湿变化呈微弱的逐渐下降趋势；西藏地区

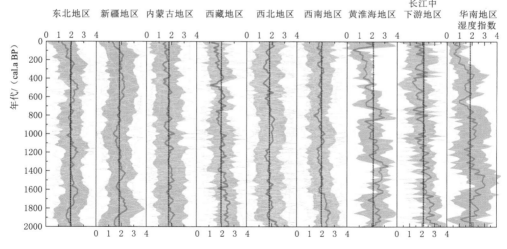

图 3.9 近两千年以来九个分区集成的干湿变化

注：黑色虚线代表各区域干湿变化平均值；灰色区域表示不同分区干湿变化曲线的标准偏差。

的干湿变化趋势较内蒙古地区略明显，呈逐渐下降趋势，并在 1600a BP 和 500a BP 左右明显的干旱事件；西北地区和西南地区干湿变化在平均湿度指数左右微弱波动，很难看出其变化趋势；位于季风区的黄淮海地区、长江中下游地区和华南地区的干湿变化趋势最明显，整体上均呈现近两千年以来逐渐变干趋势，但整理的干旱序列数量相比于其他地区略少。综上，通过对九个分区近两千年以来的气候变化特征的再次分析，干湿变化趋势虽然比五个分区略明显，但依旧不理想。因此希望在后续研究中继续丰富近两千年以来的干旱序列和尝试用不同的分区方法进行气候重建。

3.4　季风边缘区全新世以来气候变化重建

季风边缘区即东亚夏季风的尾闾区，也是东亚夏季风和西风强烈交互作用区，对东亚夏季风的变化极其敏感，是研究全新世以来季风演化的理想区域。该区风成剖面众多，其中第四纪沉积广泛分布，记录着丰富的沙地演化和季风进退信息；同时，该区也是沙漠/黄土过渡带和北方农牧交错带，兼具生态脆弱性和气候敏感性特征，一直受到地学研究者的广泛关注[229-233]。

前人对该区全新世以来的气候和环境变化开展了较多的研究，尤以毛乌素沙地和青海湖湖东沙地风成砂-古土壤、黄土-古土壤和河湖沉积等的研究最为深刻。然而，已有的研究依然存在显著差异性。为揭示季风边缘区全新世以来的气候环境特征和东亚夏季风的演化规律，本书在季风西北边缘区选取了毛乌素沙地和青海湖湖东沙地两个典型区，利用新采集的地层剖面并整合课题组原有关于全新世干湿变化的记录，对毛乌素沙地和青海湖湖东沙地全新世以来的气候变化进行了分析。

3.4.1　沉积样品的采集

季风区西北缘第四纪以来广泛分布着风成沉积和河湖相沉积。为尽可能准确、全面地揭示季风边缘区全新世以来的气候变化规律，在季风边缘区分别选择了青海湖流域的湖东沙地和毛乌素沙地作为典型区，先后进行十余次详细的野外综合考察和剖面样品采集工作，在青海湖湖东沙地和毛乌素沙地新采集 10 个地层剖面：湖东沙地的陈沟东（CGE）、青海湖乡（QHH）剖面、大水塘 3（DST3）、陈沟左（CGL）、三道滩（SDT）和毛乌素沙地的镇北台（ZBT）剖面、韩家峁（HJM）、黄水沟（HSG）滴哨沟湾（DSGL）、神水台（SST）剖面。

所有的这些地层剖面均受人类活动影响较少，除了少数几个剖面可能存在沉积间断外，大多数剖面均沉积连续，涵盖了全新世以来的大部分时间段。

1. 湖东沙地

青海湖湖东沙地采集的 5 个剖面（图 3.10）位于青海湖环湖自然保护区内，距青海湖约 10km；这一区域是青海湖流域最大的流动沙丘分布区，也是现今高寒荒漠与高寒草甸的交界处，采样区以高寒草甸为主，广泛分布豆科（*Leguminosae sp.*）和禾本科（*Poaceae Barnhart*）植物，周边山地阴坡分布有金露梅灌丛（*Potentilla fruticosa L.*），没有发现乔木，仅在湖东沙地东部沙漠中的阴坡发现少量的青海云杉林。根据最近的海晏气象站 1981—2010 年气象数据，该区年平均气温为 0.9℃，1 月平均气温为-12.9 ℃，7 月平均气温为 12.5 ℃，平均年降水量为 403.6mm，年平均风速为 2.7m/s，平均年日照时数约 2911.2h。

（a）陈沟东（CGE）剖面

（b）青海湖乡（QHH）剖面

（c）大水塘3（DST3）剖面

（d）陈沟左（CGL）剖面

（e）三道滩（SDT）剖面

图 3.10　湖东沙地采集的地层剖面图

（1）陈沟东剖面（海拔 3426m），简称 CGE 剖面 [图 3.10（a）]；位于青海湖湖东沙地最大的季节性河流大水塘河中部位置，一个被侵蚀开的东西向长条沙垄的丘顶附近；剖面主体现今为一固定沙丘，表层植被为豆科（*Leguminosae sp.*）和禾本科（*Poaceae Barnhart*）植物，高约 0～3cm，盖度约 35％。

（2）青海湖乡剖面（海拔 3368m），简称 QHH 剖面 [图 3.10（b）]；位于湖东沙地的东部边缘区，为人工修路挖出露头；位于一现代固定沙丘顶部，植被为高寒草甸，较稀疏，盖度小于 30％。

（3）大水塘 3 剖面（海拔 3549m），简称 DST3 剖面 [图 3.10（c）]；位于大水塘河上游一支流的左岸，可能为后期河流下切冲刷出露。地表植被为高寒草甸，以嵩草（*Kobresia myosuroides*）和禾本科针茅（*Stipa capillata*）居多，较 CGE 剖面表层密集，盖度约 50％。

（4）陈沟左剖面（海拔 3407m），简称 CGL 剖面 [图 3.10（d）]；位于 CGE 剖面西南侧的大水塘河左岸，可能为河流冲刷出露，表层植被与 CGE 剖面一致。

（5）三道滩剖面（海拔 3482m），简称 SDT 剖面 [图 3.10（e）]；位于路边一沟谷山前冲积三角洲内，经修路挖开的沟谷水渠中发现。SDT 剖面总体的岩性特征与 CGL 剖面类似。

2. 毛乌素沙地

毛乌素沙地采集的 5 个地层剖面均位于沙地南缘与黄土高原交界处的无定河及其支流

沿岸，也称为沙漠-黄土过渡带（图 3.11）。该区域总体上以温带草原为主，还有一些灌丛和落叶阔叶林。距离剖面最近的榆林和衡山 2 个气象站点 1981—2010 年气象数据显示，区域年平均气温为 8.9 ℃，1 月平均气温为 -8.3 ℃，7 月平均气温为 23.7 ℃；平均年降水量 369.9mm，年平均风速为 2.3m/s，平均年日照时数约 2701.5h。

（a）镇北台（ZBT）剖面

（b）韩家峁（HJM）剖面

（c）黄水沟（HSG）剖面

（d）滴哨沟湾（DSGL）剖面

（e）神水台（SST）剖面

图 3.11　毛乌素沙地采集的地层剖面图

（1）镇北台剖面（海拔 1108m），简称 ZBT 剖面 [图 3.11（a）]；陕西省榆林市东北部的镇北台景观处；剖面为沟内河流深切出露，沟内有较多的榆科（*Ulmaceae* Mirb.）、杨柳科（Salicaceae Mirb.）乔木，顶部为禾本科（*Poaceae Barnhart*）草本，盖度达90% 以上。

（2）韩家峁剖面（海拔 1095m），简称 HJM 剖面 [图 3.11（b）]；位于陕西省榆林市榆阳区红石桥乡韩家峁村，顶部为现代流动沙丘，偶见沙蒿（*Artemisia desertorum* Spreng.）和小叶杨（*Populus simonii* Carr），盖度低于 10%。整个剖面由四部分组成，第一部分由风成砂和古土壤组成，底部 3 个部分分别有一层湖相沉积，最底部一层湖相沉积以下的风成砂堆积于末次冰盛期以前，本书主要侧重全新世部分。

（3）黄水沟剖面（海拔 1144m），简称 HSG 剖面［图 3.11 (c)］；位于陕西省榆林市榆阳区大河塔镇黄水沟村附近的高压塔下。剖面位于黄土峁顶部的自然露头，距离高压塔约 20m，该峁高于现今沟内河流 20m 以上；植被以禾本科（*Poaceae Barnhart*）、蒿属（*Artemisia L.*）和豆科（*Leguminosae sp.*）植物为主，盖度约 80%～90%，偶见柠条。

（4）滴哨沟湾剖面（海拔 1300m），简称 DSGL 剖面［图 3.11 (d)］；位于内蒙古自治区鄂尔多斯市乌审旗滴哨沟湾村。剖面位于红柳河左岸，受后期河流深切自然出露。周边植被主要为菊科蒿属（*Artemisia L.*）、豆科锦鸡儿属（*Caragana sinica*）以及部分禾本科（*Poaceae Barnhart*）的灌木或草本。

（5）神水台剖面（海拔 1203m），简称 SST 剖面［图 3.11 (e)］；位于内蒙古自治区鄂尔多斯市乌审旗巴音柴达木乡神水台村，海流兔河左岸二级阶地，顶面高于现代河流约 6m。剖面周边现代地表植被主要为禾本科草本（*Poaceae Barnhart*），盖度达 70% 以上；此外还零散的分布有榆科（*Ulmaceae Mirb.*）、杨柳科（*Salicaceae Mirb.*）及柽柳科（*Tamaricaceae Link*）灌木或乔木。

在野外首先对拟采集样品的剖面进行周边现代环境的调查和详细描述，并选取地层岩性分层较为清晰的位置进行剖面的挖掘。挖掘过程中至少向剖面内部开挖 50cm 以上，使剖面露出原始的沉积物；对厚度较小的剖面从上而下直接贯通挖掘，而厚度较大的剖面根据岩性特征采用台阶式从上而下分层挖掘。在剖面挖掘完成后，先对沉积剖面进行岩性的划分（剖面具体的岩性分层深度待沉积物理化指标完成测定分析后再进行确定），并详细描述不同分层沉积物的颜色和质地等直观特征。

样品采集过程中，河流-湖沼相沉积物采样间隔为 1～2cm，古土壤/砂质古土壤采样间隔为 2cm，风成砂的采样间隔视剖面沉积厚度决定，2～5cm 不等；依据以上采样标准，共采集用于环境代用指标测定的沉积物样品 984 个，其中青海湖地区样品 472 个，毛乌素沙地 512 个；所有样品在野外采集时用自封袋进行密封，并带回实验室后在室内进行自然烘干保存。此外，为保证剖面年代框架的准确性，在距离剖面岩性上下分层明显处约 6cm位置采集年代学样品。

3.4.2 青海湖湖东沙地全新世以来干湿变化重建

基于青海湖湖东沙地 2 个剖面，通过剖面的沉积地层学、常量元素和微量元素特征，结合沉积物粒度、TOC 以及红度数据的综合分析，重建了湖东沙地全新世以来的气候演化历史。研究发现，虽然在青海湖流域中缺少早全新世的地层记录，但中晚全新世风成沉积物的化学风化强度变化，总体上与毛乌素沙地地区的地层剖面呈现出相似的变化特征（图 3.12），即也处于初级化学风化阶段。而在中全新世部分样品达到了中等化学风化水平，这与其他代用指标记录的环境变化特征基本一致。

总体而言，在经历了 9.2ka BP 的冷事件之后，青海湖湖东沙地气候向暖湿转变；8.7～4.0ka BP 之间，区域广泛发育古土壤层，指示了暖湿的气候特征，温度和降水明显高于现代；4.0ka BP 以来气候明显转向干冷（图 3.13）。

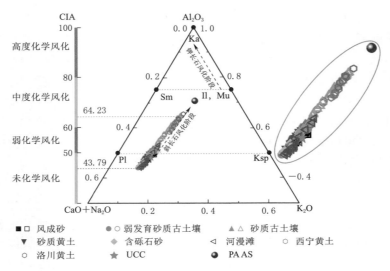

图 3.12 CGE 和 QHH 剖面全新世风成沉积 A - CN - K 三角图

Ka—高岭石，Sm—蒙脱石；Il—伊利石；Mu—白云母；Pl—斜长石；Ksp—钾长石

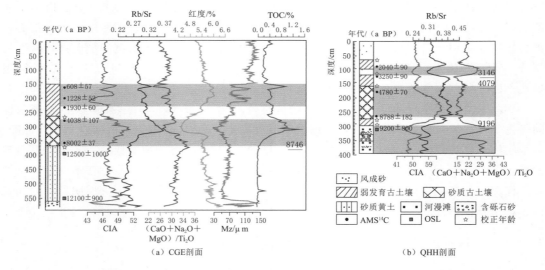

图 3.13 湖东沙地全新世元素地球化学参数和其他指标的变化

3.4.3 毛乌素沙地全新世以来干湿变化重建

在对毛乌素沙地全新世风成沉积物的色度记录进行分析时，发现亮度主要受到有机质含量影响，可以间接指示降水的变化情况。毛乌素沙地的红度气候环境指示意义明显区别于黄土高原地区。在黄土高原地区沉积物的红度主要来源于成壤作用过程中形成的含铁类矿物，间接反映控制成壤作用的降水变化；而毛乌素沙地风成沉积物红度主要来源于风力作用下的外源物质输入，从而可以间接反映风力的强度。

在干旱半干旱地区，古土壤的发育主要受到有效湿度的影响，基于对毛乌素沙地东南缘榆林镇北台剖面（ZBT）地球化学元素以及土壤微形态的分析发现，全新世以来该区域的化学风化作用相对微弱，总体上处于脱 Ca、Na 为主的初级化学风化作用阶段（图3.14）。具体来讲，早全新世的化学风化作用微弱，成壤作用较弱，气候以冷干为主；中全新世期间虽然气候环境也存在小阶段的冷干时期，但总体上化学风化作用迅速增强，土壤微形态在显微镜观察下可见长石黏土化、成壤作用黏土风化的产物（胶结物）以及黏土后生作用产物（泥岩岩屑）（图 3.15），区域广泛发育古土壤。

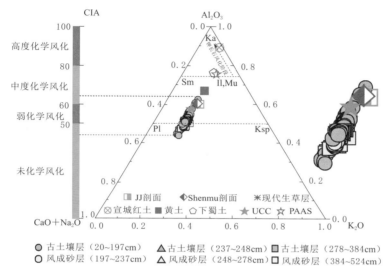

图 3.14 ZBT 剖面全新世风成沉积 A－CN－K 三角图

Ka—高岭石；Sm＝蒙脱石；Il—伊利石；Mu—白云母；Pl—斜长石；Ksp—钾长石

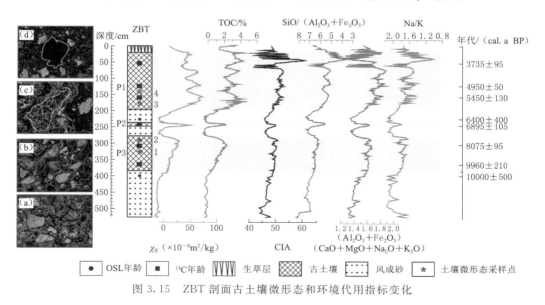

图 3.15 ZBT 剖面古土壤微形态和环境代用指标变化

结合新采集的 HSG 和 HJM 两个剖面中多种环境代用指标的进一步分析，发现毛乌素沙地在早全新世气候环境较为恶劣，HSG 和 ZBT 剖面中，指示风沙活动的粒度端元组分（EM3）在该时期含量明显高于其他时期（图 3.17），表明该区域早全新世风沙活动强烈，沙尘暴频繁，这也得到具有近地面风力强弱指示意义的红度指标的支持；而中全新世，具有东亚夏季风强弱指示意义的 EM1 组分均呈现出全新世以来的最高百分含量，这种变化特征与总有机碳（TOC）和磁化率指标具有很好的一致性。

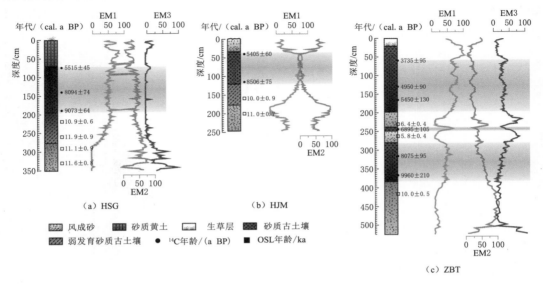

图 3.16　HSG、HJM 和 ZBT 剖面粒度端元组分的垂向变化特征

　　总体而言，对毛乌素沙地全新世以来沉积地层多指标分析的结果表明，早全新世区域化学风化作用微弱，成壤环境较差，区域风沙活动频繁，气候相对干旱；中全新世，化学风化作用明显增强，近地面风力明显减弱，沙漠面积持续减少，沙丘得到固定，区域广泛发育古土壤，气候环境明显较现代更为暖湿；而晚全新世沙丘再次活化，风沙活动有所增强，气候再次转向干冷。

3.4.4　典型区干湿变化与不同分区干旱序列对比

1. 青海湖湖东沙地和毛乌素沙地全新世气候变化对比

　　从前文的分析可以发现，受不同区域整体气候环境（气温、降水差异）和沉积环境差异性的影响，代用指标的指示意义存在较大的不确定性；为更客观地重建区域古气候变化，往往需要结合沉积地层学、地貌学以及多种古气候代用指标的相互对比和验证。考虑到本书中较多剖面存在晚更新世至早全新世时期的地层，因此从晚更新世的气候环境开始讨论，但本书重点关注的依然是全新世以来的气候与环境变化。根据各剖面岩性和环境代用指标的变化特征（图 3.17），可看出晚更新世以来青海湖湖东沙地和毛乌素沙地的气候环境总体上呈现出一致的变化特征，表明这两个研究区的沉积地层均能较好地反映晚更新世以来东亚夏季风的变化特征。为厘清不同时期的气候环境变化特征，可将这两个区域晚更新世以来的气候变化划分为 4 个阶段：第一阶段，晚更新世至 9.1ka BP；第二阶段，9.1~3.3ka BP；第三阶段，3.3~1.4ka BP；第四阶段，1.4~0ka BP。

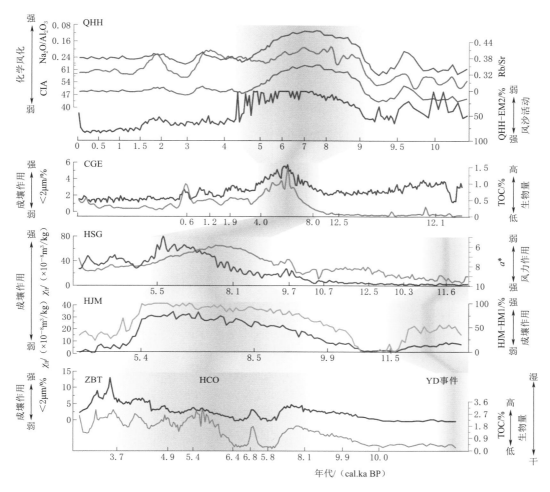

图 3.17 多代用指标记录的季风区西北缘全新世气候与环境变化

（1）第一阶段，晚更新世至 9.1ka BP 期间。在湖东沙地区域，QHH 剖面底部岩性为典型的河漫滩相沉积；虽然该地层中缺乏有效的年代控制，但可以明确的是其最晚沉积于 9.2ka BP 之前。从该层环境代用指标变化来看，CGE 剖面的 TOC 含量为最低值，表明该时期湖东沙地初级生产力微弱，地表植被覆盖度低；指示了区域较低的有效湿度。代表化学风化强度指标的 CIA ［化学蚀变指数；CIA = Al$_2$O$_3$／（Al$_2$O$_3$ + CaO* + K$_2$O + Na$_2$O）×100］和代表季风降水强度的 Rb/Sr 均为剖面最低值，而 Na$_2$O/Al$_2$O$_3$ 达到剖面最高值，表明该时期季风降水较弱，地表环境以物理风化为主，仅少数样品达到弱化学风化程度；指示成壤作用强度变化的 χ_{lf} 也在此时处于最低值。较低的化学风化强度和弱成壤作用不利于矿物的分解，沉积物中往往以粗颗粒为主，而细颗粒含量较少；同时，根据前文的讨论分析，3 个端元组分均代表了区域成壤作用的强弱，其较低的端元百分含量进一步表明了此时湖东沙地成壤作用微弱。此外，在风成砂-古土壤剖面 CGE 中，代表区域近地表风力强度的 a^* （红度）值均在此时期处于剖面最高值（图 3.13），指示了此时区域强劲的近地表风力，这也得到了指示区域风沙活动强度变化的粗颗粒端元组分 QHH-EM2 的支持（图 3.17）；而在 CGE 剖面中（图 3.13），8.0ka BP 以前沉积的砂质黄土和两个 OSL 年代（12.5ka BP 和 12.1ka BP）的高估也说明了此时可能受风沙活动较强的影响，快速堆积的砂质黄土导致沉积物中石英矿物未能晒褪完全，从而出现 OSL 年代高估的现象。

从多代用指标来看（图 3.17），毛乌素沙地与湖东沙地的变化特征一致，表明区域植被覆盖度较低，这与此时湖东沙地的气候环境基本一致，可能反映了此时总体较弱的东亚夏季风，以及在其影响下季风边缘区均表现为较低的有效湿度。指示成壤作用强度的粒度端元 HJM-EM1 的含量为整个剖面的最低值（图 3.16），说明受整个区域较低的有效湿度影响，成壤作用弱，地表植被稀疏，因此径流携带的沉积物主要以粗颗粒为主。此外，指示区域风沙活动强弱的粒度端元组分 HJM-EM2 在此时期达到最高值（图 3.16），表明区域风沙活动强烈；而整个区域较强的风沙活动也可能是造成区域河湖沉积物中较多粗颗粒的一个重要因素。

（2）第二阶段，9.1～3.3ka BP 期间。风成砂-古土壤剖面 CGE 和剖面 ZBT 的 TOC 含量均在此期间达到整个剖面的最大值，反映这一时期区域地表植被茂盛，指示有效湿度较高，并达到了晚更新世以来的最强盛期。在表生环境中，较高的有效湿度能促进区域化学风化和成壤作用的增强；在此期间，剖面 QHH 中化学风化指标 CIA 和季风降水强度指标 Rb/Sr 均达到整个剖面的最高值，而 Na_2O/Al_2O_3 值最低，且较多样品的 CIA 值甚至高达 65 左右，达到了中等化学风化水平，表明区域化学风化强度显著增强，并达到了研究区全新世以来的最强时期。此外，此时所有风成砂-古土壤剖面的 χ_{lf} 均达到剖面的最高含量；根据前文的分析，沉积物中 χ_{lf} 的增强反映了区域成壤过程中生成的磁性矿物含量的增加；在此过程中，往往伴随着沉积物中粗颗粒含量的逐渐变少，而细颗粒含量不断增加。毛乌素沙地剖面 HJM 中 χ_{lf} 与黏土含量密切相关，端元组分 EM1 代表区域成壤过程中生成的细颗粒（如黏土），在此时期达到最大含量（图 3.16），表明此时期的区域成壤作用强度达到晚更新世以来的最强时期。

在干旱半干旱地区，随着有效湿度的增加，较高的植被覆盖能有效地固定沙丘；化学风化作用以及成壤作用的增强能为古土壤的发育创造良好的外部条件；较强的季风降水有利于湖泊和沼泽的扩张，这些条件均能很好地抑制区域的风沙活动。此时期代表区域风沙活动强弱的粒度端元如 QHH-EM2 在此时期达到剖面的最低值，表明在此期间区域气候环境温暖湿润，有效地抑制了与寒冷干旱环境相关的风沙活动；进一步表明了此时东亚夏季风显著增强，而代表冷干气候环境的西风和冬季风强度相对减弱。

值得指出的是，虽然几乎所有的环境代用指标均指示了在此期间东亚夏季风强盛，但从各环境指标的变化趋势来看，其指示的东亚夏季风存在较为明显的阶段性特征：在 9.1～7.0ka BP 之间，所有干湿变化指标均表现为有效湿度逐渐增强的趋势，并在约 7.0ka BP 前后达到晚更新世以来的最高值；而在约 7.0ka BP 之后呈现出缓慢减弱的趋势，指示东亚夏季风在中全新世的先增强后减弱的变化趋势特点。

（3）第三阶段，3.3～1.4ka BP 期间。此阶段几乎所有剖面中代表陆地初级生产力的 TOC 含量均明显低于前一个阶段，表明该时期地表植被明显减少，区域有效湿度相对较弱。较低的有效湿度极有可能抑制化学风化作用和成壤作用，而较弱的化学风化和成壤作用不利于产生更多的磁性矿物和生成较细的黏土矿物；剖面 QHH 的化学风化指标 CIA 和季风降水强度指标 Rb/Sr 均在此时期处于低值期，而 Na_2O/Al_2O_3 明显增高，反映了该时期化学风化作用的迅速减弱。这些证据指示此时期青海湖湖东沙地和毛乌素沙地地区有效湿度明显降低，可能反映了区域气候变得相对干旱，指示东亚夏季风相比前一阶段明显减弱。

在以季风气候为主的区域，随着夏季风的减弱，势必会导致以干冷气候为代表的冬季风占主导并引起区域地表植被退化；在干旱半干旱地区，失去植被保护的地表会在干冷的冬季风增强的情况下带来强盛的风沙活动。此时期所有的风成砂-古土壤剖面 a^* 值均快速增大，并持续保持较高值，表明此时有较强的近地表风力（西北风）；而几乎所有的指示风沙活动强弱的端元组分含量均在此时期快速增加（如 QHH-EM2 等），较强的风沙活动导致风成砂-古土壤剖面在此期间均沉积了较厚的风成砂或弱发育古土壤，表明在此期间气候相对干冷。值得指出的是，虽然大部分证据均指示了此时期以寒冷干旱的气候环境为主，但从一些代用指标变化来看，青海湖湖东沙地和毛乌素沙地总体的气候并不稳定，而呈现出较大的百年尺度的波动变化；表明此期间东亚夏季风波动明显，但总体上依然相对较弱。

（4）第四阶段，距今 1.4ka BP 以来。剖面 CGE、QHH 中几乎所有指示有效湿度变化的代用指标均显示此时期比前一阶段更为干旱，可能指示了东亚夏季风的进一步弱化；此外，剖面 CGE 和 QHH 中的化学风化指标 CIA 和季风降水强度指标 Rb/Sr 均处于低值期，尤其是 CIA 值均小于全球平均大陆上地壳的元素丰度（Upper Continental Crust，UCC），表明在此期间区域以物理风化为主，指示东亚夏季风较弱。与此同时，随着区域化学风化的减弱，沉积物的矿物分解程度也逐步降低，此时指示区域风沙活动强弱的粒度端元组分 QHH-EM2 达到全新世以来的最高值，表明在此期间区域风沙活动强烈且频繁。干旱气候条件下强烈的风沙活动容易造成沙漠的扩张，因此在研究中几乎所有的剖面在此时期均沉积了较厚的风成砂或砂质黄土，如 CGE 剖面。

虽然所有的剖面的岩性特征和代用指标，均指示此时期微弱的东亚夏季风导致区域季风降水减少，河湖环境消失，堆积较厚的风成砂；但从各剖面中各代用指标来看，此时期气候环境也并非总是处于干旱寒冷的气候条件下，存在较为明显的干湿波动，反映了此时期东亚夏季风的强弱波动变化特征。

2. 与其他区域的对比

本书中基于可靠的年代数据和多种指示意义明确的代用指标的综合分析，揭示出青海湖湖东沙地和毛乌素沙地在早全新世的气候条件相比全新世较为干旱，中全新世是气候条件最为湿润的时段，表明此时期东亚夏季风最为强盛，而晚全新世的气候条件是整个全新世以来最为干旱的时期（图 3.18）。

在过去几十年里，还有众多基于不同地质载体的具有高分辨率年代数据和可靠代用指标的东亚季风区干湿记录相继发表（图 3.18），这些记录均一致地表明中全新世为东亚夏季风最强盛期。如来自青海湖湖泊沉积中用于指示流域径流量大小的红度 a^* 数据显示，8.0～4.0ka BP 流域季风降水达到末次冰盛期以来的最大值[238]；这一结果与同一湖芯沉积物中孢粉数据所显示的 8.5～4.5ka BP（图 3.18）之间流域乔木花粉达到 18.0ka 以来的最大百分含量结果基本一致[234]，因而指示了全新世以来东亚夏季风最强盛期发生在中全新世。除了流域的湖泊记录以外，来自青海湖东南部湖东沙地的多个风成沉积剖面也显示在 8.5～4.0ka BP 流域广泛发育古土壤，表明在此期间区域有效湿度达到最大[239]，也暗示了中全新世为全新世以来的气候最适宜期。最近，对青海湖南岸 151 考古遗址点的黄土-古土壤剖面-YWY14 剖面中生物指标的定量分析结果显示，在 8.5～3.7ka BP 流域土壤呈中性至酸性的环境[240]，指示相对湿润的气候条件。这一结果也得到另一项基于青海湖流域和周边地区三个黄土-古土壤序列的χ_{lf}和粒度数据的支持，在约 9.2～3.7ka BP 青海湖流域甚至整个青藏高原东北部的气候环境达到末次冰期以来的最湿润期[205]，进一步说明了东亚夏季风最强盛期发生在中全新世，类似的结果还有来自祁连山北坡的黄土-古土壤剖面-Biandukou 剖面[241] 中χ_{lf}和 $CaCO_3$ 数据的研究。除此之外，类似于青海湖地区全新世孢粉组合特征，邻近的共和盆地达连海湖泊沉积物中孢粉数据也显示出在 9.4～3.9ka BP 乔木花粉含量达到峰值，表明此期间为流域森林发育的全盛时期[242]。另外，同样来自青藏高原东北部的苦海盆地的多个湖泊沉积和风成沉积的地质证据也显示在中全新世时期尤其是 7.5～5.1ka BP，该流域地表径流量迅速增高，水动力较强，湖泊水位明显上升，表明东亚夏季风增强带来丰富的季风降水[243]。

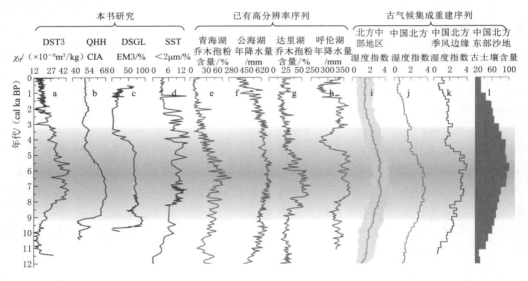

图 3.18　青海湖地区和毛乌素沙地全新世干湿变化与其他高分辨率记录和区域集成序列的比较

注：a～d 分别为本书 DST3 剖面的χ_{lf}、QHH 剖面的 CIA、DSGL 剖面的 EM3 和 SST 剖面的黏土含量；e 为青海湖沉积物中乔木孢粉含量[234]；f 为公海沉积物中基于孢粉定量重建的年降水变化[106]；g 为达里湖沉积物中乔木孢粉含量[235]；h 为呼伦湖沉积物中基于孢粉定量重建的年降水变化[236]；i 为本书中基于已发表的北方中部地区 26 条高分辨率地质记录集成重建的全新世以来干湿记录；j 为基于中国北方多种地质载体集成重建的干湿记录[181]；k 为季风边缘区主要沙地地质记录集成重建的干湿序列[170]；l 为东部沙地 115 个风成沉积剖面中古土壤百分含量[237]。

指示中全新世为东亚夏季风最强盛期的更多地质证据来自北方季风边缘区（图3.18），如来自毛乌素沙地北部七盖淖尔湖沉积物的高分辨率研究显示 9.2～2.8ka BP 区域植被以森林草原为主，其间虽然存在短暂的冷事件，但总体气候较为温暖湿润，季风降水要明显高于现今[244]。这一结果与邻近的山西高原湖泊-公海沉积物中，基于孢粉定量重建的区域年平均降水，在8.7～3.3ka BP的季风降水达到全新世以来的鼎盛时期结果一致（图3.18）[106]，且此时的年平均降水量比现今该区域的降水量约高120mm。最近，对同样处于季风边缘区的内蒙古查干湖开展的另一项研究也支持了这一结论，该研究表明在8.0～6.0ka BP的年降水量高出现今约30%～50%[245]。类似的研究结果还有来自内蒙古的岱海[246]、达里湖[235] 以及巴彦查干湖[247] 等（图3.18），这些研究均一致地显示在中全新世时期区域的乔木花粉含量达到全新世以来的最高值，指示东亚夏季风在中全新世达到鼎盛时期。在此期间，季风降水显著增强使沙漠-黄土过渡带的靖边地区[248]，和榆林[203] 等区域均广泛发育了较厚的古土壤层，这也得到与成壤作用密切相关的 χ_{lf} 和黏土数据的支持。除了这些来自北方中部季风边缘区的记录外，来自东北地区呼伦湖的孢粉数据[236] 和黑瞎子泥炭[249] 中多代用指标分析结果以及南方地区的 SZY 泥炭中的常绿阔叶林花粉含量[182] 等均支持全新世以来东亚夏季风的最强盛期即有效湿度或季风降水最大时期发生在中全新世（图3.18）。

除了这些高分辨率古气候重建序列外，更多具有说服力指示全新世东亚夏季风最强盛期发生在中全新世的证据来自干湿集成序列（图3.18）。如来自青藏高原东北部的青海湖和达连海湖泊沉积物孢粉数据定量重建的18.0ka BP以来年平均降水量数据[250]，结果显示青藏高原东北部全新世以来的最大降水量发生在约9.1～3.7ka BP，此时的降水量比现今要高约110mm，而早、晚全新世期间的降水均明显低于现今，表明东亚夏季风的最强盛时段发生在中全新世。此外，地处季风边缘区的黄土高原及其邻近区域黄土-古土壤和风成砂-古土壤的发育程度能够敏感地响应东亚夏季风带来的丰沛季风降水的变化。如来自77个沉积剖面中229个古土壤年代数据的概率密度曲线也显示在约8.7～3.0ka BP，黄土高原及其周边地区的古土壤概率密度达到最大[251]，表明此时东亚夏季风达到全新世以来的最强盛时期。这一结果也得到中国北方东部沙地115个风成沉积剖面中古土壤百分含量数据的支持[237]，其显示在9.0～3.0ka BP中国北方东部沙地的古土壤含量超过60%，在7.0～4.0ka BP古土壤含量接近70%，表明此时东亚夏季风达到鼎盛时期。

此外，基于呼伦贝尔沙地、浑善达克沙地、毛乌素沙地、腾格里沙漠和乌兰布和沙漠等季风边缘区主要沙地的数据，11.5ka BP以来指示湿度变化的代用指标记录集成也清晰地显示该区有效湿度或者说夏季风降水的最大时期发生在中全新世[170]。同处于季风边缘区的植被也敏感地响应于东亚夏季风带来的暖湿气流或丰沛季风降水，季风边缘区的植被孢粉记录集成也清晰地显示东亚夏季风边缘区的最大树木花粉百分含量出现在8.5～3.8ka BP[252]，表明最大有效湿度或夏季风降水出现在中全新世。类似地，另一项基于多种地质载体的干湿记录集成结果也显示在9.6～4.4ka BP湿度指数达到最大，进一步支持全新世以来东亚夏季风最强盛期出现在中全新世的结论[181]。此外，在剔除印度夏季风对中国季风区的影响信号后，集成自整个中国东部季风区（即东亚夏季风影响区）的40条孢粉记录和52条其他指示湿度或降水变化的记录也显示最大的东亚夏季风湿度指数发生在8.6～4.4ka BP[253]，也支持了中全新世为全新世以来东亚夏季风最强盛时期的这一结论。本书将分区集成的东北地区、北方中部季风边缘区和南方地区三条干湿序列进一步合并为一条序列的时候，其结果与 Wang 等[253] 的夏季风湿度指数呈现出基本一致的变化特征。

　　综上所述，本书中几乎所有来自青海湖湖东沙地和毛乌素沙地的干湿代用指标以及集成重建的北方中部地区的干湿序列均一致性地显示东亚夏季风最强盛期发生在中全新世。此外，从局地到区域再到整个东部季风区的不同区域尺度集成重建的湿度指数也均指示了中全新世为东亚夏季风控制区有效湿度或夏季风降水的最强盛时期。

3.5　典型区全新世以来的极端干旱事件

3.5.1　全新世以来的极端干旱事件

　　本书中采用的多个剖面均清晰地记录了全新世以来的一系列气候突变事件，即快速的冷干事件（图 3.19）。如来自青海湖湖东沙地的 QHH 和 DST3 剖面均一致地记录到了约 10.3ka BP、9.2ka BP，8.2ka BP，6.5ka BP，5.2ka BP，4.2ka BP、2.8ka BP 和 2.2ka BP 前后的气候突变事件。毛乌素沙地的 DSGL 和 SST 剖面记录到了 10.3ka BP，9.2ka BP，8.2ka BP，6.5ka BP，5.2ka BP，4.2ka BP，3.4ka BP，2.2ka BP，1.4ka BP 和 0.6ka BP 前后的一系列气候突变事件。在这些突变事件发生的前后，沉积物中 χ_{lf} 和黏土含量均迅速下降。而指示风沙活动强弱的粒度端元组分处于高值，表明这些突变事件前后有效湿度或季风降水快速减弱。对比分析发现这些气候事件与来自北大西洋深海沉积物中赤铁矿含量等代用指标记录到的 9 次气候突变事件中的 5 次均具有很好的对应关系（图 3.19）[254]，可能表明了季风边缘区沙地的气候突变事件与北大西洋地区发生的冷事件存在密切的遥相关关系。在这些气候突变事件中，9.2ka BP，8.2ka BP，4.2 和 0.6ka BP 前后的干湿变化幅度最大，持续时间也最长。

　　除了本书中的剖面记录到这些气候突变事件外，来自青海湖[255] 和毛乌素沙地邻近地区的山西公海沉积物[111] 也均记录到了这些气候变干事件［图 3.19（h）］。此外，位于季风区具有精确定年和高分辨率的石笋也详细地记录到这些气候事件，在此期间，如董哥洞和金佛洞石笋的 $\delta^{18}O$ 值突然迅速偏正［图 3.19（k）］[189,256]，且这种现象在季风区几乎所有的石笋记录中都一致存在。另外，同样也是具有高分辨率并被普遍认为具有夏季风指示意义的泥炭沉积中植物纤维素的 $\delta^{13}C$ 也精确记录了这些气候突变事件［图 3.19（j）］[212]。虽然这些研究所使用的代用指标环境指示意义受到强烈的质疑[169,257-260]，但是其他的一些来自东亚季风区的高分辨率记录也显示在这些时间内东亚夏季风迅速衰退[261]；如位于中部季风区的太湖附近的高春剖面，有效湿度指数 PCA-2 值在此期间迅速增高［图 3.19（i）］[262]；位于季风边缘区东北地区的呼伦湖沉积物孢粉重建的降水也显示了季风降水的急剧下降（图 3.19）[236]。

　　值得指出的是，除了来自东亚季风区的这些地质载体记录到这一序列的气候突变事件外，来自西北部西风区的其他一些湖泊、黄土-古土壤序列和泥炭等高分辨率地质载体也精确地记录到这些突变事件。如来自新疆东部巴里坤湖的沉积记录，显示在 8.2ka BP 和

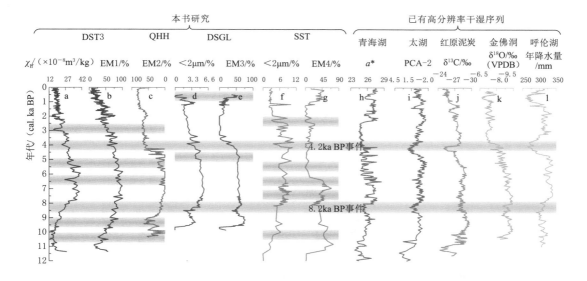

图 3.19 本书与其他地质载体记录的全新世主要气候突变事件

注：a～g 为本书数据；h 为青海湖沉积物红度[255]；i 为太湖地区高村剖面孢粉记录的有效湿度指数[262]；j 为红原泥炭植物纤维素 $\delta^{13}C$ 数据[212]；k 为金佛洞石笋 $\delta^{18}O$ 数据[256]；l 为呼伦湖孢粉数据重建的年降水量[236]。

4.2ka BP 前后流域的蒿属孢粉和藜科孢粉的比值（A/C）降到了整个全新世期间的最低值[263]，表明此时流域处于全新世以来最为干旱的时期。类似的情况也发生在新疆西部的高山湖泊赛里木湖流域[264]，由此可知，在整个西风区也普遍存在着这些突变事件。此外，来自印度季风区的青藏羌塘高原东北部的令戈错[265] 和色林错[266] 等也精确地记录到了这些突变事件，表明这一序列的突变事件并非东亚夏季风控制区所独有，而是具有半球甚至全球尺度意义的气候突变事件。

3.5.2 典型区对极端干旱事件的响应

通过对比分析发现，本书中这些气候突变事件的发生除了对地层剖面的各代用指标产生明显影响外，风水两相沉积地层往往随着突变发生，沉积环境也发生明显转变。

在青海湖湖东沙地，CGL 剖面地层岩性显示在 8.8～7.5ka BP（698cm 前后）之间出现较大的砾石；6.4～5.0ka BP（610cm 前后）岩性由砂质黏土向粉砂质黏土转换，且在 610cm 前后出现冻融褶皱；4.1～2.3ka BP（570cm 前后）期间由湖相向河流冲洪积相转换，且在 570cm 前后开始出现磨圆度较好的大砾石和水生螺壳，这些证据均表明在此期间发生了沉积间断 [图 3.20（a）]。这些沉积间断可能分别对应了 8.2ka BP、6.0ka BP 和 5.2ka BP 以及 4.2ka BP 和 2.8ka BP 的气候突变事件。根据前文的分析可知，在 610cm 之前，CGL 剖面为接收大水塘河补给的湖泊，之后可能演变为牛轭湖（湖泊的形状恰似牛轭）或小型湖泊，之后转化为河流冲洪积沉积。在 QHH 剖面中，9.2ka 前后由河漫滩相沉积向风成沉积转换。SDT 剖面在 4.2ka BP 事件前后由湖相转换到河流冲洪积沉积。最近，同样处于季风边缘区的浑善达克沙地的 BN－2016 沉积剖面也记录到了在 8.2ka BP 和 4.2ka BP 前后沉积环境的重大转变过程[267]。这些变化可能暗示了这些突变事件的发生导致了区域风水两相沉积发生了巨大的变化。

那么突变事件的发生是如何引起沉积环境的转变的呢？一方面，由于气候环境的突然干旱化，区域流水作用几乎停滞，湖沼干涸，风力作用急剧加强，而上一阶段沉积的河湖相沉积物在强烈的风蚀作用下成为风沙活动的物质基础[268-271]。因此，较细的河湖沉积物被风力侵蚀搬运，而粗颗粒和砾石则残留源地，在粒度变化上表现为急剧的变粗。CGL 剖面位于大水塘河的下游区域，在风沙活动占主导时期主要以风蚀作用为主，因此这些深度（698cm、610cm 和 570cm）附近均发现了较粗的颗粒，甚至有砾石出现。

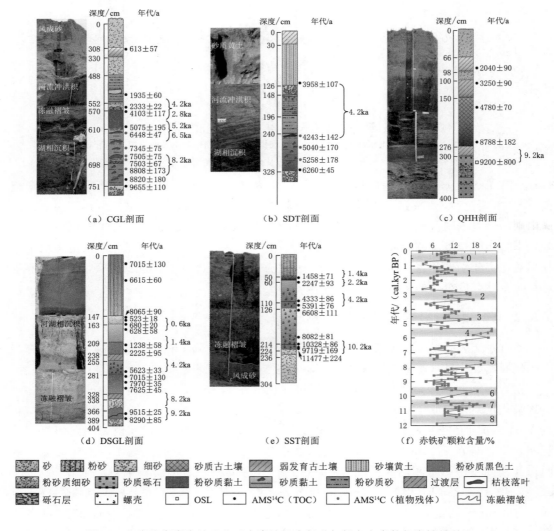

图 3.20　青海湖湖东沙地和毛乌素沙地全新世气候突变事件与岩性的对比

注：图（a）～图（c）为本书青海湖湖东沙地剖面；图（d）～图（e）为本书毛乌素沙地剖面；图（f）为北大西洋赤铁矿颗粒含量[254]及其记录的全新世 9 次气候突变事件。

另一方面，强大的风沙活动可能将疏松的砂物质不断向东推移，并在大板山西侧的各区域广泛堆积，包括大水塘河河谷、三道滩河谷等区域。由于突变事件时期整体的植被稀疏，在地表径流有恢复或季节性冰雪融水增加时，松散的沉积物就会被径流侵蚀搬运，并在河流的出山口处形成冲洪积。在 SDT 剖面处，由于该处位于山前冲积扇区域，在风力作用占主导时期，强劲的西北风或冬季风将原有的河湖相沉积物沿河道搬运至河谷内部，或者在强烈风沙活动下搬运到山坡。在径流恢复时期，缺乏植被保护的地表极易被流水侵蚀，同时又被河流冲刷至山前形成河流冲洪积沉积。因此 SDT 剖面在约仅 200 余年的时间里堆积了 1m 多厚的河流冲洪积相沉积物 [图 3.20 （b）]。已有研究显示，在干旱事件发生时期，河流冲洪积地区往往堆积了较厚的洪泛沉积物[272]，说明气候突变事件的发生可能在一定程度上导致了河流洪泛沉积物的堆积。

此外，突变事件发生时，在沙丘不断的迁移过程中，部分沙丘会在原有河道和湖盆处沉积，并阻塞河道，原有湖盆和河道为此时期的风沙堆积提供了空间[273-274]。当突变事件结束，风沙活动开始减弱，而河湖作用占主导时期，由于原有河道被沙丘阻塞，径流势必会绕开沙丘，开辟新的河道。而在此期间因风蚀作用的发生，原有河道的一部分可能在区域季风降水或积雪融水较多时期重新积水，因此 CGL 剖面在 5.0～4.2ka BP 形成了牛轭湖或其他类型的小型湖泊，并不再接受大水塘河的补给。这种风水两相沉积的转换方式在美国的西部沙漠、澳大利亚的辛普森沙漠以及撒哈拉沙漠等地均有报道[269,275-278]。此外，有研究认为，罗布泊的干涸与突变事件下风沙活动的急剧增强，导致沙丘移动占据孔雀河原有河道，迫使其改道有关[279]。类似地，在 QHH 剖面中，9.2ka BP 前后沉积相由河漫滩相向风成沉积转换的原因，也可能是 9.2ka BP 事件期间强烈的风沙活动改变了原有的河道，使得河流被迫改道。因此，这些气候突变事件的发生可能对大水塘河流域甚至整个湖东沙地的风水两相沉积交替有一定的推动作用，也就是说突变事件可能在一定程度上推动了区域风沙地貌演化的进程。

有研究表明，在干旱地区，偶发性的野火也会造成流域可利用沙物质的增加[273,280]。季风降水或冰川融水增加时，径流增强，使得流域的输沙量迅速增加，容易形成冲洪积。值得指出的是，本书在 SDT 剖面的湖相层（4.2ka BP 前后）顶部发现了炭屑 [图 3.20 （b）]，其随后形成了较厚的冲洪积，因此这些沉积物的形成在一定程度上可能也受到了野火的影响。

在毛乌素沙地，虽然 DSGL 和 SST 剖面的岩性记录不同于青海湖湖东沙地地区较多剖面记录到的沉积间断和快速堆积的特征，但在多次突变事件的前后也呈现出明显的沉积环境的变化。在 DSGL 剖面中，经历了 9.6～9.1ka BP 的沼泽环境之后，9.1～8.2ka BP 沉积了较厚的砂质河流相砂；这些砂物质一方面很有可能来自原有的下伏风成砂，在 8.2ka 事件期间强烈的风沙活动被再次激活并沉积于沼泽湿地，因而表现出与前后的沉积一样的端元组分特征。另外也有可能因强烈的风沙活动将沙丘推移至河流边，此段沉积不断被河流冲刷携带成为河流相沉积的一部分。总之，这种地貌演化特征的出现均与干旱条件下河湖过程的减弱和风沙过程的增强有很大关系。

而在 8.2ka BP 之后 DSGL 剖面又演变成为湖相沉积环境。值得指出的是，来自毛乌素沙地 14 个剖面集成的湖沼演化序列显示在 8.2ka BP 之后，毛乌素沙地的湖泊总量达到了全新世以来的最大频数[173]，其原因也极有可能是受突变事件的影响，强烈的风沙活动导致一些区域因风蚀作用形成风蚀坑，并在随后的季风降水增加时期积水成湖，即强烈的风蚀作用为湖泊的形成提供了湖盆空间[273]。也有可能是原有的部分河道成为风沙活动堆积区，阻塞了河道，使原有河道被废弃，并在随后季风降水增加时期形成了牛轭湖以及其他一些小型湖泊。在 0.6ka BP 之后这一突变事件可能与小冰期有关，快速的干旱化过程带来强烈的风沙活动，原有的河湖相、泥炭以及地层下伏的风成砂为此时期的风沙活动提供了物质基础，而原有河道成为风成砂的堆积区。类似的演变特征也出现在 SST 剖面的 60cm 前后，即 2.2ka BP 突变事件之后，SST 剖面位置成为风成砂的堆积区。

总体而言，基于这些地层剖面的分析，可以发现气候突变事件的发生可能会在很大程度上改变地表的地貌形态特征，从而改变风水两相沉积的分布格局，或加速某一类地貌景观的消失，或引起其他一些地貌景观的突然形成，也就是说气候突变事件在一定程度上推动了风沙地貌演化的进程。

第4章

近五百年干旱灾害序列的重建
及旱灾时空特征分析

干旱灾害是我国最为严重的自然灾害之一。我国历史上曾发生过多次大范围、持续多年的特大旱灾，对经济社会发展带来严重影响，甚至引起社会剧烈动荡。本书通过收集整理近五百年旱灾史料，并经过量化处理，建立近五百年以县级行政区为单元的灾害时空序列。同时，研究近五百年全国及分区域历史干旱灾害时空特征，揭示历史干旱灾害发生、发展特点及演变趋势；开展典型场次特大旱灾研究，分析重大干旱对生态环境、人类生存和社会变迁的影响，再现典型场次干旱发生、发展的动态演变过程。

在广泛收集历史旱灾史料的基础上，开展了近五百年干旱灾害序列重建、旱灾时空特征分析，以及典型历史极端干旱事件气象水文环境复原研究和典型场次特大旱灾研究等方面的工作。相关研究成果简述如下。

4.1 资料和方法

随着全球气候变暖，干旱尤其是特大干旱成为世界各国面临的严峻问题。受气候和地理条件影响，历史上，干旱和旱灾一直是影响我国经济社会持续发展的主要制约因素之一。因此，从较长时段开展区域干旱和旱灾特征及其规律研究，对于科学制定抗旱减灾规划和政策，具有重要意义。

关于区域干旱和旱灾特征规律的研究是建立在区域干旱灾害序列重建的基础上进行的。由于我国实测的旱情监测资料序列始于20世纪50年代，历史文献大多是关于旱灾的记载。考虑我国自古以农立国，干旱对农业的影响最为显著，因此，历史文献中记载的有关农业受灾的情况，大体上也是当时干旱情况的反映。

4.1.1 史料收集与整理

本书依据的主要史料包括明清方志、明清实录、清宫档案[281]、明清正史、民国剪报，同时参考了《中国三千年气象记录总集》[126]《中国近五百年旱涝分布图集》[121]《中国西北地区近五百年旱涝分布图集 1470—2008》《近代中国灾荒纪年续编》等资料。

4.1.2 史料量化方法

目前关于干旱和旱灾史料处理的方法，大致可以归结为点和面两种方法。点的研究方法，通常以水文站点或气象站点的观测资料为基础，将干旱划分为 4 级，统计分析区域干旱的空间特征以及演变趋势和规律；面的研究方法，即历史气候研究中经常采用的旱涝等级法，《中国近五百年旱涝分布图集》[121] 将全国划分为 120 个站点，每个站点分为 5 个等级，分别为大涝、涝、正常、旱、大旱，用来统计分析大尺度范围的旱涝空间分布特征和演变趋势。显然，点的研究方法精度较高，但同时对资料的要求也很高。由于我国大多数水文站点和气象站点是在 20 世纪后半叶才开始建立的，因此资料序列一般较短。面的研究方法虽然序列较长，但空间分辨率相对较低，通常适用于大区域或全国性的旱涝分布变化特征的分析，对中小尺度范围的旱涝分析则受诸多局限。鉴于此，本书在大尺度的全国和大区域时空特征分析上，主要以《中国近五百年旱涝分布图集》为基础进行分析。对于典型历史极端干旱事件气象水文环境复原研究，以及典型场次特大旱灾研究，则基于长时序的历史灾害资料，以县级行政区为基本分析单元，对近五百年的旱灾史料进行量化处理，包括史料量化和样本同一性处理[282]。

（1）关于史料量化。历史文献中关于旱灾的记载包括旱情和灾情两个方面，且多是定性描述。其中旱情记载大体包括受旱时间、降水状况和水文状况三个方面；灾情记载大体包括农业受灾状况、灾民生活状况、灾害经济损失以及灾害对环境影响等。此外，政府赈济或蠲免措施一定程度上反映了灾情的严重程度，也可作为对灾情严重程度的补充。鉴于文献记载中的旱情和灾情的各种要素可能不全，但同时考虑不同要素互补的实际，仍可以根据某一要素或多个要素对灾害进行定级，具体分为 4 个等级：特大旱灾、大旱灾、中等旱灾和小旱灾，并分别赋值为 4、3、2 和 1。

（2）样本同一性处理包括地名处理和年度旱灾等级处理。本书以山西省为例，对选取的典型历史极端干旱开展研究。由于本书时间跨度大，不同时期县级行政区存在变化。基于县级行政区稳定性的考虑，选择其中较为稳定的 108 个县级行政区作为参照对象，将不同时期的县级行政区与这 108 个参照对象进行对照，从而得到山西省 108 个县级行政区历年的旱灾量化年表（表 4.1～表 4.3）。

表 4.1　　　　　　　　　　　　县级行政区旱灾史料量化处理表（旱情）

等　级	赋值	旱　情　描　述		
		受旱时间	降水状况	水文状况
小旱灾	1	单季旱；春夏旱	降水偏少；降水稀少；连续两个月降水偏少 30% 以下	较小河流断流、枯竭
中等旱灾	2	夏秋旱；春夏秋旱	夏秋连续 3 个月不雨；夏秋连续两个月降水偏少 30%～80%	较大河流断流、枯竭；井泉枯涸；机井水位急剧下降；地下水位下降
大旱灾	3	跨年度长达一年以上的旱	春夏秋连续 6 个月不雨；夏秋连续两个月降水偏少 80% 以上	主要河流如汾河、漳河等断流、枯竭；主要湖泊、岩溶干涸；如解池旱涸，盐花不生；夏秋季节河清大中型水库蓄水大量减少；地下水位急剧下降
特大旱灾	4	连续多年旱	连续一年以上无有效降雨	几乎所有大小河流断流、干涸；多数大中型水库基本无蓄水

表 4.2　　　　　　　　　　　**县级行政区旱灾史料量化处理表（灾情）**

等级	赋值	农 业 灾 情	灾民生活情况		
			饥荒状况	灾民流移与死亡情况	人畜饮水困难情况
小旱灾	1	夏收或秋收减产40%以下；收成歉薄；实属薄收；粮食减产1万t以下；受灾面积80万亩以下	旱饥；民饥		部分村镇人畜饮水困难
中等旱灾	2	夏秋收分别减产50%～80%；夏无收，秋禾偏灾、秋禾荒歉；夏麦偏灾，秋无禾；受灾面积80万～150万亩；成灾面积50万～100万亩；粮食减产1万～5万t	民饥逃亡；粮价昂贵	天旱民饥，流移他境；民饥，有饿死者	境内大多村镇人畜饮水困难（10万～30万人）
大旱灾	3	夏无麦，秋无禾；颗粒无收；夏秋减产分别在80%以上；麦谷焦枯；二麦槁死、黍谷不生；受灾面积150万亩以上；成灾面积100万亩以上；粮食减产5万～10万t	人食草根、树皮、榆屑	卖儿鬻女；天旱民饥，流移载道	生活用水发生严重危机；30万～50万人以上人口饮水困难
特大旱灾	4	粮食减产10万t以上	十室九空；饿殍遍野；道殣相望；人相食	大规模的人口流离与死亡	50万人以上人口饮水困难

表 4.3　　　　　　　　　　**县级行政区旱灾史料量化处理表（灾情）（续）**

等级	赋值	经 济 损 失	政府响应	灾害对环境影响	
				自然生态环境	社会生存环境
小旱灾	1	经济损失1亿元以下	租税蠲缓；免夏税或免秋税1/10～4/10		
中等旱灾	2	部分工矿企业停产或半停产；部分人畜外迁；绝对经济损失1亿～5亿元	开仓赈济		旱蝗；局部瘟疫
大旱灾	3	大多工矿企业停产；学校停课；绝对经济损失5亿～10亿元	夏秋租税俱免征在4/10以上	田地龟裂	民间暴乱；土贼窃发；瘟疫流行
特大旱灾	4	绝对经济损失10亿元以上	超出一省以上范围的大规模赈济益蜀免	赤地千里；野绝青草；山川草木无复寸皮	大规模的瘟疫，死人很多

4.2　近五百年干旱灾害序列的重建

本部分主要是建立全国和六大区域（东北、华北、华东、中南、西南、西北）1470—1948 年近五百年的干旱灾害序列。根据上述分析，对于空间范围较大的区域，《中国近五百年旱涝分布图集》中 120 个站点的旱涝等级资料仍是目前较好的一套分析资料。因此，本书以该资料为基础，同时参考近年来的相关研究成果[283-285]，补充青海、甘肃、宁夏、陕西 4 省（自治区）的 7 个站点序列资料，作为近五百年干旱灾害序列重建的基础数据。

4.2.1　干旱灾害序列重建方法

近五百年（1470—1948 年）全国和大区域尺度干旱灾害序列的重建主要依据《中国近五百年旱涝分布图集》。该资料将全国划分为 120 个站点，每个站点代表的范围大约相当于现代 2～3 个地市级行政区划的范围。旱涝等级分为 5 级，即 1 级为大涝、2 级为涝、3 级为正常、4 级为旱、5 级为大旱。其中，4 级是指单季、单月成灾较轻的旱，或局地旱，如"春旱"、某月"旱"等；5 级指持续数月干旱或跨年度大范围严重干旱，如"春夏旱，赤地千里，人食草根树皮""湖广大旱，饿殍载道""夏亢旱，大饥"等。

假定全国 120 个站点代表的地区范围大体上是相同的，以干旱指数反映历年干旱的严重程度，则该地区历年干旱指数可以用下式计算得出：

$$P_{旱} = \frac{C_i}{C_{max}} w_1 + \frac{Z_i}{Z_{max}} w_2 \tag{4.1}$$

式中：C_i、C_{max} 分别为第 i 年和最大干旱指数值；Z_i、Z_{max} 分别为第 i 年和最大重旱指数值；w_1、w_2 分别为干旱和重旱的权重，w_1 取为 0.4，w_2 取为 0.6；$P_{旱}$ 值的变化范围为 0～1.00。

根据式（4.1）计算得出各个站点的干旱指数。这是分析更高一层区域干旱指数的基础数据。对于某一省份，其干旱指数是该省各个站点干旱指数值的累加值。对于某一区域，其干旱指数是该区域各个站点干旱指数值的累加值。

4.2.2　近五百年全国干旱灾害序列

根据上述方法，全国范围干旱最严重的 10 个年份为 1528 年、1640 年、1641 年、1785 年、1835 年、1877 年、1900 年、1928 年、1929 年、1936 年，如图 4.1 所示。

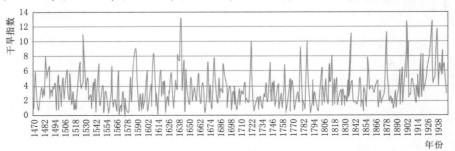

图 4.1　全国近五百年历年干旱等级序列图

全国六大区域（东北、华北、华东、中南、西南、西北）最严重的 10 个干旱年份简表见表 4.4，历年干旱指数值如图 4.2 所示。

表 4.4 全国六大区域最严重的 10 个干旱年份简表

名称	15 世纪	16 世纪	17 世纪	18 世纪	19 世纪	20 世纪	备注
东北		1528 年	1640 年、1641 年	1721 年	1835 年、1877 年、1900 年	1928 年、1929 年、1936 年	
华北	1472 年	1560 年	1615 年、1640 年、1641 年	1743 年	1877 年、1900 年	1902 年、1920 年	
华东	1487 年	1588 年、1589 年	1640 年、1641 年、1671 年、1679 年	1721 年、1785 年	1856 年		
中南		1528 年、1544 年	1681 年	1778 年	1835 年、1865 年	1902 年、1906 年、1928 年、1929 年、1934 年	1928 年和 1929 年数值相同
西南			1648 年、1649 年、1684 年	1778 年	1814 年、1855 年、1884 年	1936 年、1937 年、1939 年、1940 年	1649 年、1855 年、1939 年数值相同
西北		1586 年	1640 年	1759 年	1877 年、1878 年、1900 年	1927 年、1928 年、1929 年、1930 年	

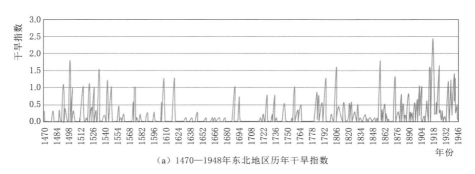

（a）1470—1948年东北地区历年干旱指数

图 4.2（一） 全国六大区域近五百年干旱灾害等级序列

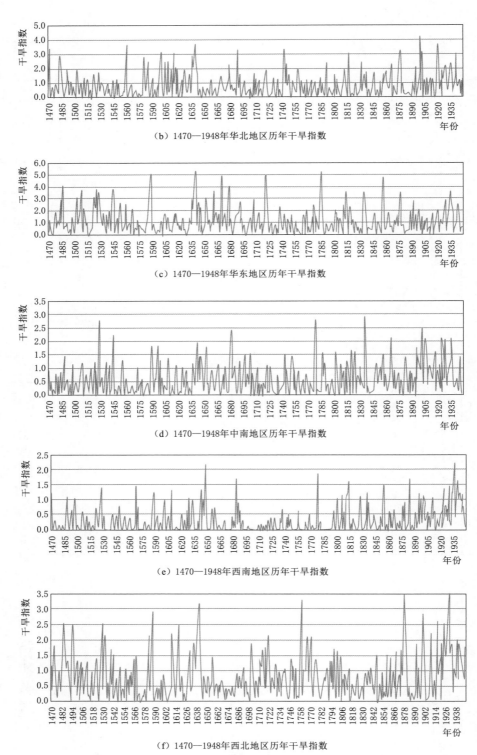

（b）1470—1948年华北地区历年干旱指数

（c）1470—1948年华东地区历年干旱指数

（d）1470—1948年中南地区历年干旱指数

（e）1470—1948年西南地区历年干旱指数

（f）1470—1948年西北地区历年干旱指数

图 4.2（二）　全国六大区域近五百年干旱灾害等级序列

对全国严重干旱年份的基本情况简述如下。

1528 年全国大旱，华北、西北、中南、西南尤甚。山西大旱，蝗虫啃禾稼为赤地，二麦无收，斗米百余，饿殍枕藉，民不聊生；陕西大旱，自五月至九月不雨，斗米千钱，人相食，饿死无数；山东大旱，苗尽槁，加之伴有蝗灾，尽伤禾稼；河南斗米过百钱，民饥死者大半，多地发生人相食；湖北大旱，河竭，民多乏食，部分地方出现人相食；广东川涂皆竭，民废耕褥，斗米至八十钱，人有饥色；四川夏秋大旱，大无禾粟，斗米五钱，草根树皮取食殆尽，饥死流亡十之七。

1640 年受旱面积广、旱情严重，全国绝大部分地区大旱，包括北京、河北、山西、陕西、甘肃、山东、江苏、浙江、安徽、江西、河南、湖北、湖南等地。山西"自去年八月不雨，秋无禾，汾、浍、漳河及伍姓湖俱竭，人相食"；河南全境旱蝗，"春旱至十一月无雨，野绝青草，雁粪充饥，骨肉相食，死者相续，十室九空"；宁夏、陕西"落蝗如埠，大饥人死八九"；山东全境极旱，"道馑相望，盗贼蜂起，人相食"。

1641 年，河北、山西、陕西、山东、上海、江苏、浙江、安徽、江西、河南、湖北、湖南等地大旱，出现赤地千里、井泉涸竭、飞蝗蔽天、瘟疫大作、米贵如珠、草木食尽、骨肉相食、死者枕藉的现象。河北诸县"大旱，民饥""旱蝗，大疫""人相食"；河南连岁大旱，是岁春旱饥，有骨肉相食者，死者甚众；山东夏大旱，大疫，秋蝗；山西连旱五年，是岁除晋东南先旱后潦，余均持续大旱和特旱。陕西大旱，草木食尽，人相食；安徽全省旱蝗，大饥疫；湖广旱，赤地千里。

1785 年全国大旱以华东、中南为主。湖北省全省旱灾，东半部尤甚，红安一带死者堆积如山，人们只能掘大坑掩埋，称作万人坑；安徽省全省大旱，同时发生蝗灾；江苏省全省大旱，部分地区出现蝗灾和瘟疫，各地"河流断绝，田禾尽枯，粮产绝收，民大饥，饿死者众"；山东省自 1784 年至 1786 年连续三年旱灾，以 1785 年最为严重，许多地方田地无收，百姓大饥，乃至出现"父子相食"的惨况。浙江旱区主要位于北部，据记载，杭州入梅以前久未下雨，以致"西湖涸竭"。

1877 年旱区主要分布在华北、西北、华东和西南四个大区。该年是南北方大面积干旱而以北方为最严重的干旱年份。山西入春后，雨泽愆期，自夏徂秋，天干地燥，赤地千里，禾苗枯槁，受灾八十二州县，饥民达五百余万，饿殍盈途，晋中二十五个州县均有人相食记载，为百年未有之奇灾；河南全省特大旱年，春久旱荒，夏秋又大旱无禾，三季未收，秋冬大饥，受灾八十余州县，饥民五六百万人，草根树皮剥掘殆尽，新安、修武、获嘉、辉县、新乡、林县、武陟、郑州、汝南等地均有"人相食"记载；北京夏旱蝗；天津被旱歉收三分；河北武安春夏亢旱，滦县、唐县、获鹿等地夏大旱，无极等地夏秋亢旱，新乐等地秋冬大饥，全省各季都有旱情，不少州县禾稼俱伤，秋禾不登，大旱无禾，井径、元氏、定县有人相食的记载；山东中西部大面积干旱，临朐、德平、济宁春旱，邹县、郓城春夏旱，冠县、莘县秋旱，寿张等地夏秋旱，旱无麦，秋歉收，饥。内蒙古包头春夏旱，伊盟夏秋旱，乌盟、巴盟旱情较重，禾苗枯黄，鄂尔多斯受灾，清水河全县无收。西北陕、甘、宁大部，青海东部旱情较重，甘肃临泽四月旱，灵台夏六月旱，夏麦、秋禾歉收；陕西全省极旱，咸阳等地历冬经春及夏不雨，赤地千里，民失种，大饥，人相食，灾情为百年未有。西南的云南、四川灾情也较严重，四川众多州县夏秋大旱，赤地千里，道殣相望，饥死者沿街塞路；云南上年雨泽稀少，入春后久不得雨，豆麦歉收。该年苏、皖、鄂、湘部分地区亦出现旱情。

1900 年全国除西南和华东、东北部分地区外，大部分地区发生干旱和严重干旱；重旱区在陕西、山西、河北南部等地。陕西大旱，赤地千里，饿殍载道，出现人相食之惨状；山西自春至秋持续干旱，兼有被雹、被霜、被砸之处，成灾厅州县多达六十余处；直隶（今河北省）南部地区春、夏、秋三季亢旱，另有部分州县被水，兼有被雹、被虫之处；山东部分州县被旱，蒙阴、莒县、绎县"自二月至五月不雨"。

1928 年，华北、西北、西南和中南等地区因旱成灾，其中以内蒙古、山西、陕西、宁夏、甘肃、河南、湖北、湖南等省级行政区的灾情最重，并连成一片纵贯南北。

1929 年与 1928 年的干旱基本类似，只是中南地区的旱情缓解，而在华东地区的安徽、江苏、浙江形成一个新的旱灾中心。连续两年的大旱，使得各地河水断流，塘湖干涸，井泉涸竭，田地龟裂，老百姓大饥，人们死的死、逃的逃，凄凉万分。据不完全统计，这次旱灾累计饿死 300 万人，灾民 1.2 亿，灾民占当时中国总人口的 30%。

1936 年旱区主要分布在华北和华东地区，东北、西北、华南、西南的部分地区也出现旱情。在华北地区，北京昌平、通县春旱，夏伏旱；天津春亢旱；河北东部多夏旱，滦县、遵化为春夏旱，冀中南为春秋旱，棉花落桃，夏秋粮歉收；河南西部三伏无雨，棉禾枯槁，麦未安种，豫北夏秋旱，秋谷不登，豫东、豫南秋旱，全省灾民九百余万人；胶东和鲁东南出现旱象。在华东区，苏、浙、皖、鄂大部和赣北旱情较重，浙江杭州五月至七月三个月不雨；湖北入秋后三月未雨，晚禾干枯，旱灾弥重。东北区吉林白城地区少雨，旱；辽宁西部朝阳、铁岭等地春夏旱，旱情较重。西北区甘肃河西走廊东段干旱伤禾，麦歉收；陕西全省干旱，春亢旱四十余日，麦薄收，秋冬无雨，豆麦多未种。华南区的闽北、粤南、桂南和海南部分地区出现旱情，广西玉林夏大水，秋大旱。西南区的川南涪陵、西昌等地春夏旱，万县、荣昌、合川旱灾之重为数十年所未有；贵州全省旱，部分地区夏旱，部分地区夏秋旱，灾情重，秋收十之二三。

4.3　近五百年干旱时空特征分析

历史文献中，多记"异"少记"常"，因此历史资料在时间上往往呈现不连续的情况，甚至出现不同文献记载相互矛盾的情况。在众多的历史文献资料中，清代故宫档案旱灾资料记录了 17 世纪中期至 20 世纪初全国范围的旱灾情况，系官方的历史灾害记录。其资料来源主要包括两部分：一是目前已经整理出版的清代综合性档案资料，包括《宫中档康熙朝奏折》《康熙朝汉文朱批奏折汇编》《康熙朝满文朱批奏折全译》《宫中档雍正朝奏折》《雍正朝满文朱批奏折全译》等；二是中国水利水电科学研究院根据该单位收藏的清宫档案水利资料[286-287]，从中挑选整理出有关干旱的档案资料。这些档案记载的时间为 1662 年（康熙元年）至 1911 年（宣统三年），共计 2494 件[118]，档案具有记录一致性强、连续性长、可靠性高的特点。利用这一批资料分析全国尺度干旱的时空特征，更具典型性和代表性。本部分主要利用这一档案文献资料对清代全国尺度的干旱时空特征进行分析。

4.3.1 旱灾时空分布规律分析

图 4.3 展示的是清代 1689—1911 年 223 年间全国旱灾的空间分布情况。旱灾主要分布的区域为西北地区的甘肃、宁夏，黄淮海地区的山东、河北、河南、天津，以及长江中下游地区的安徽、江苏、湖北、浙江和江西。

1689—1911 年各县发生旱灾次数最多的是 53 次，从覆盖范围来看，长江中下游地区是旱灾涉及面积最大且受旱次数最多的地区。

图 4.4 给出了 1689—1911 年 223 年间全国发生春旱、夏旱、秋旱和冬旱的统计情况，各县发生春旱的频次范围是 0～25 次，夏旱的范围是 0～46 次，秋旱的范围是 0～30 次，冬旱 0～4 次。从发生的频次来看，夏旱是我国主要的旱灾类型，占旱灾总数的 54%；秋旱次之，占到 23%；春旱略少，占到 20%；冬旱最少，为 3% 左右。

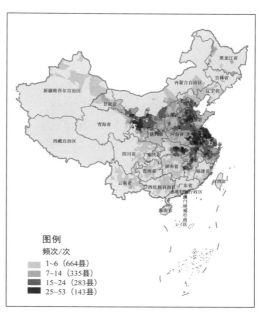

图 4.3　1689—1911 年旱灾频次分布图

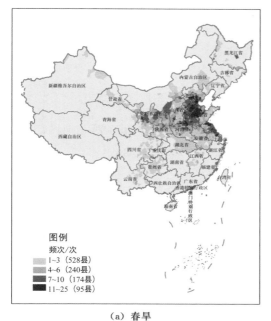

（a）春旱

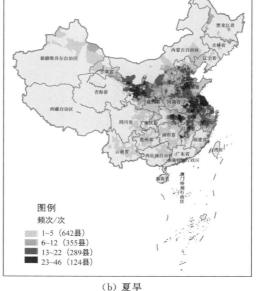

（b）夏旱

图 4.4 （一）　1689—1911 年季节旱灾频次分布图

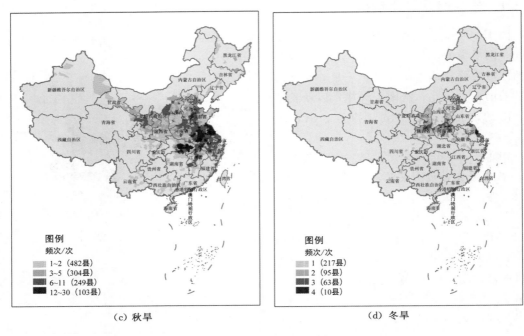

（c）秋旱　　　　　　　　　　　　　　　（d）冬旱

图 4.4（二）　1689—1911 年季节旱灾频次分布图

从各季节旱灾的空间分布来看，春旱比较集中的地区是黄淮海地区；夏旱比较严重的地区是西北地区和长江中下游地区，黄淮海次之；秋旱比较严重的是长江中下游地区；冬旱主要分布在黄淮海和西北局部地区。

4.3.2　清代分时段旱灾规律分析

1. 第一阶段（1689—1761 年）旱灾分布规律

如图 4.5 所示，第一阶段为 1689—1761 年，旱灾主要集中分布在西北地区的甘肃、内蒙古和陕西，黄淮海地区的河北、北京和天津，以及台湾的局部地区；东北、华南、西南、长江中下游地区发生的次数较少。各县最多发生旱灾的次数为 11 次。

1689—1761 年，各县春旱发生了 0～8 次，夏旱 0～10 次，秋旱 0～8 次，未发生冬旱。夏旱比重最大，占 49%，春旱 31%，秋旱 20%。春旱的主要分布范围集中在黄淮海平原的河北、北京和天津，西北地区的甘肃和宁夏；夏旱主要分布在西北地区的甘肃和宁夏，其他地区如北京、天津、河北、山东和江苏略轻于西北地区；秋旱主要集中在西北地区的陕西、黄淮海地区的山西和河北。

2. 第二阶段（1762—1811 年）旱灾分布规律

图 4.6 给出了 1762—1811 年全国各县发生旱灾的空间分布情况。旱灾主要集中在西北地区的甘肃和内蒙古地区，长江中下游的江苏和安徽，以及湖北的局部地区，其他地区各县发生旱灾的次数较少。各县最多发生旱灾的次数为 18 次。

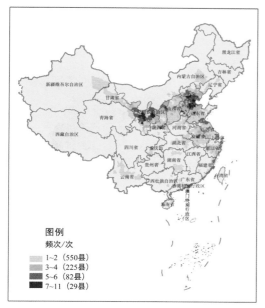
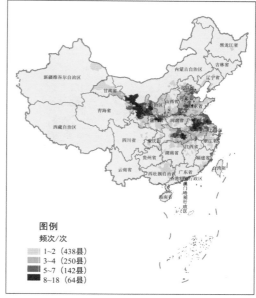

图 4.5　1689—1761 年旱灾频次分布图　　　图 4.6　1762—1811 年旱灾频次分布图

1762—1811 年，各县春旱发生了 0～5 次，夏旱 0～18 次，秋旱 0～3 次，未发生冬旱。夏旱比重最大，占 63%，春旱 25%，秋旱 13%。春旱的主要分布范围集中在黄淮海平原的河北、北京、天津、山东和河南；夏旱主要分布在西北地区的甘肃；秋旱主要集中在长江中下游地区的湖北、安徽和江苏。

3. 第三阶段（1812—1861 年）旱灾分布规律

图 4.7 给出了 1812—1861 年全国各县旱灾的空间分布情况。旱灾主要集中在西北地区的甘肃和宁夏地区，黄淮海地区的山东、河北和河南以及长江中下游的江苏、安徽和浙江的局部，其他地区发生旱灾的次数相对较少，比较分散。各县最多发生旱灾的次数为 21 次。

1812—1861 年，各县春旱发生了 0～10 次，夏旱 0～19 次，秋旱 0～10 次，冬旱少于 1 次。夏旱比重最大，占 64%，秋旱 23%，春旱 13%。春旱的主要分布范围集中在黄淮海平原的山东和河北；夏旱主要分布在西北地区的甘肃和宁夏，黄淮海地区的山东、河北和河南，以及长江中下游地区的江苏、安徽和浙江；秋旱主要集中长江中下游地区的江苏和安徽，其他地区如西北地区的甘肃和宁夏，黄淮海地区的山东和河南受灾情况略轻于长江中下游地区；冬旱主要发生在黄淮海中下游地区的河北、北京和天津。

4. 第四阶段（1862—1911 年）旱灾分布规律

图 4.8 给出了 1862—1911 年全国各县发生旱灾的空间分布情况。旱灾主要集中在长江中下游的安徽、江苏、江西、湖北和浙江，黄淮海地区的山东和河南地区发生灾害的次数也较高，其他地区相对较少。各县最多发生旱灾的次数为 27 次。

113

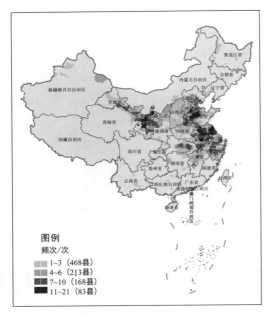

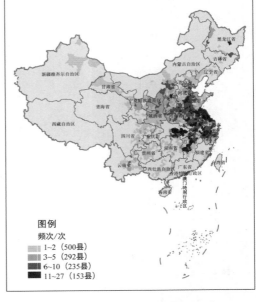

图 4.7　1812—1861 年旱灾频次分布图　　　　图 4.8　1862—1911 年旱灾频次分布图

1862—1911 年，各县春旱发生了 0～8 次，夏旱 0～24 次，秋旱 0～19 次，冬旱 0～4 次。夏旱比重最大，占 46%，秋旱 28%，春旱 20%，冬旱 6%。春旱的主要分布范围集中在黄淮海平原的山东，黄淮海地区的江苏，以及东北地区的黑龙江局部，其他地区受灾次数较少；夏旱主要分布在长江中下游的江苏、安徽、江西和浙江，以及黄淮海地区的山东；秋旱主要集中在长江中下游地区的安徽、江苏、湖北和江西；冬旱主要集中在西北地区的陕西、黄淮海地区的河南和长江中下游地区的江苏。

清代是我国旱灾资料相对翔实的阶段，通过分析清代各县旱灾的时空分布特点，得到的主要结论如下：

（1）该阶段曾发生过 8 次涉灾范围超过 300 个县的年度灾害。

（2）该阶段旱灾主要分布在西北地区的甘肃、宁夏，黄淮海地区的山东、河北、河南、天津，以及长江中下游地区的安徽、江苏、湖北、浙江和江西。

（3）从该阶段发生旱灾的类型比例来看，主要是以夏旱为主，占比为 50% 左右，秋旱 23%，略高于春旱的 20%，冬旱最少。

（4）清代旱灾时空分布特点：1689—1761 年旱灾主要集中在西北地区和黄淮海地区；1762—1811 年旱灾主要集中在西北和长江中下游地区；1812—1861 年旱灾主要集中在西北、黄淮海和长江中下游地区；1862—1911 年旱灾主要集中在长江和黄淮海地区。旱灾的重心由北向南转移。

（5）从分阶段的旱灾类型来看，夏旱是主要类型，春旱和秋旱在不同阶段的规律各不相同，1689—1761 年和 1762—1811 年春旱比例高于秋旱，1812—1861 年和 1862—1911 年秋旱高于春旱，说明随着时间推移，秋旱逐渐成为仅次于夏旱的典型季节旱灾；1812—1861 年和 1862—1911 年这两个阶段出现了冬旱。

4.4 典型历史极端干旱事件气象水文环境复原研究

本部分以山西省为例，基于清宫雨雪分寸档案、现代实测土壤水分、气象水文及土壤植被等数据资料，根据改进的 Green – Ampt 入渗模型原理、计算公式及模型适用性分析，研发了基于雨雪分寸档案的历史典型场次干旱事件降水重建技术。依据大尺度陆面水文模型 VIC 模型，构建陆面水文模拟框架。以重建的降水序列为输入，研发了基于 VIC 模型的历史典型场次干旱事件径流和土壤水重建技术，力图较客观地复原其气象水文环境。

4.4.1 数据来源与分析方法

主要数据来源包括四部分：清宫雨雪分寸档案，现代实测土壤水分、气象水文及土壤植被等数据资料。

1. 清宫雨雪分寸档案

在传统农业社会，雨水丰歉直接关系到当年农业收成，清代统治者十分重视气象变化，为及时了解农事，每逢雨雪天气，要求各地方官员以官方奏报形式向皇帝汇报所辖区域内雨水入土深度和积雪厚度及起止日期，因以清代的"寸"与"分"作为计量单位，被称为"雨雪分寸"[288]。雨雪分寸被认为是一种直观的降水观测记录。因雨和雪两者形态的区别，观测方法有所不同，其中"雨分寸"是在发生一次降雨过程之后，选择一块地势较为平坦的农田向下掘土，当看到有明显的干湿交界层时停止，测量此时的干湿交界层与地面的距离即为雨分寸；而"雪分寸"是直接测量发生一次降雪过程后的积雪厚度，与现代气象观测中的测量方式相同。图 4.9 为清光绪元年山西省雨雪分寸记录原本及手抄本照片。

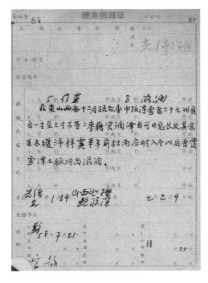

图 4.9 清光绪元年山西省雨雪分寸记录原本及手抄本照片

清宫档案雨雪分寸资料最早于 1955 年由朱更翎在整理清宫档案时发现，其储量丰富且未经开发利用，是非常宝贵的水利史料。在水利建设、水利史研究以及历史旱涝资料重建等方面有重要的研究价值，填补了历史水文、气象等观测数据的短缺。从 1956 年 9 月到 1958 年 10 月，相关研究人员历经 2 年时间对资料进行筛选、抄录、复核等，整理出从清乾隆元年至宣统三年（1736—1911 年）的雨雪分寸资料，其中照片 14 万张、抄录 2.6 万余件。清宫档案的水利资料数据量庞大且利用价值较高，多家单位前来咨询、复印、抄录等，其中包括长江流域规划办公室、中国科学院文学研究所、黄河水利委员会、中央气象局研究所以及北京大学地球物理系等。资料在流域规划、历史旱涝、气象等领域得到了应用。

依据研究目的，本书仅收集了清宫档案雨雪分寸资料 65 份，其中雨、雪分寸记录共计 4522 条。数据包含了光绪元年至五年（1875—1879 年）山西省各州府按月上报的 109 个县每次降水的雨雪分寸记录，数据来源于中国水利水电科学研究院水利史研究所。表 4.5 为清光绪初年山西省行政区划。

表 4.5　　　　　　　　　　　　　　清光绪初年山西省行政区划

州府（府治）	下辖县、散州、厅
太原府（阳曲）	阳曲、太原、榆次、太谷、祁县、徐沟、交城、文水、岢岚、岚县、兴县
汾州府（汾阳）	汾阳、平遥、介休、宁乡、孝义、临县、石楼、永宁（散州）
宁武府（宁武）	宁武、神池、五寨、偏关
平阳府（临汾）	临汾、乡宁、襄陵、浮山、太平、洪洞、岳阳、曲沃、翼城、汾西、吉州（散州）
潞安府（长治）	长治、长子、屯留、襄垣、潞城、黎城、壶关
大同府（大同）	大同、怀仁、山阴、阳高、天镇、灵丘、广灵、应州（散州）、浑源（散州）、丰镇厅（散厅）
朔平府（右玉）	右玉、左云、平鲁、朔州（散州）、宁远厅
蒲州府（永济）	永济、临晋、虞乡、猗氏、万泉、荣河
泽州府（凤台）	凤台、高平、阳城、陵川、沁水
辽州直隶州（辽州）	辽州、榆社、和顺
沁州直隶州（沁州）	沁州、沁源、武乡
平定直隶州（平定）	平定、寿阳、盂县
解州直隶州（解州）	解州、安邑、夏县、平陆、芮城
隰州直隶州（隰州）	隰州、大宁、永和、蒲县
霍州直隶州（霍州）	霍州、灵石、赵城
绛州直隶州（绛州）	绛州、闻喜、河津、稷山、垣曲、绛县
忻州直隶州（忻州）	忻州、静乐、定襄
代州直隶州（代州）	代州、繁峙、五台、崞县

州府（府治）	下辖县、散州、厅
保德直隶州（保德）	保德、河曲
直隶厅	绥远城直隶厅、归化城直隶厅、托克托直隶厅、和林格尔直隶厅、 清水河直隶厅、萨拉齐直隶厅

注 以清光绪元年（1875 年）为准，山西省领 9 府、10 直隶州、6 直隶厅。

本次收集整理的雨雪分寸记录为光绪元年至五年（1875—1879 年）山西省总督、巡抚、布政使等高级官员按月整理汇总的各州县逐次降水记录清单，详细记载各府所属县逐次降水的时间、降雪的厚度或降雨土壤在农田的入渗深度，以寸为单位记录（1 寸 = 3.33cm）。

表 4.6 为光绪元年十月初七（1875 年 11 月 4 日）山西巡抚鲍源深上奏的《光绪元年八月份所属各州县报到得雨日期寸数开缮清单》，清单记载了山西省 7 府 8 直隶州共 56 州县八月份的降雨情况。清单详细记载了山西府属各州县逐次降雨的日期、降雨在农田的入渗深度（即雨分寸），定量化程度高，记载翔实。

表 4.6   **山西省雨分寸档案记载示例**

上奏人：山西巡抚鲍源深 日期：光绪元年十月初七（1875 年 11 月 4 日）省份：山西
《光绪元年八月份所属各州县报到得雨日期寸数开缮清单》

太原府属：
  阳曲县八月初五至初六日得雨二寸，十二至十四日得雨三寸，二十三日得雨一寸；
  太原县八月初一至初二日得雨二寸；
  榆次县八月初六日得雨三寸，十二至十三日得雨四寸；
  太谷县八月十三日得雨三寸；
  徐沟县八月十二至十三日得雨四寸……
平阳府属：
  临汾县八月初六日得雨二寸，十二至十四日得雨四寸，二十三日得雨三寸；
  襄陵县八月十二至十四日得雨三寸，二十三日得雨二寸；
  洪洞县八月十三至十四日得雨深透；
  太平县八月十三至十四日得雨二寸；
  曲沃县八月初六日得雨二寸，十三至十四日得雨四寸；
  翼城县八月初六至初七日得雨二寸……

注 该奏折详细记载了山西省 7 府 8 直隶州共 56 州县的雨雪分寸记录，考虑篇幅有所省略。

表 4.7 为光绪元年三月初十（1875 年 4 月 15 日）山西巡抚鲍源深上奏的《光绪元年正月份所属各州县报到得雪日期寸数开缮清单》，清单记载了山西省 8 府 9 直隶州共 58 州县的降雪情况。清单详细记载了山西府属各州县逐次降雪的日期、降雪在农田的堆积厚度（即雪分寸）。

由雨雪分寸记录示例可知，清宫雨雪分寸档案具有记录时间准确可靠、地理位置确定、雨雪分寸记录量化程度高的特点。从雨雪分寸的奏报来源、统治者的关注度、内容的合理性以及奏报事件对比分析等方面证实了雨雪分寸的可靠性。整理发现，雨分寸档案中的定量记录比例为 94%，定性记录约为 6%；雪分寸均为定量记录。雨雪分寸的资料特点为历史典型场次干旱事件降水量的定量重建工作提供了便利。

表 4.7　　　　　　　　　　　　山西省雪分寸档案记载示例

上奏人：山西巡抚鲍源深日期：光绪元年三月初十（1875 年 4 月 15 日）省份：山西
《光绪元年正月份所属各州县报到得雪日期寸数开缮清单》

太原府属：

　阳曲县正月十三至十四日得雪二寸；

　太原县正月初四日得雪一寸，十三日得雪一寸；

　榆次县正月初四日得雪二寸；

　太谷县正月初四日得雪二寸，十三日得雪二寸；

　徐沟县正月初四日得雪二寸，十三日得雪三寸；

　文城县正月初四日得雪一寸，十三日得雪二寸；

　文水县正月初四日得雪二寸，十三日得雪二寸；

　祁县正月十五日得雪一寸……

平阳府属：

　临汾县正月初四日得雪一寸；

　浮山县正月初三至初四日得雪一寸；

　太平县正月十二至十三日得雪二寸；

　岳阳县正月十九日得雪二寸；

　曲沃县正月十三日得雪二寸；

　冀城县正月十三日得雪一寸；

　宁乡县正月二十三日得雪一寸……

注　该奏折详细记载了山西省 8 府 9 直隶州共 58 州县的雨雪分寸记录，考虑篇幅有所省略。

　　清宫雨雪分寸档案所记载的时间为我国传统历法农历，为便于数据处理与分析，将每次降水记录的时间转化成公元纪年法。雨雪档案中定量记录的降水过程，直接统计该次降水的雨、雪分寸数。对少量以"深透"为定性描述的降水过程，据雨量状况折算成雨雪分寸数，折算为 7 寸，按月份将每次降水记录的雨雪分寸累加，得到各县逐月的总雨雪分寸数。同时考虑清代与现代山西行政区划的差异，以山西省公元 2010 年的行政区划为准，整理出 95 个县区 1875—1879 年逐月的雨雪分寸数据集。

　　2. 土壤含水量

　　土壤含水量的观测资料来源于中国气象局国家农业气象监测站点，资料包括山西省 14 个主要观测站（表 4.8）1994—2012 年逐旬的土壤含水量数据。土壤含水量的观测一般选在农田；每月的 8 日，18 日及 28 日取土观测，如遇观测时下雨或灌水，则延后 2～3 天观测；资料的内容包括土壤容重，田间持水量，凋萎系数等土壤物理参数、各土壤层次（0～10cm，10～20cm，20～30cm，30～40cm，40～50cm）的土壤重量含水量（指水分重量占干土重量的百分数）等。

表 4.8　　　　　　　　　　　　山西省 14 个主要农业气象站点

序　号	区站号	站　名	经度（E）/(°)	纬度（N）/(°)
1	53564	河曲	111.15	39.38
2	53594	灵丘	114.18	39.45
3	53674	忻州	112.70	38.42
4	53769	汾阳	111.78	37.25

续表

序　号	区站号	站　名	经度（E）/(°)	纬度（N）/(°)
5	53775	太谷	112.53	37.43
6	53783	昔阳	113.70	37.60
7	53853	隰县	110.95	36.70
8	53863	介休	111.92	37.03
9	53868	临汾	111.50	36.07
10	53877	安泽	112.25	36.17
11	53882	长治	113.07	36.05
12	53956	万荣	110.83	35.40
13	53959	运城	111.02	35.03
14	53976	晋城	112.83	35.52

3. 气象水文数据

气象数据来源于中国气象科学数据共享服务网，为山西省 95 个气象站点1975—2014 年逐日的降水、最高气温、最低气温、风速数据，气象站点位置与重建站点一致。图 4.10 为气象站点位置及泰森多边形分布图。

水文数据来源于汾河干流的静乐、义棠、河津三个径流观测站，为收集、整理地各站点近 20 年（1981—2000 年）的自然径流（即去除水库、灌溉等人为影响）序列。3 个站点分别作为流域上、中、下游的代表性站点。表 4.9 为汾河流域主要水文站点信息。

4. 土壤植被与地面高程数据

本书中，土壤植被与地面高程数据主要用于山西省高分辨率 VIC 模拟框架的输入。其中，土壤植被数据主要包括土壤覆盖数据和土壤参数数据两部分。表 4.10 为 VIC 输入数据资料介绍。

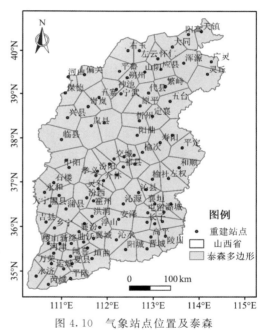

图 4.10　气象站点位置及泰森多边形分布图

表 4.9　　　　　　　　　　　　　汾河流域主要水文站点信息

站点名称	经度（E）/(°)	纬度（N）/(°)	控制面积/km²
静乐	111.92	38.34	2799
义棠	111.83	37	23945
河津	110.80	35.57	38728

表 4.10　　　　　　　　　　土壤植被与地面高程数据资料情况

数据类型	数据来源	数据内容	分辨率
数字高程（DEM）	美国地质勘探局（USGS）	HyDRO1K 数字高程数据	1km
土壤覆盖数据	马里兰大学土地覆盖数据集	全球土地覆盖数据集	1km
土壤参数数据	联合国粮农组织（FAO）	全球 $5'$ 的土壤数据集	$5'$

4.4.2　典型区域降水序列的重建

4.4.2.1　基于雨雪分寸档案重建历史典型场次干旱事件的可行性分析

干旱是指水分收支或供求不平衡导致的水分短缺现象。自然状态下，降水是地表水、土壤水、地下水的唯一来源，降水量持续性减少将会导致空气干燥，土壤水分亏缺，地表水、地下水大幅减少，是引发干旱和旱灾的主要原因。降水量的多少是表征干旱状况最为直接的指标，是重建历史典型场次干旱事件径流和土壤水的数据基础，同时，也是分析气象干旱时空演变规律的关键因素。雨雪分寸档案对于降水的记载一般以县区为单位、记录逐次降水事件的雨雪分寸记录及降水时间。利用该数据可将雨雪分寸记录定量转化为降水量，分析干旱的时空演变。因而，基于雨雪分寸档案重建历史典型场次干旱事件降水量，进而重建历史典型场次干旱事件，分析干旱的时空演变过程是可行的。

雨雪分寸档案中的雨分寸描述的是雨水渗入土壤的过程，是自然界水循环的重要环节。根据水分在土壤中运动的特征，雨水入渗过程可以分为渗润、渗漏、渗透三个阶段[289]。第一阶段，地表水和沿地表较大孔隙通道迅速进入土壤内的水，受分子力作用附

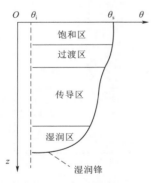

图 4.11　降雨入渗过程
划分剖面图

θ—土壤含水量；θ_i—初
始含水量；θ_s—饱和含
水量；z—入渗深度

着于土粒表面形成薄膜水，逐渐渗润土壤表层。此阶段，表层土壤含水率小且供水充分，入渗率大。随着降雨持续进行，表层土壤的含水率不断增加，直到表层土壤的入渗率等于降雨强度。第二阶段，在毛管力和重力作用下，水分不断地在土壤孔隙中做非定向的运动，并逐步充填孔隙，直到全部孔隙被水充满而饱和。此阶段入渗率递减很快。以上两个阶段的入渗过程中，土壤含水量均未达到饱和状态，因此属于非饱和入渗过程，这两阶段又统称为渗漏阶段。第三阶段，土壤孔隙被水分充满后，水分以重力水形式沿孔隙向下做稳定的渗透运动，为饱和入渗。此时的入渗率为稳定入渗率。

如图 4.11 所示，均质土壤在持续降雨的条件下，土壤含水率剖面可分为饱和区、过渡区、传导区和湿润区四个区域。

由降雨入渗过程可知，湿润锋是指在水分下渗过程中，土壤被湿润部位前端与干土层形成的明显交界面，湿润锋的深度即为地表与土壤干湿交界层之间的距离差。相比较于雨分寸的观测方法，雨分寸是指降雨入渗后，土壤的干湿交界处距地表的距离。由两者的定义可知，清宫档案中的雨分寸与土壤物理学中的湿润锋具有相同的物理意义，其概念具有一致性。因而在重建历史典型场次干旱事件降水量时，可将雨分寸的值视为湿润锋的深度来处理，利用物理入渗模型进

行求解。此外，雪分寸是指一次降雪过程后的积雪深度，与现代气象观测中的测量方式相同，可利用降雪量与降雪深度和雪密度之间的关系重建降雪量。

4.4.2.2 改进的 Green - Ampt 入渗模型

降雨入渗模型可以定量分析土壤水分入渗过程，是计算降雨过程中的累计入渗量较为可靠的方法，也是本书将雨分寸定量转化为降雨量的关键。经典 Green - Ampt 入渗模型物理意义明确，公式计算简单，是目前应用较多的入渗模型。但由于模型的基本假设认为湿润锋以上，即湿润区含水量为饱和含水量，实际降雨入渗过程中土壤含水量很难达到饱和，湿润区土体并非完全饱和的，计算出的累计入渗量偏高，与实际不符。为此，本书引入基于湿润区分层假设的 Green - Ampt 入渗模型改进方法。该方法是基于黄土积水入渗的土壤水分剖面变化特征提出的，解决了传统 Green - Ampt 入渗模型因不分层考虑等导致计算出的累计入渗量偏高的问题，并在壤土类土壤中得到较好的应用。

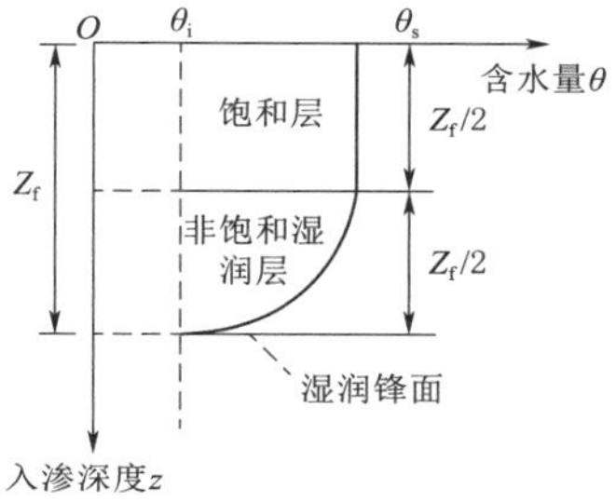

图 4.12　改进的 Green - Ampt
入渗模型分层假设

1. 模型的基本假设

改进的 Green - Ampt 入渗模型的基本假设：①在降雨入渗过程中，将任意时刻的土壤水分剖面分为饱和湿润层和非饱和湿润层；②湿润层的饱和区为湿润层的 1/2，且湿润层内含水率呈椭圆曲线分布。模型分层假设如图 4.12 所示，具体如下：

饱和层：
$$\theta(z) = \theta_s, 0 \leqslant z \leqslant Z_f/2$$

非饱和湿润层：

$$\theta(z) = \theta_i + \frac{2(\theta_s - \theta_i)}{Z_f}\sqrt{z(Z_f - z)}, Z_f/2 \leqslant z \leqslant Z_f$$

非湿润区：
$$\theta(z) = \theta_i, Z_f \leqslant z$$

2. 模型的计算公式

基于以上假设，将湿润区分为饱和层和非饱和湿润层，由水量平衡原理可对累计入渗量进行如下修正：

$$I = \rho \int_0^{Z_f} (\theta(z) - \theta_i)\,dz \tag{4.2}$$

$$I = I_s + I_w = \frac{4+\pi}{8}Z_f(\theta_s - \theta_i)\rho \tag{4.3}$$

其中

$$I_s = \frac{Z_f}{2}(\theta_s - \theta_i)\rho \tag{4.4}$$

$$I_w = \frac{Z_f}{8}\pi(\theta_s - \theta_i)\rho \tag{4.5}$$

式中：I 为累计入渗量；I_s 为饱和层入渗量；I_w 为非饱和湿润层入渗量，θ_s 为土壤饱和重量含水量；θ_i 为土壤初始重量含水量；Z_f 为降雨入渗湿润锋推进距离（即湿润锋深度）；ρ 为土壤容重。

3. 模型适用性评价

为验证基于改进的 Green-Ampt 入渗模型重建降雨的可靠性，本书拟通过开展人工模拟降雨入渗试验，仿照清代雨分寸的观测方法，利用改进的 Green-Ampt 入渗模型求解降雨累计入渗量，通过模型评价方法分析实际入渗量与模型计算结果，验证模型的可靠性。试验中，每次降雨过程中严格控制降雨量，并保证降雨全部渗入土壤中，以保证降雨量近似等于实际入渗量。

(1) 试验站点。人工降雨入渗试验于 2019 年 8—9 月在山西省中心灌溉试验站和霍泉灌溉试验站开展。山西省中心灌溉试验站位于山西省文水县刘胡兰镇，东经 112°12′，北纬 37°24′，海拔 749.6m；霍泉灌溉试验站位于洪洞县广胜寺镇，东经 111°46′，北纬 36°17′，海拔 529m。试验站土壤质地分别为中壤土和轻壤土，在山西省具有典型的代表性。试验站内有代表性试验田，完整的供水、试验设备，适合于开展"人工模拟降雨入渗试验研究"。在试验站内选择一块面积为 10m×10m 的农田，选取条件为试验地表平整，土壤结构未受到人为破坏，且土壤的物理性质较稳定。将试验农田划分为 1.5m×1.5m 的若干试验块，用以进行不同降雨强度与历时组合的降雨入渗试验。试验站点土壤物理参数见表 4.11。

表 4.11　　　　　　　　　　　　　　试验站点土壤物理参数

站点名	土壤类型	土壤容重/(g/cm³)	田间持水量/%	饱和含水量/%
中心站	中壤	1.44	26.9	34.3
霍泉站	轻壤	1.45	24.6	30.8

(2) 试验装置与方法。本试验采用的便携式人工模拟降雨装置由中国水利水电科学研究院负责设计，由西安清远测控技术有限公司负责研制及安装（图 4.13）。该装置由喷淋系统、供水系统、遮雨布/收集槽和钢槽构成，可实现不同雨强、不同历时的人工模拟降

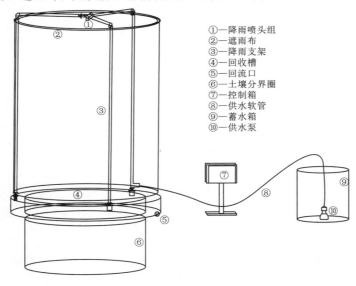

①—降雨喷头组
②—遮雨布
③—降雨支架
④—回收槽
⑤—回流口
⑥—土壤分界圈
⑦—控制箱
⑧—供水软管
⑨—蓄水箱
⑩—供水泵

图 4.13　便携式人工模拟降雨装置示意

雨过程。降雨喷头高度为 2.5m，喷射直径为 1m，降雨均匀度大于 0.85，可实现降雨强度为 0～200mm/h 的模拟降雨。

为使人工模拟降雨入渗更接近自然状况，本试验相应设计了不同降雨强度和降雨历时组合，每种降雨组合试验重复 3 次，其中降雨量的大小包括 8.25mm，12.5mm，25.0mm，37.5mm，50.0mm 和 75.0mm 等，用于代表自然降水的小雨（0.1～10mm）、中雨（10～25mm）、大雨（25～50mm）、暴雨（50～100mm）等各种情况。降雨强度的大小设置为 16.50mm/h，25.00mm/h，50.00mm/h 和 75.00mm/h，用于代表各种类型（小雨、中雨、大雨和暴雨）自然降水的平均雨强。降雨强度与降雨历时组合参数设计，详见表 4.12。

在每次试验之前，先将直径为 1m、高 50cm 的钢槽楔入试验区土壤中，以保证降雨能全部入渗到土壤中，同时减少降雨过程的侧渗量，此时，认为降雨量近似等于实际入渗量。降雨前及降雨过程结束一段时间（地表无积水）后，分别在钢槽的外围及内部用土钻法分层取土，取土深度 50cm，每 10cm 一层，每层取三个重复样品，用烘干称重法测定降雨前后的土壤含水量 θ_i、θ_r。降雨入渗湿润锋推进距离的测定采用清宫档案"雨分寸"的观测方法，即在取土后，用铁锹在降雨区域向下挖土，直至看到有明显的干湿交界层时停止，干湿分界处距地表的深度，记为 Z_f。图 4.14 为烘干称重法测土壤含水量工作图。

表 4.12 试验处理的参数设计

编号	降 雨 强 度		降雨历时/min	降雨量/mm
	mm/h	mm/min		
1	16.50	0.28	30	8.25
2	16.50	0.28	60	16.50
3	16.50	0.28	120	33.00
4	25.00	0.42	30	12.50
5	25.00	0.42	60	25.00
6	25.00	0.42	120	50.00
7	50.00	0.83	30	25.00
8	50.00	0.83	60	50.00
9	75.00	1.25	30	37.50
10	75.00	1.25	60	75.00

(a) 取土   (b) 称重   (c) 烘干

图 4.14 烘干称重法测土壤含水量工作图

（3）结果与分析。仿照清宫雨分寸档案的观测方法，分别在山西省中心灌溉试验站和霍泉灌溉试验站 2 个代表性站点开展人工模拟降雨入渗试验 36 组和 37 组，剔除重复试验以及误差较大的数据外，2 个站点各整理出 33 组有效数据。表 4.13 为试验结果数据表。

表 4.13　　　　　　　　　　　　试 验 结 果 数 据 表

降雨量/mm	降雨强度/mm/min	降雨历时/min	中心站		霍泉站	
			θ_i/%	Z_f/mm	θ_i/%	Z_f/mm
8.3	0.28	30	23.1	69	14.1	45
8.3	0.28	30	22.8	64	14.6	53
8.3	0.28	30	23.5	74	13.7	41
12.5	0.42	30	26.0	138	11.8	53
12.5	0.42	30	25.2	134	13.2	59
12.5	0.42	30	23.3	121	14.3	64
16.5	0.28	60	26.5	168	15.4	78
16.5	0.28	60	26.1	176	18.2	83
16.5	0.28	60	24.8	149	18.9	95
25.0	0.42	60	23.0	198	14.1	123
25.0	0.42	60	24.2	215	16.8	119
25.0	0.42	60	21.5	206	18.3	127
25.0	0.83	30	26.1	268	12.1	108
25.0	0.83	30	24.2	234	12.8	118
25.0	0.83	30	27.2	286	13.0	127
33.0	0.28	120	27.2	324	17.5	198
33.0	0.28	120	24.7	315	18.0	226
33.0	0.28	120	23.7	298	18.9	231
37.5	1.25	30	24.9	315	12.1	172
37.5	1.25	30	24.3	318	12.9	183
37.5	1.25	30	24.7	321	15.1	196
50.0	0.42	120	23.6	356	15.2	265
50.0	0.42	120	23.0	362	15.9	278
50.0	0.42	120	22.3	371	18.1	295
50.0	0.83	60	21.3	323	11.3	215
50.0	0.83	60	22.5	342	12.2	223
50.0	0.83	60	23.6	379	13.8	251
50.0	1.67	30	25.3	412	14.4	265
50.0	1.67	30	24.1	396	14.5	229
50.0	1.67	30	21.0	387	15.3	276
75.0	1.25	60	21.8	432	12.8	353
75.0	1.25	60	24.6	423	15.5	365
75.0	1.25	60	25.9	488	16.4	389

1）影响山西省降雨入渗湿润锋推进距离的主要因素分析。为了分析影响山西省降雨入渗湿润锋推进距离的主要因素，利用 SPSS 软件分别对中心灌溉试验站和霍泉灌溉试验站试验观测所得湿润锋推进距离与降雨量、降雨强度和前期土壤含水量进行多元回归分析，结果详见表 4.14。回归分析结果表明：上述 2 个站点的降雨入渗湿润锋推进距离均

可以通过降雨量、降雨强度和前期土壤含水量 3 个因子构成的多元回归模型模拟得到，多元回归模型相关系数分别为 0.915 和 0.973，模拟能力均通过 0.001 显著性水平检验。同时，为了分析得到影响降雨入渗湿润锋推进距离的主要因素，分别对 2 个站点的降雨入渗湿润锋推进距离与降雨量、降雨强度和前期土壤含水量进行偏相关分析。结果表明降雨量和土壤前期含水量对降雨入渗湿润锋推进距离的影响较大，其中降雨量的影响最大，呈明显的正相关关系，偏相关系数均超过 0.9；降雨强度对降雨入渗湿润锋推进距离的影响较小，无明显相关性。

表 4.14 降雨入渗湿润锋推进距离与降雨量、降雨强度和前期土壤含水量的关系

站名	多元回归模型	样本数	R^2	R_{Z_f-P}	R_{Z_f-I}	$R_{Z_f-\theta_i}$
中心站	$Z_f = 5.438P_r + 25.944I + 10.704\theta_i$	33	0.915***	0.924***	0.274	0.468**
霍泉站	$Z_f = 5.052P_r + -4.417I + 7.083\theta_i$	33	0.973***	0.976***	-0.088	0.664***

注 1. R_{Z_f-P} 表示降雨入渗湿润锋推进距离与降雨量的偏相关系数。

2. R_{Z_f-I} 表示降雨入渗湿润锋推进距离与降雨强度的偏相关系数。

3. $R_{Z_f-\theta_i}$ 表示降雨入渗湿润锋推进距离与前期土壤含水量的偏相关系数。

4. ***，** 分别表示相关系数通过 $\alpha = 0.001$ 和 $\alpha = 0.01$ 的显著性水平检验。

2）模型适用性评价。本书中，采用纳什效率系数和相关系数 2 个指标表征改进的 Green-Ampt 入渗模型模拟结果与实际降雨入渗量之间的吻合程度，进而评价利用改进的 Green-Ampt 入渗模型求解累计入渗量的可靠性以及在山西省的适用性。

纳什效率系数 NSE 的计算公式如下：

$$E_f = 1 - \frac{\sum_{t=1}^{n}(Q_0^t - Q_m^t)^2}{\sum_{t=1}^{n}(Q_0^t - \bar{Q}_0)^2} \quad (4.6)$$

式中：E_f 为纳什效率系数；Q_0^t 为实际入渗量，mm；Q_m^t 为模型模拟值，mm；$\bar{Q}_0$ 为实际入渗量的平均值，mm；n 为资料系列长度。

E_f 取值范围为（$-\infty \sim -1$］，其值越大，模拟结果越好，模型的可信度也越高；反之，模型的模拟效果越差。

相关系数 r 由下式计算得到：

$$r = \frac{\sum_{i=1}^{n}(x_i - \bar{x})(y_i - \bar{y})}{\sqrt{\sum_{i=1}^{n}(x_i - \bar{x})^2 \sum_{i=1}^{n}(y_i - \bar{y})^2}} \quad (4.7)$$

式中：r 为模型模拟值与实际入渗量的相关系数；x_i 为实际入渗量，mm；y_i 为模型模拟值，mm；$\bar{x}$ 为实际入渗量的平均值，mm；$\bar{y}$ 为模型模拟值的平均值，mm；n 为数据个数。

r 数值越接近 1，其拟合程度越高。

为了评价改进的 Green-Ampt 入渗模型在山西省的适用性，采用纳什效率系数 E_f 和相关系数 r 分析由改进的 Green-Ampt 入渗模型模拟得到的累计入渗量与降雨入渗量

表 4.15　模型计算结果评价指标数据表

站点名	纳什效率系数	相关系数
中心站	0.86	0.93
霍泉站	0.97	0.99

实测值之间的吻合程度来实现。表 4.15 为评价指标结果，中心灌溉试验站和霍泉灌溉试验站改进的 Green - Ampt 入渗模型纳什效率系数分别为 0.86 和 0.97，相关系数 r 分别为 0.93 和 0.99，即模型模拟得到的累计入渗量与降雨入渗量实测值之间具有较高的吻合度。综上，改进的 Green - Ampt 入渗模型在山西省具有较好的适用性。

4.4.2.3　重建历史典型场次干旱事件降雨量的计算方法

水量平衡是质量守恒原理在自然界水循环过程中的具体体现，也是水循环能够不断进行下去的内在动力[290]。大自然中存在不同类型的水循环过程，依据研究目的的不同，可建立适用于不同水循环过程的水量平衡方程，比如较为常见的流域水量平衡方程、全球水量平衡方程和地表水量平衡方程等。通过建立水量平衡方程式，可明确水循环中各变量之间的逻辑关系，便于进行定量计算。本书主要考虑陆地水循环过程中的水量平衡原理，在一次降雨过程中，降雨是水分来源，主要通过蒸发、入渗、产生径流的方式消耗水分。因此，由水量平衡原理，每次降雨过程的数学方程式为

$$P = E + R + F \tag{4.8}$$

式中：P、E、R、F 分别为降雨量、蒸发量、径流量和入渗量。

明确了降雨量、径流量、入渗量与蒸发量四者之间的关系，由于降雨过程中，空气湿度较大，蒸发量极小，可忽略不计。因此，对每次降雨过程而言，降雨量近似等于入渗量和径流量之和，即

$$P \approx R + F \tag{4.9}$$

式中：P、R、F 分别为降雨量、径流量和入渗量。

据陆地水文学的基本原理，降雨量与径流量、入渗量之间存在以下关系[291]：

$$R = \alpha P \tag{4.10}$$

$$F = \beta P \tag{4.11}$$

据式（4.9）可得

$$P = \alpha P + \beta P \tag{4.12}$$

式中：α 和 β 分别为径流系数和入渗系数，它们之间的关系为：$\alpha + \beta = 1$。

这反映出降雨时所产生的径流量越大，入渗量就越少。由此可得降雨量求解公式为

$$P = F/\beta \tag{4.13}$$

式中：P 为月降雨量；F 为月入渗量；β 为入渗系数，它与降雨强度、土壤质地有关，其大小可以通过试验获得。

由以上公式推理可知，降雨量可通过累计入渗量与入渗系数之间的数值关系求得。以下章节将重点论述降雨累计入渗量的计算方法与入渗系数的确定。

1. 降雨入渗量的计算

从土壤物理学角度看，清宫档案"雨雪分寸"资料中的"雨分寸"与基于毛管理论的 Green - Ampt 入渗模型中的湿润锋（即土壤干湿交界层的位置）基本一致，同时考虑土壤水分分层等问题，本书拟采用改进的 Green - Ampt 入渗模型将清宫档案雨分寸数据量

化为累计入渗量,进而为重建历史时期降雨量序列奠定基础。由前期土壤含水量、饱和含水量和土壤容重是影响降雨累计入渗量的主要参数,也是求解累计入渗量的关键。这里将对以上三个模型参数的确定进行分析。

(1) 土壤容重及饱和含水量。土壤容重是重要的土壤物理参数之一,可从农业气象站直接获取。由于多数农业气象站不测量饱和含水量,可利用饱和含水量经验公式求解[292]。具体方法为

$$p = \left(1 - \frac{\rho}{\rho_s}\right) \times 100 \tag{4.14}$$

$$\theta_s = \frac{p}{\rho} \times 100 \tag{4.15}$$

式中:p 为土壤孔隙度,%;θ_s 为饱和含水量,%;ρ 为土壤容重,g/cm³;ρ_s 为土壤密度,常取 2.65g/cm³。

表 4.16 为山西省 14 个主要农业气象监测站点的土壤物理参数。由于站点数量有限,在计算降雨累计入渗量时,部分无资料站点用相近站点的土壤物理参数值代替。

表 4.16 　　　　山西省 14 个主要农业气象监测站点的土壤物理参数

站名	深度/cm	容重/(g/cm³)	田间持水量/%	饱和含水量/%	站名	深度/cm	容重/(g/cm³)	田间持水量/%	饱和含水量/%
河曲	0~20	1.37	13.9	33.7	介休	0~20	1.26	24.0	40.1
	20~50	1.49	12.1	28.0		20~50	1.33	26.2	36.1
灵丘	0~20	1.31	22.0	37.3	临汾	0~20	1.42	22.5	31.2
	20~50	1.36	22.4	34.4		20~50	1.47	21.7	29.1
忻州	0~20	1.31	23.8	37.1	安泽	0~20	1.39	20.8	33.0
	20~50	1.43	24.1	31.0		20~50	1.41	22.4	32.1
汾阳	0~20	1.31	22.9	37.3	长治	0~20	1.22	26.8	43.2
	20~50	1.43	23.5	31.0		20~50	1.34	26.0	35.6
太谷	0~20	1.41	23.2	31.9	万荣	0~20	1.29	23.2	38.5
	20~50	1.60	21.5	23.4		20~50	1.38	21.2	33.3
昔阳	0~20	1.37	24.1	34.1	运城	0~20	1.33	22.3	36.0
	20~50	1.46	21.7	29.4		20~50	1.45	20.6	29.9
隰县	0~20	1.34	21.3	35.4	晋城	0~20	1.22	24.1	42.8
	20~50	1.32	21.7	36.6		20~50	1.44	22.2	30.4

(2) 前期含水量。土壤的前期含水率是影响降雨入渗和水分传导的重要因子[293],其主要是改变了土壤的基质势以及水分渗流过程中前沿湿润锋锋面处的水势梯度,进而影响土壤水分的入渗变化过程[294]。因而,正确处理前期土壤含水量是影响降雨重建结果是否可靠的关键。

自然条件下,土壤中的水分主要来源于降水。由于降水年际变化较大,前期土壤含水量也存在明显的年际变化。如图 4.15 所示,将 14 个农业气象站点 1994—2012 年逐月的

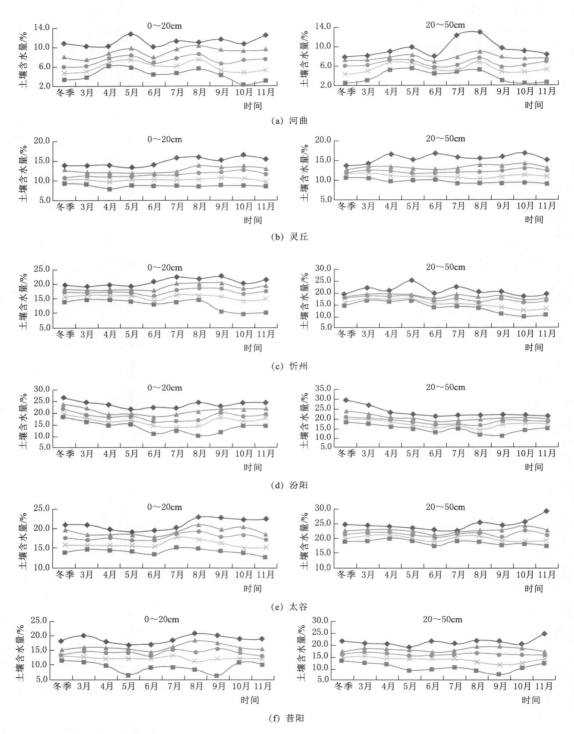

图 4.15（一）　14 个站点 0～20cm 及 20～50cm 土层各级土壤含水量取值图

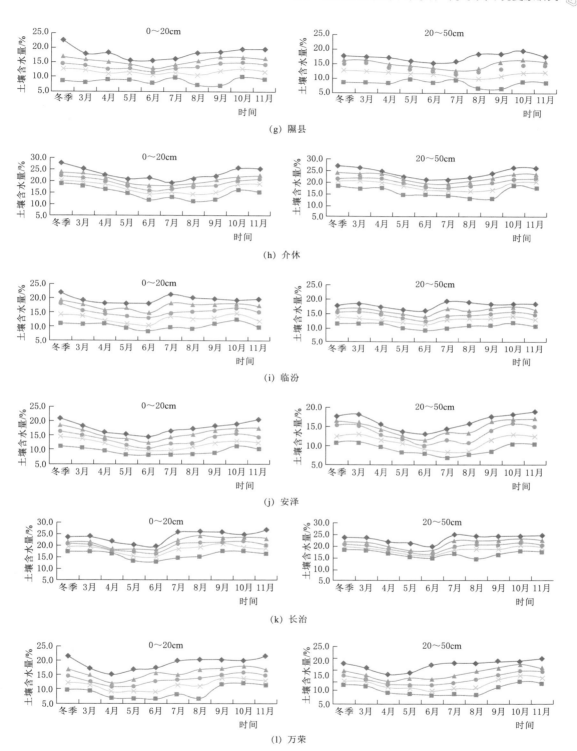

图 4.15（二） 14 个站点 0～20cm 及 20～50cm 土层各级土壤含水量取值图

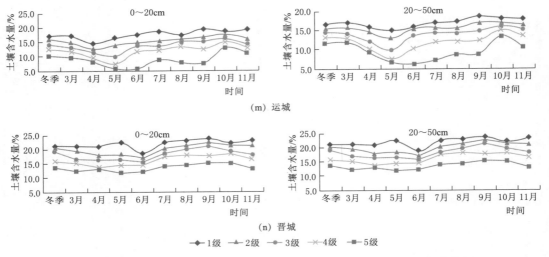

图 4.15（三）　14 个站点 0～20cm 及 20～50cm 土层各级土壤含水量取值图

土壤含水量进行分级处理，以 15％、20％、30％、20％、15％的分布频率将各月土壤含水量分为 5 个等级（其中：1 级表示该月土壤湿润，即土壤含水量多；5 级表示该月土壤干燥，即土壤含水量少；3 级表示该月土壤含水量与多年平均值相当；2 级和 4 级分别表示偏湿和偏干）。分 0～20cm 和 20～50cm 两层计算各月各个级别土壤含水量平均值，将其作为重建站点该月降雨入渗过程的前期土壤含水量。据清宫档案、《山西水旱灾害》等资料记载，清光绪初年（1875—1879 年）山西省极端干旱事件"实为历史上罕见的严重灾害"，全省多地出现"大旱，民饥""寸草不生""赤地千里"等情形，随着旱情的加剧，已达到"饿殍盈途""人相食"的地步。同时，考虑到本书主要研究对象是历史典型场次干旱事件的重建，因此本书认为 1875—1879 年由于降水短缺，土壤含水量明显低于多年平均值，同时考虑旱情的发展过程，将 1875—1879 年土壤含水量分成正常年、偏干年和干燥年三级。其中 1875 年为 4 级（偏干年）、1876 年为 4 级（偏干年）、1877 年为 5级（干燥年）、1878 年为 4 级（偏干年）、1879 年为 3 级（正常年）。与现代农业气象站分频率得到的各月对应级别的土壤含水量平均值对照，作为 1875—1879 年不同等级年下各月份降雨入渗过程的前期土壤含水量。需要说明的是由于山西大部分地区的耕作层土壤在冬季（12 月至次年 2 月）存在明显的封冻期，其间大多数站点在冬季不进行土壤含水量观测。同时，山西冬季降水主要以降雪为主，降雨出现的概率较小，且降水占全年总降水量的 2％～3％，入渗深度一般不超过 20cm，故其深层土壤冬季含水量不予计算。

2. 入渗系数的确定

关于入渗系数，相关实验表明，在土壤质地为砂壤土的地区，雨季降雨强度 p 与入渗系数存在如下关系[295]：

$$p \leqslant 0.5 \text{mm/min}, \beta = 0.84$$
$$1.0 \text{mm/min} \geqslant p > 0.5 \text{mm/min}, \beta = 0.72$$
$$p > 1.0 \text{mm/min}, \beta = 0.46$$

而降雨强度 $p \leqslant 0.5mm/min$，$1.0mm/min \geqslant p > 0.5mm/min$ 和 $p > 1.0mm/min$ 基本对应于该地区自然降雨中的中雨、大雨和暴雨类型。

表 4.17　　　　　山西省分区域及代表站点

区　域	地级市	气象站点（区站号）
北部	大同	大同站（53487）
	朔州	朔州站（53578）
	忻州	五寨站（53663）
中部	太原	太原站（53772）
	晋中	太谷站（53775）
	吕梁	离石站（53764）
	阳泉	阳泉站（53782）
南部	临汾	临汾站（53868）
	运城	运城站（53959）
	长治	长治站（53882）
	晋城	晋城站（53976）

相关文献研究表明，山西省境内土壤质地多为砂土和壤土[296]，因而，可参考降雨强度与入渗系数之间的关系确定不同站点的入渗系数。由于山西省地形复杂且南北纬度跨度大，为便于确定各个站点的降雨入渗系数，考虑纬度对降水的影响以及山西省实际业务规范，将山西省分为北部、中部及南部三个区域，以区域内地市为单位各选取一个代表气象站点（表4.17）。山西省雨热同期，降水高度集中在 6—9 月，因而对选取的代表站 1985—2010 年雨季（6—9 月）逐日的降水资料进行统计分析，并按区域分析雨季各月份的降雨类型特点。

如图 4.16 所示，对各分区内代表站点雨季（6—9 月）逐日的降雨类型比例进行统计分析（降雨强度划分参照中国气象局降水强度等级划分标准）。整体上，北部、中部、南部地区雨季各月份的不同降雨类型所占比例基本一致，均以小雨、中雨为主，其中，北部和中部地区 6 月小雨所占比例大于 80%，且出现暴雨、大暴雨的比例极小。而 7 月和 8 月，中、大、暴雨的比例较 6 月、9 月均有所增加。从区域来看，北、中、南部地区中

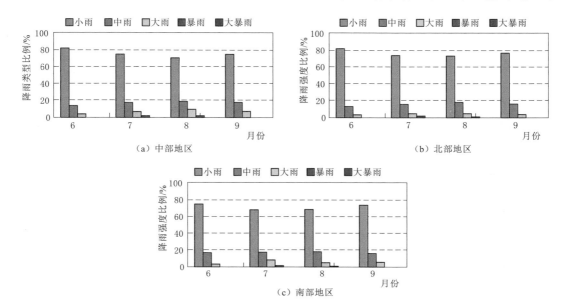

图 4.16　地区雨季各月份不同强度降水比例图

雨、大雨、暴雨比例呈增加趋势。在 6 月和 9 月，不同地区降雨类型所占比例接近，7 月、8 月，各地区 8 月中雨比例较 7 月增加；南部地区大雨、暴雨类型较北部、中部地区有所增加。考虑到降雨量及降雨强度的年际变率较大，对各分区月降雨量与降雨强度的关系进行统计分析，综合各种降雨类型比例确定不同降雨量区间的入渗系数。

图 4.17 为山西省各分区雨季各月份降雨量与降雨强度的关系。各地区雨季各月份不同降雨类型比例变化较大，综合不同降雨类型比例确定不同降雨量区间的入渗系数，具体方法如下：

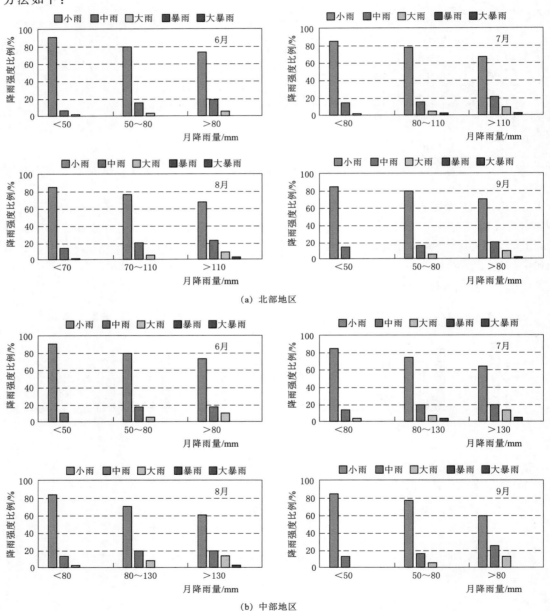

(a) 北部地区

(b) 中部地区

图 4.17（一）　山西省各分区雨季不同降水量与降雨强度关系图

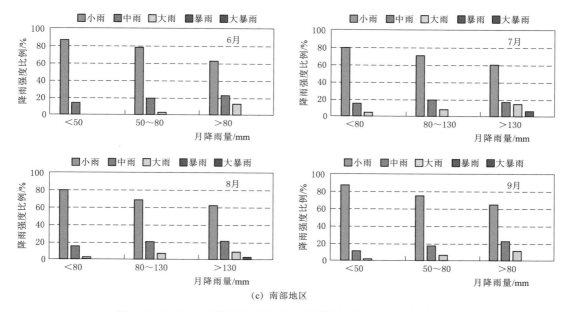

(c) 南部地区

图 4.17（二）　山西省各分区雨季不同降水量与降雨强度关系图

$$\bar{\beta}=p_s+0.84\times p_m+0.72\times p_l+0.46\times p_h \tag{4.16}$$

式中：$\bar{\beta}$ 为综合入渗系数，p_s 为小雨比例，p_m 为中雨比例，p_l 为大雨比例，p_h 为暴雨及大暴雨比例。

按式（4.16）分别计算出北部、中部及南部地区雨季各月份不同降雨量区间的综合入渗系数。至此，可利用累计入渗量与入渗系数之间的数值关系重建出降雨量。

4.4.2.4　重建历史典型场次干旱事件降雪量的计算方法

清宫雨雪分寸档案中的雪分寸与现代农业气象站的观测记录方法一致，可直接利用降雪量和积雪深度之间的定量转换关系重建历史典型场次干旱事件的降雪量，其关系式为

$$P_s=H_s\times\rho_s \tag{4.17}$$

式中：P_s 为降雪量；H_s 为月降雪累计深度，即月累计雪分寸；ρ_s 为雪密度。

关于雪密度的确定，本书参照我国《建筑结构荷载规范》（GB 50009—2012）（以下简称《规范》）中对不同地区平均积雪密度的划分，华北及西北地区平均积雪密度可取 $0.13g/cm^3$[297]。戴礼云等利用气象测站的地面雪深和雪压数据分析得出的山西地区降雪密度与《规范》中建议的雪密度数值基本一致[298]。为此，本书中山西省的平均降雪密度取值为 $0.13g/cm^3$，即可求出月降雪量。

至此，基于清宫雨雪分寸档案的降雨量和降雪量重建方法均已确定。为便于对重建结果的分析，按 3—5 月、6—8 月、9—11 月、12 月至次年 2 月的标准划分四季。

4.4.2.5　清光绪初年山西大旱降水重建结果

基于历史典型场次干旱事件降水重建方法，本书重建了清光绪初年山西省 1875—1879 年 95 个县区逐月降水序列，将降水量按年累计得到 1875—1879 年逐年降水量。由表 4.18，整体来看，1875—1879 年连续 5 年降水量短缺严重。其中，1875 年全省各站点年降水量介于 22.6～462.8mm；1876 年降水量介于 25.8～483.5mm；1877 年降水量介

于 21.6～275.8mm；1878 年降水量介于 71.8～746.4mm；1879 年降水量介于 57.5～701.4mm。1875—1877 年降水严重短缺且呈逐渐减少的趋势，其中，1877 年降水量短缺最为严重，1878 年降水量较之前明显增加，至 1879 年降水量有所减少。

表 4.18　　清光绪初年山西省 1875—1879 年 95 个重建站点逐年降水量

序　号	站点名	降水量/mm				
		1875 年	1876 年	1877 年	1878 年	1879 年
1	阳高	262.99	158.67	142.61	369.18	430.43
2	天镇	164.91	94.45	114.89	226.10	153.33
3	广灵	58.91	185.36	111.58	152.35	112.06
4	灵丘	22.57	42.58	102.82	95.53	158.55
5	浑源	272.87	199.77	170.52	353.16	210.35
6	左云	130.37	131.46	152.77	170.78	170.96
7	大同	217.65	116.62	118.98	383.78	226.10
8	朔州	88.37	79.68	58.21	291.68	122.32
9	平鲁	159.95	181.03	124.85	656.13	201.22
10	山阴	128.88	34.42	126.09	298.70	255.73
11	应县	132.27	147.88	86.11	370.88	301.42
12	右玉	94.95	215.88	52.75	180.42	188.92
13	怀仁	110.79	134.53	219.17	298.71	145.31
14	忻州	343.78	231.76	237.72	200.30	194.54
15	定襄	181.79	207.13	220.75	255.89	110.85
16	五台	170.30	258.67	145.04	155.63	140.23
17	代县	400.79	196.63	226.93	233.68	174.59
18	繁峙	104.81	147.68	127.17	108.43	161.26
19	宁武	84.52	151.17	136.77	287.75	84.42
20	静乐	156.78	117.80	134.93	243.32	244.90
21	原平	201.70	243.00	178.43	321.99	125.84
22	神池	240.56	165.92	275.79	294.25	294.22
23	五寨	57.12	199.31	172.47	243.45	102.03
24	岢岚	46.21	47.19	140.03	265.46	92.63
25	河曲	64.41	84.93	146.18	132.82	77.25
26	保德	49.36	145.42	150.14	87.70	132.66
27	偏关	78.76	105.19	76.99	155.30	96.10
28	太原	143.03	99.77	146.27	306.54	219.47
29	清徐	156.28	183.76	107.35	261.99	225.95
30	阳曲	263.48	222.04	212.74	325.30	319.15
31	平定	100.67	305.52	265.22	409.61	305.34

序　号	站点名	降水量/mm				
		1875 年	1876 年	1877 年	1878 年	1879 年
32	盂县	137.83	100.49	92.20	251.68	120.56
33	榆次	201.65	130.87	108.22	355.15	152.36
34	榆社	34.40	48.55	71.21	71.82	86.09
35	寿阳	75.10	106.91	94.48	301.28	179.27
36	太谷	138.45	55.35	138.28	321.96	254.65
37	祁县	77.81	68.17	169.13	246.12	191.05
38	左权	117.79	115.86	194.00	420.02	198.06
39	和顺	109.24	188.22	55.01	129.33	177.57
40	平遥	237.51	160.86	130.73	594.73	268.69
41	灵石	208.82	188.23	122.72	431.24	164.00
42	介休	207.77	154.35	215.40	594.10	302.15
43	离石	135.44	180.76	220.23	493.85	101.05
44	文水	158.65	135.89	69.29	380.35	149.98
45	交城	133.41	198.12	128.18	128.23	180.93
46	兴县	49.75	53.59	81.59	165.84	88.43
47	临县	61.13	112.69	214.02	189.46	80.15
48	石楼	107.86	114.42	38.71	134.67	159.07
49	岚县	40.85	163.48	216.19	145.22	59.29
50	中阳	192.96	124.95	155.14	299.09	516.00
51	孝义	352.11	247.43	159.32	377.41	228.55
52	汾阳	310.98	194.13	161.64	509.41	507.00
53	长治	313.60	345.74	227.72	663.94	305.26
54	襄垣	176.08	196.48	202.27	540.62	251.68
55	屯留	244.66	204.10	117.95	504.53	308.35
56	黎城	162.06	260.79	211.89	513.25	370.74
57	壶关	259.50	147.63	195.89	520.23	57.47
58	长子	276.58	248.87	147.71	381.61	195.08
59	武乡	99.92	165.52	161.57	355.61	249.34
60	沁县	119.84	156.93	233.28	609.13	484.09
61	沁源	200.66	147.48	128.92	317.67	121.91
62	潞城	199.54	245.37	105.52	487.12	622.43
63	晋城	317.39	244.24	131.76	564.43	410.90
64	沁水	235.44	145.99	99.31	389.71	358.56
65	阳城	135.93	197.85	127.01	477.80	428.65

续表

序　号	站点名	降水量/mm				
		1875 年	1876 年	1877 年	1878 年	1879 年
66	陵川	114.17	229.90	213.69	296.70	258.71
67	高平	212.31	267.35	217.53	551.17	198.25
68	临猗	164.89	252.16	270.37	685.00	359.77
69	万荣	272.62	341.72	121.36	390.90	277.72
70	河津	170.40	452.05	191.43	646.72	209.15
71	稷山	81.09	142.00	257.05	604.76	293.57
72	新绛	378.41	483.46	162.05	497.13	637.74
73	运城	292.98	331.88	154.47	462.08	250.86
74	绛县	73.24	104.53	44.61	270.32	292.62
75	垣曲	131.89	261.39	45.61	419.46	418.99
76	夏县	227.12	285.68	171.22	517.57	225.31
77	平陆	141.71	258.51	187.44	286.61	279.55
78	闻喜	462.81	249.65	160.35	400.17	546.22
79	芮城	61.13	146.23	84.89	418.75	283.82
80	永济	223.29	239.66	142.46	392.68	194.45
81	临汾	327.40	132.30	90.51	213.78	128.35
82	曲沃	294.51	158.46	89.95	406.59	271.49
83	翼城	153.68	121.36	80.77	382.57	181.50
84	襄汾	175.25	153.61	58.38	269.23	193.04
85	洪洞	291.92	55.68	21.65	290.56	172.10
86	安泽	44.30	167.76	106.52	366.49	223.56
87	浮山	110.15	96.33	118.34	306.04	108.43
88	吉县	29.89	88.60	73.59	144.79	94.71
89	乡宁	63.43	135.97	76.12	347.54	191.52
90	大宁	29.09	25.80	68.33	157.40	210.05
91	霍州	276.14	291.84	117.20	654.89	178.89
92	隰县	109.74	96.28	72.19	336.06	160.87
93	永和	138.94	124.33	87.35	418.02	348.32
94	蒲县	139.24	115.64	95.53	257.94	106.14
95	汾西	157.60	126.82	76.76	746.37	701.40

　　利用泰森多边形法求得各地市年平均降水量（表 4.19）。1875—1879 年，全省范围内降水量异常减少且持续性短缺，1875—1877 年连续 3 年全省年均降水量不足 200mm，其中 1877 年全省平均降水仅为 130.3mm。1878 年降水量略有增加，全省平均降水量为300.5mm，1879 年全省平均降水量减少至 190.9mm。

各地市 1875—1879 年平均降水量较多年平均严重偏少，其中 1875—1877 年连续 3 年降水量严重短缺。1875 年各地市平均降水量不足 210mm，其中，晋城市降水量最多，但仅为 202.4mm；最小值为朔州市，平均降水量为 121.1mm。1876 年，各地市降水量略有增加，但降水亏缺仍较严重，其中降水量最大值仅为 263.9mm，最小值为 127.3mm；1877 年，各地市平均降水量亏缺最为严重，不足 180mm，最小值仅为 83.9mm；1878 年降水量较 1875—1877 年明显增多，但较多年平均仍偏少，整体上南部地区降水高于北部地区，1878 年南部地区的运城、晋城、长治等市平均降水量均高于 400mm，全年降水量最小值为忻州市的 208.7mm。1879 年降水量较 1878 年有所减少，各地市降水量差异较大，其中，晋城市降水量为 338.6mm，为各地市的最大值，最小值为忻州市，降水量仅为 145.5mm。综上，1875—1879 年各地市平均降水量亏缺严重，其中 1875—1877 年降水量亏缺最为严重，连续 3 年平均年降水量严重不足。

表 4.19 山西省各地市 1875—1879 年逐年降水量

地级市	降水量/mm				
	1875 年	1876 年	1877 年	1878 年	1879 年
大同市	162.5	127.9	131.1	252.8	202.8
朔州市	121.1	137.1	103.2	359.6	207.5
忻州市	152.1	169.5	160.7	208.7	145.5
太原市	202.0	193.8	156.4	293.1	266.1
阳泉市	123.9	177.5	157.2	311.0	190.0
晋中市	129.2	129.1	113.0	299.4	185.2
吕梁市	132.4	140.4	153.3	268.2	187.3
长治市	195.5	196.0	173.9	473.4	274.2
晋城市	202.4	215.2	154.5	458.4	338.6
运城市	193.9	263.9	143.1	455.8	324.8
临汾市	139.5	127.3	83.9	345.8	206.2
全省平均	147.1	149.0	130.3	300.5	190.9

4.4.2.6 小结

围绕基于雨雪分寸档案的历史典型场次干旱事件降水重建方法，首先从降雨与干旱的关系、降雨入渗理论、雨分寸与湿润锋具有一致性等内容入手，论述了基于雨雪分寸档案重建历史典型场次干旱事件方法的可行性；然后介绍了改进的 Green - Ampt 入渗模型原理、计算公式以及模型适用性的评价，详细论述了基于雨雪分寸档案的历史典型场次干旱事件降雨量、降雪量的计算方法。在此基础上，重建了清光绪初年（1875—1879 年）山西省降水序列，主要结论为：1875—1879 年连续 5 年降水量严重短缺。其中，1875 年全省各站点降水量介于 22.6～462.8mm；1876 年降水量介于 25.8～483.5mm；1877 年降水量介于 21.6～275.8mm；1878 年降水量介于 71.8～746.4mm；1879 年降水量介于 57.5～701.4mm。1875—1877 年降水严重短缺且呈逐渐减少的趋势，其中，1877 年降水量短缺最为严重，1878 年降水量较之前明显增加，至 1879 年降水量有所减少。

4.4.3　典型区域干旱事件径流和土壤水重建

结合前文重建的清光绪初年山西省降水序列，本小节引入了大尺度分布式陆面水文模型—可变下渗容量（Variable Infiltration Capacity，VIC）模型，重建了清光绪初年（1875—1879 年）径流和土壤水序列。基于山西省境内汾河流域的三个主要水文站点的长序列（大于 20 年）径流观测资料，校正 VIC 模型，构建了适用于山西省的 VIC 高分辨率（－10km）模拟框架；在此基础上，将基于雨雪分寸档案重建的 1875—1879 年逐月降水序列降尺度处理成连续逐日序列，驱动 VIC 模型，重建了山西省 1875—1879 年逐月径流和土壤水序列。

4.4.3.1　VIC 模型简介

VIC 模型是基于土壤-植被-大气系统水热传输（SVAT）思想开发的大尺度分布式水文模型[299]。该模型不仅在国际河流得到了应用，在我国多个流域也得到了广泛应用。其中主要应用于我国黄河流域、长江流域以及海河流域等的植被变化、土壤水变化，以及径流变化等的模拟研究。VIC 模型区别于其他水文模型的显著特点包括蒸发考虑作物冠层蒸发及蒸腾，选择饱和与非饱和土壤水运动的达西定律描述土壤水的运移[300]；在径流模拟方面同时考虑超渗产流和蓄满产流机制实现径流的网格化空间模拟；在水量平衡的基础上，同时考虑能量平衡。基于以上 VIC 模型的优点，本书选择 VIC 模型模拟历史典型场次干旱事件的径流与土壤水序列。

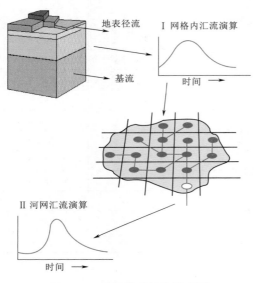

图 4.18　VIC 模型结构示意图

VIC 模型的主要模块包括蒸散发模块、汇流模块、土壤模块以及能量与物质均衡模块[301]。蒸散发模块将土壤分为上层土壤和下层土壤，具体分为 5 层土壤进行单独模拟。图 4.18 为 VIC 模型结构示意图。

在每个计算网格和模拟步长中，VIC 模型始终遵循着水量平衡原理，即

$$\frac{\partial S}{\partial t} = P - E - R \qquad (4.18)$$

式中：$\frac{\partial S}{\partial t}$、$P$、$E$、$R$ 分别为区域水量的时段变化，区域时段的降水量、蒸散发量和径流量。

4.4.3.2　模型校正

1. 模型输入

VIC 模型所需输入分为两类：一类是包含降水、气温、风速等变量的气象驱动数据；另一类是 DEM 地面高程数据及包含土壤、植被信息的陆面特征数据。本书以山西省为例，将山西省划分为 1024 个 1/8°空间分辨率的网格，准备 VIC 模型所需的陆面参数和气

象强迫网格化数据。

（1）气象强迫输入。VIC 模型模拟所需气象数据主要包括降水量、最低和最高及平均气温、平均风速，平均水气压、太阳辐射以及平均相对湿度等。本书基于山西省境内 95 个气象站点 1975—2009 年的气象数据，利用 SYMAP 算法[302]，将 95 个站点的降水、温度和风速等变量逐日观测插值到空间分辨率为 1/8° 的空间网格。其中，在温度插值过程中，SYMAP 考虑了海拔对温度的影响。至此，生成了一套空间分辨率为 1/8° 的 VIC 模型气象强迫输入数据（包含降水、最高气温、最低气温和风速四个气象变量），时间尺度为 1975—2009 年，时间分辨率为逐日尺度。

（2）陆面参数。模型所需要的陆面参数主要包括地理信息数据、土地利用、地形地势、土壤参数数据等。本书将分辨率为 1km 全球 DEM 数据重采样到空间分辨率为 1/8° 空间网格中得到山西省地面高程信息。植被数据选用 Maryland 大学成果数据库中 1km 全球地表覆盖数据。基于 Zhang 等[303] 开发的 VIC 模型全国 0.25° 植被参数文件[304]，本书获取得到山西省网格化植被覆盖数据以及地形地势参数等作为 VIC 模型所需的植被类型参数库文件和植被参数文件。由于植被类型或者地表覆盖在一定时期内保持不变，故该研究假设研究时段内（1875—1879 年）该数据保持不变。土壤参数来源于联合国粮农组织（FAO）提供的全球 5′ 的土壤数据集，将数据处理为相同的空间分辨率。

（3）汇流模型输入。汇流模块的数据主要包括区域降水单位线，汇流流向等数据。本书分别提取并获得汾河流域的流向文件和流域内各 1/8° 网格有效面积比例文件。由于利用月尺度径流观测校正模型，因此本书不需要对汇流模型进行率定。流速、流量扩散系数、月单位线等参数直接采取汇流模型提供的缺省值，即设定流速为 1.5m/s，流量扩散系数为 800m^2/s。

2. 模型率定

基于生成的过去近 35 年（1975—2009 年）的网格化（1/8°）气象强迫数据集和陆面参数数据库，驱动 VIC 模型，获取每个网格在指定时段的地表径流和地下径流日序列。本书选取位于汾河干流的 3 个径流观测站，利用实测径流量与模拟径流量的对比，对 VIC 模型进行参数率定和验证。其中需要率定的参数见表 4.20。

表 4.20 VIC 模型需要率定和验证参数表

参 数	参 数 描 述	参 数	参 数 描 述
b_{inf}	可变下渗能力曲线参数	D_{smax}	底层土壤最大基流
d_2	上层土壤深度	D_s	基流非线性增长时 D_{smax} 的比例
d_3	底层土壤深度	W_s	底层土壤最大水分含量的比值

选取汾河流域静乐、义棠、河津三个径流观测站（1981—2000 年）的天然径流（即去除水库、灌溉等人为影响）对 VIC 模型进行参数率定。本书将已率定站点的参数移植到距其较近的未校正地区，进而确定了山西省境内所有 1/8° 网格的模型参数。

本书采用参数模拟最优组合值对径流和土壤含水量进行模拟，选择纳什效率系数（E_f）和相对误差（E_r）两个统计定量指标来评估模型校正的效果[305]，计算公式为

$$E_f = 1 - \frac{\sum (Q_{i,o} - Q_{i,s})^2}{\sum (Q_{i,o} - \overline{Q_o})^2} \tag{4.19}$$

$$E_r = (\overline{Q_s} - \overline{Q_o}) / \overline{Q_o} \times 100\% \tag{4.20}$$

式中：$Q_{i,o}$ 与 $Q_{i,s}$ 分别为在 i 月的观测和模拟流量，m^3/s；$\overline{Q_s}$ 和 $\overline{Q_o}$ 分别为观测与模拟的多年平均流量，m^3/s。

图 4.19 为率定期内各站点 VIC 模拟径流与月实测径流对比。结果显示，VIC 模拟径流与实测径流序列在所有站点的 E_f 值均超过 0.50，表明校正后的 VIC 模型能够合理重现多年径流的年际变化，在山西省各站点具有较好的适用性。在多年平均尺度上，3 个站点

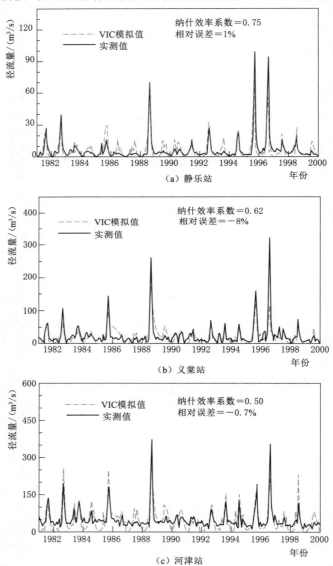

图 4.19　VIC 模型在各水文站点的模拟与实测月径流序列对比图

的 VIC 径流模拟值与实测值的相对误差均维持在 10%以内，这表明 VIC 模拟的多年均值与实测值非常接近。上述评估表明，经过校正的 VIC 模型能成功重现汾河流域径流的年际变化和长期趋势，用于重建汾河流域的水循环过程。

4.4.3.3 清光绪初年山西大旱径流和土壤水重建结果

为重建清光绪初年山西大旱期间的径流和土壤水序列，利用重建的 1875—1879 年山西省 95 个站点逐月降水序列，作为驱动 VIC 模型所需的气象强迫输入。由于 VIC 模型需要日尺度的降水输入，为此需要将重建得到的月尺度降水序列处理为逐日尺度。考虑到本书主要关注干旱事件的影响，逐日降水的变率（相对于降雨量而言）对结果的影响基本可以忽略。基于此，利用比例系数方法对 1875—1879 年的逐月降水量进行偏差矫正和降尺度处理。以 i 年 j 月为例，具体步骤如下：

第一步，在具有日尺度气象观测的时段中选取 1975 年作为基准年，利用 i 年 j 月的月降水量除以基准年 j 月的月降水量，得到 i 年 j 月的降水量矫正系数 $r_{i,j}$。

第二步，以基准年 j 月的日降水序列为基准，分别乘以矫正系数 $r_{i,j}$，即可得到 i 年 j 月的日降水序列。通过上述降尺度方法，得到了山西省 95 个站点 1875—1879 年时段的逐日降水序列。结合各站点的经纬度位置和高程信息，利用 SYMAP 方法对降水量进行插值网格化处理，得到山西全省每个 1/8°网格在 1875—1879 年时段的逐日降水序列。

鉴于缺少相关历史资料，当前尚难以重演获取 1875—1879 年历史时期的温度和风速资料。为此，本书直接选用 1975—1979 年温度和风速的多年平均值作为模型模拟所需的气象驱动输入。至此，可重建得到山西省 1875—1879 年每个 1/8°网格的逐月径流和土壤水序列。

1. 径流重建结果

图 4.20 为山西省 1875—1879 年逐年径流深空间分布图。整体上，1875—1877 年各地区年径流深均不足 60mm，1875 年径流深介于 0.16~58.69mm，1876 年介于 0.41~43.47mm，1877 年介于 0.53~41.9mm；相较于 1875—1877 年，1878—1879 年的年径流深有所增加，其中 1878 年径流深的最大值为 122.42mm，1879 年径流深的最大值为 106.33mm。以网格为单位，逐年统计径流深小于 10mm 的区域比例，结果显示，1875—1879 年山西全境径流深小于 10mm 的区域比例依次为 55%、48%、58%、19%、30%，1878—1879 年径流深大于 60mm 的区域比例分别为 8%、2%。由此可知，相比较于 1878—1879 年，1875—1877 年水文干旱较为严重，且干旱覆盖面积较大。

就区域平均而言，1875—1879 年整个大旱期间，山西多年平均年径流深仅有 16.34mm，其中逐年平均年径流深分别为 11.38mm、11.58mm、9.88mm、29.79mm 和 19.10mm。空间上，1875—1879 年，山西省中部地区连续多年径流深不足 10mm；1875—1877 年径流深在空间分布上无明显的变化，1878 年，除中部地区径流深仍不足 10mm 外，其他地区径流深增加明显，其中山西省长治地区年径流深超过 70mm；相比较于 1878 年，1879 年全境径流深有所减少，南部地区的径流深要明显多于北部地区，呈明显的南多北少的空间格局。

2. 土壤水重建结果

图 4.21 为山西省 1875—1879 年平均土壤含水量空间分布图。整体上，1875—1879 年各地区年平均土壤含水量值稳定在 150~510mm 之间。其中，1875 年年均土壤含水量介于 159.7~484.5mm，1876 年介于 159.7~469.2mm，1877 年介于 160.5~459.9mm；

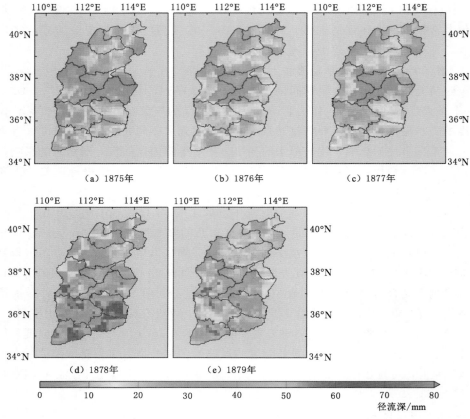

图 4.20　基于 VIC 模型模拟的山西省 1875—1879 年逐年径流深分布图

1878 年介于 160～484.9mm，1879 年介于 159.7～505.6mm。如图 4.21 所示，1875—1879 年土壤含水量年际变化不明显，年内土壤含水量分布由中部地区向四周逐渐减少。其中，中部地区，主要以汾河流域上中游为主的地区，土壤含水量大于 300mm，该区域占全境的 23%；土壤含水量小于 180mm 的区域占比为 31%。

4.4.3.4　小结

本书将山西省划分为 1024 个 1/8°的网格，基于山西省境内 95 个气象站点 1975—2009 年的气象数据，生成了一套空间分辨率为 1/8°的 VIC 模型气象强迫输入数据。基于马里兰大学发展的全球 1km 全球植被分类数据和联合国粮农组织（FAO）提供的全球 5′的土壤数据集，生成了基于 1/8°空间分辨率的 VIC 模型陆面参数数据库。选取了山西省汾河流域具有较长观测径流序列（>20 年）的 3 个水文监测站，对 VIC 模型进行参数率定。结果显示，经过校正的 VIC 模型能成功重现汾河流域径流的年际变化和长期趋势，可用于重建汾河流域的径流和土壤水序列。至此，研究建立起基于 1/8°网格的 VIC 模型适用性模拟框架。在此基础上，将基于雨雪分寸档案重建的 1875—1879 年逐月降水序列降尺度处理成连续逐日序列，驱动 VIC 模型，重建了山西省 1875—1879 年逐月径流和土壤水序列。

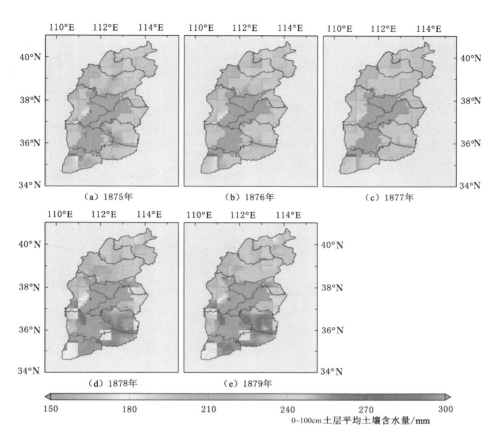

图 4.21 基于 VIC 模型模拟的山西省 1875—1879 年逐年平均土壤含水量分布图

4.5 典型场次特大旱灾研究

场次特大旱灾案例研究对于区域抗旱减灾规划、水资源规划，以及宏观减灾对策的制定，都具重要的参考借鉴意义。本书选择明末崇祯大旱和清光绪初年大旱为研究对象，开展典型场次特大旱灾研究。

4.5.1 明末崇祯特大旱灾研究

明末崇祯大旱，是近五百年来持续时间最长、受灾范围最广、灾情最为严重的一场干旱。此次大旱最早于 1637 年在陕西北部出现，1646 年大部分地区旱情明显减轻，前后持续 10 年，尤以 1640—1641 年旱情最为严重。此次大旱，我国南、北方共有 20 余省份相继受灾，其中华北地区受灾最为严重。大旱期间，灾区蝗虫灾害猖獗，瘟疫流行，加重了灾情，并对明代社会产生了重大影响。

4.5.1.1 特大干旱发展过程

此次特大干旱于 1637 年始于陕西北部，主要出现在华北和西北地区；1638 年开始向南扩大到苏、皖等省；1646 年终于湖南，旱区覆盖黄河、海河、淮河和长江流域的 20 余省（自治区、直辖市），重旱区在黄河流域、海河流域。历年大旱演变如图 4.22 所示。

在干旱初期（即 1637 年），仅少数地区有庄稼受旱和人畜饥馑的现象。第二年（1638 年），旱区向南扩大到苏、皖等省，大部分地区，有庄稼受害、人畜饥馑的现象，个别地区有人相食的记载。到了干旱的第四、第五年（1640 年和 1641 年），旱情加重，禾苗干枯、庄稼绝收，山西汾水、漳河都枯竭了，河北九河俱干，白洋淀涸，淀竭、河涸现象遍及各地，人相食的现象频频发生。陕、晋、冀、鲁、豫严重的干旱还伴随着蝗虫灾害和严重的疫灾，使灾害更趋严重。河南"大旱蝗遍及全省，禾草皆枯，洛水深不盈尺，草木兽皮虫蝇皆食尽，人多饥死，饿殍载道，地大荒"。甘肃大片旱区人相食。山西"绝粜罢市，

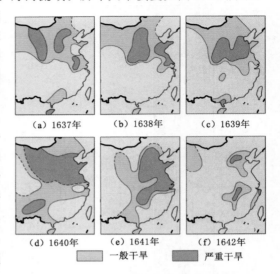

(a) 1637年　　(b) 1638年　　(c) 1639年

(d) 1640年　　(e) 1641年　　(f) 1642年

□ 一般干旱　　■ 严重干旱

图 4.22　崇祯大旱受灾地区演变示意图

木皮石面食尽，父子夫妇相剖啖，十亡八九"。干旱第六、第七年（1642 年和 1643 年），各地旱情才略有缓和，灾情相对减轻。

4.5.1.2　干旱强度

崇祯大旱自然变异非常明显，华北地区持续少雨。1637 年、1639 年、1640 年和 1641 年华北地区年降水量不足 400mm，比常年偏少 30%～50%，5—9 月降水量不足 300mm，其中 1640 年和 1641 年干旱最为严重（表 4.21）。据估算，华北地区年降水量不足 300mm，5—9 月降水量不足 200mm，连续 2 年的降水量均远低于 1949 年以来北方的大旱年。由于旱情严重，许多地方出现淀竭、河涸现象，如山西境内的汾水、漳河均枯竭；河北九河俱干，白洋淀涸；洛水深不盈尺（图 4.23）。

表 4.21　　　　　　1637—1643 年华北地区年降水量和 5—9 月降水量估算表

年　份	全　年		5—9 月	
	降水量/mm	距平/%	降水量/mm	距平/%
1637	358	−33	281	−37
1638	401	−25	321	−28
1639	368	−31	290	−35
1640	283	−47	210	−53
1641	294	−45	220	−51
1642	466	−13	382	−15
1643	479	−11	393	−12

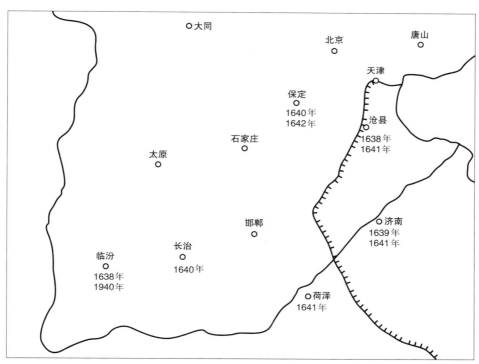

图 4.23 崇祯大旱期间淀竭、河涸出现的时间和地区分布

4.5.1.3 持续时间

崇祯特大干旱期间，多数地区干旱持续 4～9 年。其中，山西临汾，陕西榆林、延安、西安等地持续时间长达 9 年，见表 4.22。

表 4.22 崇祯大旱期间全国各地 4 级以上干旱持续年数

地区	4 级以上干旱持续年段	持续年数	地区	4 级以上干旱持续年段	持续年数	地区	4 级以上干旱持续年段	持续年数
大同	1628—1634 年	7	邯郸	1637—1644 年	8	扬州	1637—1641 年	5
	1637—1641 年	5	安阳	1637—1641 年	5	苏州	1636—1641 年	6
太原	1637—1643 年	7	洛阳	1637—1643 年	7	上海	1636—1641 年	6
临汾	1633—1641 年	9	郑州	1634—1641 年	8	安庆	1641—1644 年	4
长治	1636—1640 年	5	南阳	1636—1641 年	6	宁波	1640—1644 年	5
北京	1637—1643 年	7	信阳	1638—1642 年	5	九江	1639—1644 年	6
天津	1637—1643 年	7	德州	1637—1644 年	8	岳阳	1640—1644 年	5
唐山	1639—1643 年	5	莱阳	1637—1641 年	5	沅陵	1639—1643 年	5
保定	1627—1630 年	4	济南	1638—1641 年	4	长沙	1640—1645 年	6
	1638—1643 年	6	临沂	1638—1641 年	4	郴州	1641—1645 年	5
沧州	1637—1643 年	7	菏泽	1637—1644 年	8	海口	1637—1640 年	4
石家庄	1637—1643 年	7	徐州	1637—1643 年	7	兰州	1634—1637 年	4

地区	4 级以上干旱持续年段	持续年数	地区	4 级以上干旱持续年段	持续年数	地区	4 级以上干旱持续年段	持续年数
平凉	1636—1641 年	6	榆林	1637—1640 年	4	西安	1633—1641 年	9
银川	1636—1641 年	6	延安	1627—1635 年	9	汉中	1635—1641 年	7
榆林	1627—1635 年	9		1937—1640 年	4	安康	1635—1641 年	7

注　据《中国近五百年旱涝分布图集》整理。

4.5.1.4　灾害影响

连年旱灾也引发蝗灾，旱、蝗并发，灾区粮食严重歉收和失收，灾区米价昂贵，人口大量减少。1639 年每石米值银一两，1640 年以后，石米价格上涨到银三、四、五两不等。另据分析，1630—1644 年，全国人口减少了约 4000 万人，其中华北地区人口减少了约 1730 万人。连年旱灾也激化了社会矛盾，农民揭竿而起，各地起义不断，最后结束了明朝统治。干旱灾害是导致明朝衰败和社会不稳定的重要因素。崇祯大旱期间（1636—1637 年）蝗虫灾害分布如图 4.24 所示，崇祯大旱期间（1640 年）华北地区发生人相食州县分布如图 4.25 所示。

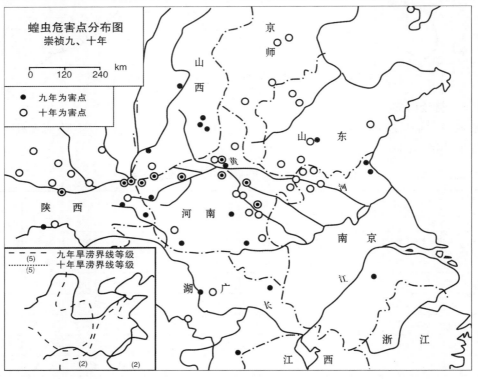

图 4.24　崇祯大旱期间（1636—1637 年）蝗虫灾害分布

4.5.2　清光绪初年山西特大旱灾

清光绪初年特大干旱始于 1874 年，结束于 1879 年。严重干旱时段发生在 1877—1878 年，即光绪三年、四年。按照干支纪年，光绪三年、四年为丁丑、戊寅年，因此这

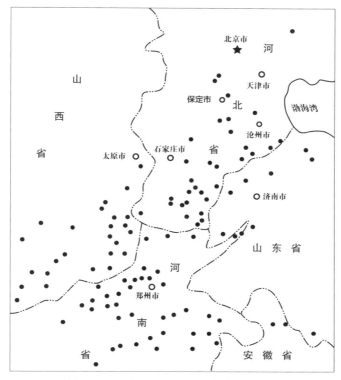

图 4.25 崇祯大旱期间华北地区发生人相食州县分布（1640 年）

次大旱史称"丁戊奇荒"，又因此次大旱以山西、河南为中心，因此又称"晋豫大饥"。受灾地区以山西、河南、陕西、直隶（今河北）、山东等北方五省为主，波及苏北、皖北、陇东和川北等地区。旱灾中心地区 80% 的人被饿死，死亡人数达 1300 万人，"饿殍载途，白骨盈野"。这次大旱是中国近代自然灾害中最严重的一次灾难。

4.5.2.1 干旱发展过程

1872—1873 年，局部性旱灾就在晋陕一带出现。1874 年山西、山东都出现局部性春夏连旱；1875 年旱区笼罩晋、豫、鲁三省及陕北一带；1876 年大旱区继续扩展，覆盖了黄河流域整个农业区，1877 年旱情和灾情达到极点，见表 4.23。

表 4.23   1875—1878 年北方五省旱灾演变简表

地 区		1975 年	1876 年	1877 年	1878 年
甘肃东部				特大旱	大旱
宁夏			大旱	特大旱	大旱
陕西	北部	旱	大旱	特大旱	大旱
	南部		大旱	特大旱	大旱
山西	北部	旱	大旱	特大旱	大旱
	南部		大旱	特大旱	大旱
河南	西部	旱	大旱	特大旱	大旱
	东部	旱	大旱	特大旱	旱
山东	西部	旱	特大旱	特大旱	
	东部	旱	特大旱	旱	

山西，"光绪三年冬无雪，四年四月至五年夏尽不雨，春旱夏无收，汾、涘几竭，人相食"；估计连续无雨期长达 17～20 个月，一般有 7～12 个月；据当时居住太原的一位外籍传教士书信中估计，饥饿病死约 700 万～800 万人。

河南，"黄沁微微，伊洛断流"，据偃师县碑文记述："光绪二年九月至四年共十八个月不雨，岂莫不雨，雨只洒尘；亦岂不雪，雪不厚纸。伊洛断流，死者十之八九"。据此推断豫西一带连续无透雨时间可达 18～20 个月，一般有 7～12 个月。全省特大旱区"计八十七州县，死人近 200 万"。

山东，"野绝青草，大饥，大疫，死者甚众"。1878 年各地仍春夏连旱，直至农历七月，才下了一场大雨，旱情方告结束。

4.5.2.2　干旱强度

这次大旱山西省受旱最重，1876 年、1877 年和 1878 年降水量比常年降水量显著偏少见表 4.24，1877 年山西省连续 200 以上无雨日有 14 个县，100～200 天有 61 个县。山西水文总站估计该年全省年降水只有 126mm，相当于千年一遇的特枯年。

表 4.24　　　　　　　　　　1875—1878 年山西降水量及降水距平统计表

季　节	多年平均/mm	降水量/mm				降水距平/%			
		1875 年	1876 年	1877 年	1878 年	1875 年	1876 年	1877 年	1878 年
春季（3—5 月）	79.0	47.9	54.2	56.7	111.1	−39.4	−31.4	−28.3	40.6
夏季（6—8 月）	291.4	79.8	113.7	51.5	184.8	−72.6	−61.0	−82.3	−36.6
秋季（9—11 月）	107.7	40.3	15.1	6.4	82.2	−62.5	−85.9	−94.1	−23.6
冬季（12 月至次年 2 月）	13.4	6.3	13.5	15.2	4.4	−52.9	0.5	13.7	−66.9
全年	491.5	174.3	196.4	129.8	382.5	−65.0	−60.0	−74.0	−22.0

由表 4.24 可知，1875 年全省平均年降水量约 174mm，较多年平均减少六成多。夏秋旱尤为严重，夏季降水较多年平均减少七成多，秋季则减少六成多。1876 年夏季降水较上年偏多，但秋季降水特别稀少，仅 15mm，较多年平均减少 85% 以上。1877 年，全省出现严重的夏秋旱，夏季的降水距平达 −80% 以上，秋季的降水距平更是达 −90% 以上。1878 年，全省的降水基本恢复正常，春季降水甚至较多年平均偏多 40%（图 4.26）。

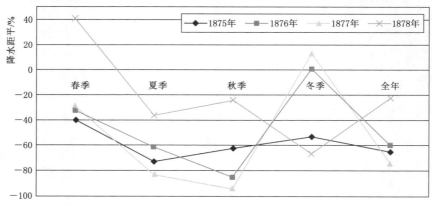

图 4.26　1875—1878 年山西全省各季度降水距平比较图

依据《山西气候》，时段（如季、年）降水量负距平的绝对值大于等于30％为旱，大于等于50％为大旱。从1875—1878年的降水距平来看，1875—1877年连续3年夏秋大旱，1875年和1878年冬大旱。

分区域来看，1875年的春旱以大同、阳泉最为严重，干旱笼罩范围大致位于忻州以北区域以及阳泉、晋城一带；夏季全省大旱，太原以南的整个区域旱情严重，降水距平约为多年平均的−70％以上，北部降水情况较南部稍好。秋季除太原和运城外，全省大旱。北部的忻州、朔州旱情继续加重；南部除临汾外，运城、晋城、长治的旱情较夏季有所缓和。该年冬旱以朔州为中心，主要分布在北部一带。

1876年，春旱主要分布在大同一带。夏季则除太原以外，全省普遍大旱。该年秋旱的形势最为严重，全省除运城降水约44mm外，其余地市的降水都在20mm以下，甚至不到10mm，降水距平较多年平均减少90％左右。1876年运城发生冬旱，北部地区降水较多年平均略偏多。

1877年春季朔州和临汾发生大旱，夏季则发展演变成全省范围的大旱，晋城、临汾、运城一带区域的降水只有20～30mm，降水距平较多年平均将少90％以上。秋季的情势更为严重，全省只有太原、吕梁和晋中3个地市的降水量在10mm以上，其余地市都不足10mm，大部分区域降水距平在−90％以上。该年冬季只有运城和晋城发生大旱，中部一带降水明显偏多。

1878年春季各地降水较多年平均均较多，中部的阳泉、太原较多年平均偏多80％以上。夏季全省略偏旱，北部的大同和忻州一带大旱。秋季与夏季相比，大同和忻州的干旱形势进一步加重。此外，阳泉也发生大旱。该年冬季西部和南部地区旱情严重。临汾、运城、晋城的降水距平都在−80％以上。吕梁山区的降水距平也较多年平均减少70％以上。

光绪初年特大干旱在水文上也有所反映。根据方志记载，晋南一带黄河、汾河、浍河、滦水在光绪三年都出现降水量大减甚至枯竭的现象。据光绪《吉州志》记载，光绪二年（1876年）冬十一月，"壶口上流河水断绝数十余丈，半日方接"。光绪三年（1877年），自春徂夏半年不雨，"汾水断流"。霍州、曲沃也都有"六月，汾、浍几竭"的记载。在绛州境内，六七月浍水也曾枯竭两次，"各旬余"。翼城境内滦水也出现干涸情况。另据曾国荃八月奏言，"陕省入夏以来雨泽愆期，渭河水浅，上运盐更为吃力，近来水势益小"。虽然说的是渭河的情况，但渭河距山西南部地区较近，一定程度上反映了晋南一带地表径流减少情况。

另据清宫档案资料统计，1877年全省约80％的州县连续无雨期达3个月以上。全省平均连续无雨期的时间为142d，连续无雨期最短的为57d，出现在岢岚州；连续无雨期最长的为349d，出现在洪洞县，全年只在十二月降雪2寸，为该县有气象观测记载以来的最小值。全省连续无雨期在180d以上的州县21个，连续无雨期出现的时间集中在五月至十一月，大多分布在临汾、运城一带（表4.25和图4.27）。

4.5.2.3 波及范围

1876年旱区分布在海河、黄河和淮河流域，以及长江下游、上游和西南诸河地区。145个县受灾，重旱区在山西、山东、苏北沿海和安徽部分地区。1877年为最严重旱年，旱区波及308个县，重旱区扩大为陕西、宁夏、内蒙古、山西、河北、山东、河南诸省（自治区）。1878年受旱县131个，重旱区范围退缩为黄河中下游、海河流域和淮河流域北部部分地区。

表 4.25　　　　　　　　　　　1877 年山西连续无雨期 180d 以上的州县统计表

府州	州县	最长无雨期		府州	州县	最长无雨期	
		起讫日期	天数/d			起讫日期	天数/d
解州	芮城	5 月 9 日—2 月 1 日	269	泽州府	阳城	5 月 17 日—12 月 16 日	214
	平陆	8 月 3 日—2 月 1 日	183	平阳府	岳阳	5 月 16 日—12 月 16 日	215
	解州	5 月 10 日—1 月 2 日	238		洪洞	2 月 13 日—1 月 27 日	349
绛州	绛县	5 月 10 日—12 月 16 日	221		太平	5 月 17 日—12 月 16 日	214
	垣曲	5 月 10 日—12 月 16 日	221		襄陵	5 月 17 日—1 月 27 日	256
	河津	7 月 24 日—1 月 27 日	188		乡宁	5 月 16 日—12 月 18 日	217
隰州	大宁	7 月 24 日—1 月 28 日	189		吉州	8 月 3 日—2 月 1 日	183
平定州	和顺	5 月 3 日—12 月 28 日	240	朔平府	朔州	5 月 26 日—2 月 1 日	252
蒲州府	荣河	5 月 10 日—2 月 1 日	268	大同府	广灵	7 月 25 日—2 月 1 日	192
	猗氏	6 月 8 日—2 月 1 日	239		灵邱	7 月 25 日—2 月 1 日	192
	永济	6 月 10 日—12 月 16 日	189	全省平均		142	

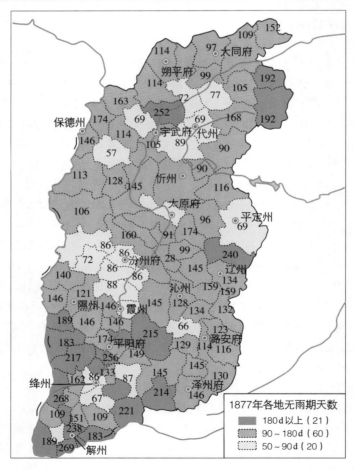

图 4.27　1877 年山西连续无雨期 180d 以上的州县分布图

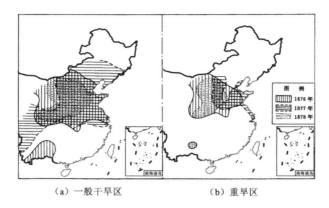

（a）一般干旱区　　　　　　　　（b）重旱区

图 4.28　1876—1878 年旱区范围演变

4.5.2.4　持续时间

清光绪初年特大干旱期间，大部分地区干旱持续时间 3～4 年，见表 4.26。山西临汾、内蒙古鄂托克干旱持续时间长达 6 年。

表 4.26　　　　　　　　　　光绪大旱期间各地 4 级以上干旱持续年数

地区	4 级以上干旱持续年段	持续年数	地区	4 级以上干旱持续年段	持续年数
北京	1875—1877 年	3	鄂托克	1874—1879 年	6
石家庄	1876—1878 年	3	西安	1875—1879 年	5
保定	1876—1878 年	3	延安	1874—1878 年	5
邯郸	1876—1878 年	3	榆林	1874—1878 年	5
唐山	1875—1877 年	3	汉中	1875—1878 年	4
沧州	1875—1877 年	3	安康	1875—1878 年	4
天津	1876—1877 年	2	郑州	1875—1878 年	4
太原	1874—1878 年	5	信阳	1875—1877 年	3
临汾	1874—1879 年	6	洛阳	1875—1878 年	4
临沂	1875—1877 年	3	南阳	1875—1877 年	3
大同	1876—1878 年	3	济南	1875—1878 年	4
长治	1874—1878 年	5	德州	1875—1878 年	4
呼和浩特	1875—1879 年	5	菏泽	1875—1878 年	4

注　来源：据《中国近五百年旱涝分布图集》整理。

4.5.2.5　灾害影响

此次特大旱灾灾区范围广、灾害强度大、多灾并发。光绪《山西通志》记载："从未有灾祲频仍，几遍全境，若丁丑、戊寅之甚者也"。从灾害发生初期到灾害后期，清政府和山西地方政府都采取了许多方面的应对措施，从灾害初期成立应急机构并制定应对管理办法，到灾害严重期间开展的各种工程、非工程措施以及社会救助措施，再到灾后的恢复重建举措，行动规模之大，为历史罕见。据《清德宗实录》统计，清政府从光绪二年至六年，约蠲免山西的银两为 468 万两，平均每年蠲免 93 万两，约为整个清代平均免额的近

60 倍。另外，据对 25 州县方志中动用仓谷赈灾情形的统计，除 4 县动用的仓谷数不明外，其余 21 个州县动用仓谷数的比例，最少的占 21%，最多的则占 90%，平均动用 64%。（图 4.29 和图 4.30）。但仍造成大量人口死亡，据统计，三年大旱中，山西、河南、河北、山东等地因旱灾饥饿致死者多达 1300 万人。由于大旱发生于国内长期战争之后，清廷为镇压太平军和捻军，打了近 20 年的仗，战火遍及半个中国。英、法帝国主义先后发动的两次鸦片战争，使清廷割地赔款，国库空虚，财力日竭。大旱年间，清政府对百姓狂征暴敛，灾民得不到赈济，大量死亡。这次严重的旱灾也动摇了清朝统治基础。

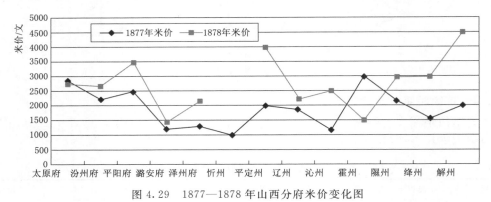

图 4.29　1877—1878 年山西分府米价变化图

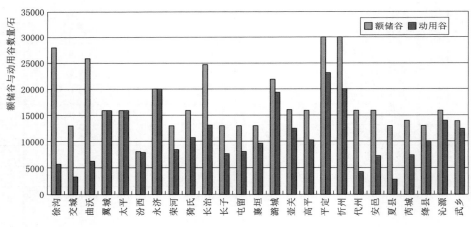

图 4.30　1876—1879 年山西 25 州县仓谷赈灾情况表

第 5 章

变化环境下干旱灾害频发新格局及未来趋势诊断

5.1 历史干旱灾害特征

5.1.1 世界历史干旱事件

干旱因其隐蔽性、潜伏性和不确定性，极易形成全局性灾害甚至重患，旱灾对经济社会的影响及破坏，远比地震、洪水、火山喷发以及台风、海啸等自然灾害严重得多。每次历史大干旱事件往往伴随着大范围粮荒、饥荒、疾病的发生。

在人类文明史上，全球历史大旱事件在各个时期的发生情况简介如下。

1. 古代的历史干旱（公元前 4000 年至公元 500 年）

越来越多的研究表明，气候突变在旧大陆的古代文明，如尼罗河流域的古埃及文明、印度河流域的古印度文明、美索不达米亚平原的两河流域古文明，以及新大陆玛雅文明的衰落中都起了重要作用。

埃及、希腊、美索不达米亚青铜时代文明的衰落，归因于发生在公元前 3000 年至公元前 1000 年之间的一连串干旱事件和饥荒[306]。根据最新研究成果，远古埃及文明的衰落可能是由于气候快速变化所致。受此干旱气候的影响，食物资源大幅减少，其他社会基础设施也被削弱，从而导致阿卡德帝国的衰落，并影响了埃及古国王时期和其他人类文明，导致古埃及文明的逐渐衰落。阿曼海湾连续性的古气候记录表明，西亚地区 1 万年以来最为干旱的事件持续了近 300 年，是导致美索不达米亚阿卡德文明衰落的关键原因。

在印度河流域的哈拉帕文明的衰亡中，干旱可能起了类似的作用[307]。对湖泊沉积物的 ^{16}O 和 ^{18}O 同位素的分析表明，对所有南亚的生计至关重要的季风周期失去效用长达 2 个世纪，而在公元前 4200 年至公元前 4000 年发生的一次重要气候事件则是古印度文明衰落的重要原因。树木年代学的研究证据表明，124—210 年持续的干旱可能削弱了古罗马帝国经济，使得边缘农业地区人口和农业生产逐渐减少，进而引起西罗马帝国的衰退，甚至导致了其最终的崩溃。根据对墨西哥尤卡坦半岛 Chichancanab 湖中沉积物的研究证明，在公元 900 年前后，该地区遭受了近公元 200 年的持续干旱和强蒸发，成为玛雅文明衰落的主导因素。根据对沉积物中铁元素含量变化的分析，200 年前后发生的一次干旱对前古典时期玛雅文明造成了重大打击，许多主要城市被迫放弃，而 8 世纪中叶开始的另一场持续 150 多年的干旱则控制了整个加勒比海地区。在这持续 150 多年的干旱中，每隔 50 年左右就发生一起严重的旱灾，其中后 3 次旱情最为严重，每次大干旱的发生都造成了玛雅文明的局部崩溃，经过这 3 次大旱，整个玛雅文明最终走向了末路。

在这个时期，中国也经历了一系列全国范围的干旱，这些极端干旱带来了致命的后果，作物死亡，数以百万计的人死于饥荒，引起经济崩溃，内乱紧随而至。

2. 中世纪的历史干旱（500—1650 年）

在 14 世纪早期，英国和整个欧洲的气候变暖与环境冲击引发和形成了农业及人口危机，如发生在 1315—1322 年的大饥荒和 1348—1349 年的黑死病。14 世纪 20 年代和 30 年代，在英格兰南部和东部常穿插发生干旱和疾病两大灾害，造成了疾病的扩散和作物的减产甚至绝收，并最终导致死亡率大幅增加。在中国，明崇祯皇帝统治时期（1628—1644 年），发生了一场始于 1637 年并持续到 1642 年的严重干旱，其影响范围超过 20 个省，影响人口超过当时中国人口的一半，黄河、海河流域的支流以及许多湖泊几乎全部干涸，农业生产崩溃，大部分物价随之上涨，起义革命爆发，伴随着一个接一个的暴动事件，最终导致 1644 年明朝的灭亡。

3. 工业革命前的历史干旱（1650—1930 年）

由家庭手工业过渡到基于机器的经济时代，从不断下滑的农业到快速增长的城市化和工业化，社会对水有了新要求，一般来说，更易加剧干旱。发生在 1769—1973 年的孟加拉大饥荒，导致约 1000 多万人死亡，幸存者为了寻找食物而迁移，导致大片区域人口减少，这些区域数十年之后变成了丛林。发生在 1854—1960 年的英格兰长历时干旱，由于在苏格兰东南部的低地和英格兰北部连续的冬季干旱，地下水水位逐渐降低，最终给英格兰的农业生产带来毁灭性的影响。发生在 1876—1879 年的严重干旱，中国、伊朗、俄罗斯均受到影响，并引发了大饥荒，而中国尤其严重，其中超过 9 个省受到影响，大约 900 万人死亡。1877—1888 年发生在巴西的大干旱，是巴西有记录以来最严重的一场干旱，造成了大约 50 万人死亡，迫使数千万人涌向城市。1895—1903 年发生在澳大利亚联邦的干旱，是澳大利亚有史以来最具毁灭性的干旱之一。有超过 40％的牛和 50％的羊受其影响。1898—1900 年的干旱肆虐了整个印度，有 1.25 万～4.5 万人因粮食短缺和干旱所衍生的疾病而死亡，超过 100 万头牛在饥荒中死亡。

4. 近代的历史干旱（20 世纪 30—70 年代）

这段时期干旱频发，经历了一系列长历时的干旱。这些历史大干旱事件中有的导致大量人口死亡，如 1942 年印度的加尔各答在经历了长期的干旱和饥荒后，最终约有 150 万人丧生。有的影响社会经济和人口迁移，如覆盖美国南部平原的沙尘暴干旱（1934—1939 年），使农业受到严重影响，而这也导致了大规模的移民，人们离开南部平原迁移到东部和西部；还有持续到当代的苏丹和乍得冲突，在某种程度上是对其持续几十年干旱的反映，迫使牧民和牲畜向南寻找水源，并侵占定居农耕民族所拥有的土地。

5. 当代的历史干旱（20 世纪 70 年代至今）

这一时期的干旱发生更加频繁，影响范围也更广。如 1976 年的英国干旱；1975—1977 年的美国加利福尼亚州（简称加州）干旱；1979—1983 年的巴西大旱；1981—1984 年的非洲大旱；1992—2005 年的墨西哥干旱；1999—2002 年的叙利亚大旱；2000—2001 年的中国大旱；2001—2009 年的澳大利亚大旱；2002 年 7 月的印度干旱；2003 年的全欧洲大旱；2012—2013 年的巴西干旱等。这段时期，几乎每年在全球不同地区都有严重干旱发生。

对人类文明起源以来全球范围内的历史大旱事件进行系统梳理，深入剖析每次大干旱事件的特点和影响，总结见表 5.1。可以看出，极端干旱事件易引发大范围的粮食减产和饥荒，带来巨大的经济损失，甚至导致区域人口的下降。其中，1898—1900 年印度干旱是全球历史上有记录的导致人口死亡最多的大干旱，大约有 1.25 万～4.5 万人死于食物短缺和疾病；其次是 1942 年的孟加拉干旱和 1965—1966 年的印度大旱，均造成大约 150 万人死亡；影响范围广、干旱程度严重的 1981—1984 年非洲大旱，造成超过 100 万人因旱死亡；1877—1888 年和 1979—1983 年的巴西大旱分别造成大约 50 万人和 70 万人死亡。此外，极端干旱事件还带来巨大的经济损失，有记录的经济影响较大的几次典型历史大旱包括：1987—1989 年罕见的高温与少雨干旱给美国造成大约 80 亿～1200 亿美元的损失；1854—1860 年英国的持续干旱给农业生产带来毁灭性打击；1951—1956 年持续 6 年的美国得克萨斯州（简称得州）干旱导致一些地区作物产量下降高达 50%；1939—1945 年的澳大利亚干旱导致近 3000 万只羊死亡，2001—2009 年持续 8 年的澳大利亚大旱消耗 45 亿美元的干旱援助；2011 年的东非干旱导致 950 万人的生计受到威胁，进入饥荒状态。

表 5.1　　　　　　　　　　　历史大干旱事件的气候特点及其影响

时　间	名　称	气　候　特　点	影　　响
1199 年	埃及大旱	气候逐渐干旱，降雨量减少	持续时间长，影响范围广，有 10 多万人饿死或被杀死为他人食用
1315—1349 年	欧洲大旱	降水量下降，夏天温暖干燥	干旱→粮荒→饥荒→疾病→欧洲人口大幅下降
1854—1860 年	英国久旱	连续干燥的冬季	给农业生产带来毁灭性打击
1877—1888 年	巴西大旱	雨水减少，农田荒芜	大约 50 万人死亡
1895—1903 年	澳大利亚持续 8 年大旱	持续时间长，降雨稀少	超过 40% 的牛死亡，羊数量减半
1898—1900 年	印度干旱	年降水少，气候干旱	1.25 万～4.5 万人死于食物短缺和疾病
1939—1945 年	澳大利亚干旱	主要受到热带高压气候影响	近 3000 万只羊死亡
1942 年	孟加拉干旱	亚热带季风气候	估计有 150 万人死于饥荒与干旱
1951—1956 年	持续 6 年得州干旱	低降雨和高温	一些地区作物产量下降高达 50%
1965—1966 年	印度大旱	热带季风气候，降雨减少	估计有 150 万人死于饥荒与干旱，1 亿人受到影响
1972 年	印度大旱	降雨减少	1 亿人受到影响
1975—1977 年	美国加州干旱	土地荒芜，降雨稀少	1976 年干旱造成经济损失 8.885 亿美元，1977 年是 17.75 亿美元
1979—1984 年	巴西大旱	降水极少	超过 70 万人死于饥饿
1981—1984 年	非洲大旱	降水极少	湖泊、河流干涸，受灾面积广，超过 100 万人死亡

时　间	名　称	气　候　特　点	影　响
1981—1984 年	西班牙干旱	地中海气候，夏季干旱少雨	作物产量减少了 40%
1982—1983 年	澳大利亚干旱	持续时间长，降雨稀少	损失估计超过 30 亿美元
1987—1988 年	印度大旱	亚热带季风气候	影响了 3 亿人，导致 300 人死亡
1987—1989 年	美国大旱	罕见高温，少雨，干燥	80 亿～1200 亿美元损失，4800～17000 人死亡
1991—1995 年	澳大利亚大旱	持续时间长，降雨稀少	损失超过 50 亿美元
1992—2005 年	墨西哥干旱	河流入流减少，缺水严重	积累了 150 万英亩英尺（1 英亩英尺＝1233.5m^3）水的债务，每年损失 1.35 亿美元
1995—1997 年	西班牙大旱	地中海气候，夏季干旱少雨	1997 年国内生产总值（GDP）下降了 2.3%，救灾工作成本超过 9 亿美元
1999—2002 年	叙利亚大旱	水资源极度缺少	全国 60% 的面积受到影响
2001—2009 年	澳大利亚大旱	持续时间长，降雨稀少	农业生产受到严重影响，消耗 45 亿美元的干旱援助
2002 年	印度干旱	亚热带季风气候，降雨少	在印度 56% 的地理区域的 3 亿人、1.5 亿头牛受到了影响
2004—2005 年	叙利亚干旱	水资源极度缺少	全国 40% 的面积受到影响
2005—2007 年	西班牙干旱	地中海气候，夏季干旱少雨	粮食产量减少一半
2007—2009 年	叙利亚干旱	冬季雨水少	100 万人受到干旱的影响
2007—2010 年	美国加州干旱	雨季短少，水资源短缺	农业、工业和公共用水受到限制
2011 年	东非干旱	水资源极度短缺，蒸发量大，雨季少雨	950 万人的生计受到威胁，进入饥荒状态
2011—2012 年	墨西哥干旱	东南部及沿海地区热带高原气候，西北地区热带沙漠气候	9 个州受旱灾影响
2011—2012 年	英国干旱	冬季降雨少	水资源短缺，经济损失严重
2012—2013 年	巴西干旱	热带雨林气候，全年高温，年降雨量骤降	超过 1000 万人受到影响，44.4 亿美元被用来应对干旱

5.1.2　中国历史干旱事件

5.1.2.1　中国历史重大干旱灾害概况

（1）据不完全统计，从公元前 206—1949 年的 2155 年，我国发生过较大的旱灾有 1056 次，平均每两年就发生一次大旱。

（2）近一千年来，发生持续时间在 3 年以上，干旱区域覆盖 4 个省级行政区以上的重大干旱事件共有 14 余起：989—991 年（北宋）、1209—1211 年（南宋）、1328—1330 年（元）、1370—1372 年（元末）、1483—1485 年（明）、1527—1529 年（明）、1585—1590 年（明）、1637—1646 年（明末）、1689—1692 年（清）、1721—1723 年（清）、1784—1787 年（清）、1874—1879 年（清）、1928—1932 年、1941—1943 年等。其中，以

1637—1646 年的干旱事件持续时间最长；1585—1590 年干旱地域最广，且地域分布变化最大，前期北旱南涝转变为后期的北涝南旱；1877 年为北方大旱的典型；1785 年则为江淮、长江中下游干旱之典型；而 989 年为中原地区干旱之典型。

（3）1489—1949 年的 461 年间，全国重大干旱年共有 51 年。以北方干旱为严重的偏北型干旱，发生较多，受旱和成灾面积大，且发生连续多年干旱，灾情比较严重；全国范围的重旱和特旱，是在北方连年干旱与南方干旱年遭遇情况下出现的，其旱灾范围大，灾情严重。

（4）新中国成立以来我国的重大干旱年有 1959—1961 年、1972 年、1978 年、1997 年、2000—2001 年、2003 年、2009—2010 年等。其中，1959—1961 年大旱受旱范围波及东北辽宁，黄淮海区的河北、山东、山西、河南，长江中下游的安徽、湖南、湖北，华南的福建、广东、广西、海南，西南的四川、云南、贵州以及西北的陕西、甘肃和青海等近 20 个省级行政区，旱情与 1874—1879 年大旱类似，因旱导致全国粮食库存急剧下降，海河和黄河流域范围内遭遇 100 年一遇大旱。

（5）全国性大旱一般一个世纪出现 2 次，至少 1 次，最多 4 次，见表 5.2。

表 5.2　　　　　　　　公元 100 年至今全国性大旱年份表

世纪	大　旱　年　份	世纪	大　旱　年　份
2	134	12	1197
3	236、255、266	13	1208、1215、1218、1253
4	301、309、330	14	1306、1329
5	464、473	15	1433、1467、1484
6	537、573	16	1528
7	617、668	17	1640、1641
8	790	18	1721、1778、1785
9	862、868	19	1835、1875
10	991	20	1920、1928、1960
11	1033、1074、1075	21	2000、2001、2010

5.1.2.2　中国历史重大干旱事件

1. 宋代重大干旱

（1）989—991 年大旱（北宋）：中原地区干旱之典型，该年开封的年降水量推算为 191mm，为最近的 50 年所未见；990 年的年降水量为 357mm。旱区中心地带这 2 年的年降水量平均减少近 6 成，连续 2 年平均降水量不足 300mm，这也低于最近 50 年的最低气象记录。

（2）1209—1211 年大旱（南宋）：1209 年干旱，首种不入，庚申，祷于郊丘、宗社；乙酉，又祷，至于七月乃雨。浙西大旱，常、润为甚。江苏、安徽、湖北皆旱。1211 年，四川资中、安岳、大足、合川大旱。

2. 元代重大干旱

1328—1330 年大旱：1328 年陕西"人相食"，"军士饥死六百五十人"；饥民流入内地达一二百万；河南此年饿死 1950 人；江浙流民"六十余万户"，一家如 5 口，达 300 多万人成为流民。

3. 明代重大干旱

（1）1483—1485 年大旱：京、冀、鲁、晋、陕、宁、甘和江、浙、两湖大旱，连岁少雨，民食树皮、蒺藜，赤地千里，井邑空虚，流亡日多，尸骸枕藉。

（2）1527—1529 年大旱：干旱波及南北方 19 个省级行政区，北方诸省灾情尤为严重，禾稼枯死，旱、蝗肆虐，田禾尽没。

（3）1585—1590 年大旱：干旱地域广、变化大，大范围干旱持续 6 年。干旱事件可分为前后两段，前段呈北旱南涝的旱涝分布格局，后段旱涝分布格局有改变，北方开始多雨，干旱区扩大并南移至长江流域及江南。由各省逐年受旱成灾的县数统计可见，前段受旱最重的是河北、山西，后段受旱最重的是江苏、安徽和湖南，旱灾持续最久的则是河南。1589 年达到极旱，1585—1590 年间各地河湖井泉干涸记录可旁证干旱程度，例如，安徽"淮河竭、井泉涸、野无青草"；浙江"运河龟坼赤地千里，河中无勺水"等。这次干旱事件尚伴有大范围饥荒和瘟疫，疫区随大旱地区而转移。

（4）1637—1646 年大旱（明末）：此次干旱（通常又称崇祯大旱）持续时间之长、受旱范围之大，为近百年所未见。中国南、北方 23 个省级行政区相继遭受严重旱灾。干旱少雨的主要区域在华北，河北、河南、山西、陕西、山东这些地区都连旱 5 年以上，旱区中心所在的河南省，连旱 7 年之久，以 1640 年干旱最为猖獗。干旱事件前期呈北旱南涝的格局，且旱区逐年向东、南扩大；1640 年以后北方降雨增多，转变为北涝南旱。在这期间瘟疫流行、蝗虫灾害猖獗。

4. 清代重大干旱

（1）1689—1692 年大旱：干旱灾害主要在华北、东北和西北诸省级行政区，南方的江浙、两湖和两广也发生干旱。

（2）1784—1787 年大旱：江淮和长江中下游干旱之典型，据史料记载，"太湖水涸百余里，湖底掘得独木舟"。黄河中下游和江淮地区严重旱灾持续 4 年，并伴随严重的蝗灾和瘟疫，其持续少雨时间和酷旱记述为近 50 年所未见。江淮及太湖地区 1785 年夏季降水量低于现代记录的极小值。如苏州 1785 年夏季 6—8 月雨日数仅 28 天，夏季降水量的推算值为 174mm，为 18 世纪夏季（6—8 月）雨量的次低值，也低于 1951—2000 年的最低降水量记录，其距平百分率低达－57.4%，即夏季雨量的减少近 6 成。在持续旱灾期间，黄河下游及黄淮、江淮飞蝗大爆发，还出现疫病大流行。1785 年有 13 省受旱，"草根树皮，搜拾殆尽，流民载道，饿殍盈野，死者枕藉"。

（3）1874—1879 年北方大旱：黄淮海流域连续三年干旱，灾区出现四五季无收情况。这次大旱始于 1874 年，结束于 1879 年，严重干旱段发生在 1876—1878 年。山西、河南、河北、山东四省因旱灾致死 1300 万人，为 20 世纪以前有记载的死亡人数最多的旱灾。根据故宫档案记载，1877 年山西省连续 200 天以上无雨日有 14 个县，100～200 天有 61 县。山西水文总站估计该年全省年降水只有 126mm，相当于千年一遇特枯年。据史料记载，1877 年河南省夏秋无收，87 州县报灾，饥民约 600 万；山西无雨天数长达 3 个月，57 州县报灾，饥民约 200 万；河北报灾州县 68 个，严重地区有邯郸、邢台、沧州、衡水、石家庄、保定等。1876 年旱区范围黄淮海流域及长江上游和下游，共 145 县，重旱区在山西、山东、苏北及皖北；1877 年，旱区共 308 县。次年重旱区扩大为陕西、山西、宁夏、内蒙古、河北、山东、河南；1878 年重旱区缩小为海河流域、黄河中下游、淮河流域北部。此次连续大旱波及中国一半人口，估计灾民达 2 亿人，死亡人口 1000 万人。

5. 中华民国重大干旱

（1）1928—1932 年西北大旱：重旱区主要分布在陕西、山西、宁夏、甘肃、河南，波及青海东部、四川北部、湖北西部、湖南中部地区。1928 年重灾区为晋南地区、河南北部、甘肃全省、陕西北部。1929 年延伸至陕西全省，88 县死亡人数达 250 万人；甘肃全省 58 县，死亡 230 万人。此次大旱持续到 1932 年。1928 年北方重旱区降水量重现期估计在 50 年以上，各站年降水量低于 1950—1990 年最枯年降水量。

（2）1941—1943 年南北大旱：其起于 1941 年，至 1943 年灾情最为严重，覆盖以中原大地为中心的黄河中下游两岸，南至湖南，北至京津，东濒大海，西及甘肃的广大范围内，部分地区旱荒持续至 1945 年。旱情所波及的其他省份，诸如河北、山西、山东、陕西、甘肃等均苦于旱荒，饥民遍野，南方地区的广东也出现大灾。

6. 中华人民共和国成立后的重大干旱

（1）1959—1961 年华北大旱：1959 年黄河中下游普遍少雨，但并非近 500 年最低，甚至还不是 20 世纪后半叶的最低值。1960 年受旱范围继续扩大至河北、河南、山东西部、陕西关中、辽宁西部。山东汶水、潍河等 8 条主要河流断流，黄河从山东范县至济南断流 40 多天。1961 年持续干旱，干旱核心区的邯郸、德州、济南、菏泽和江淮平原旱情加剧。1959—1961 年华北大旱与 1874—1879 大旱类似，应为海河和黄河流域范围内的 100 年一遇大旱，旱灾等级为重旱。1959—1961 年全国其他省份也遭遇旱灾。云南、贵州、四川冬春连旱，广东、海南旱情持续 7 个月，3 年间全国 15 个省受灾，旱灾面积 54885 万亩，成灾 22995 万亩。1959—1961 年持续 3 年大旱以及其他的原因导致了 1949 年以后最严重的灾情，全国粮食库存急剧下降，山东、河南、河北灾民外逃。1960 年 9 月 7 日，中共中央《关于压低农村和城市的口粮标准的指示》："库存比去年（1959 年）同期减少 100 亿斤。……到今年库存粮下降到 148 亿斤。""1961 年京、津、沪三市和辽宁的粮食库存接近挖空，几乎出现脱销危险"。实际情况更为糟糕，1959 年山东、河南等省农民已经耗尽余粮，三年间 1000 万人死于饥饿。

（2）2000—2001 年全国大旱：2000 年旱灾受灾面积高达 6.08 亿亩，其中成灾面积 4.02 亿亩，绝收 1.20 亿亩，因旱灾损失粮食 599.6 亿 kg，经济作物损失 511 亿元。2001 年，全国先后有 30 个省（自治区、直辖市）发生不同程度的旱情，一些地区连续干旱 3～4 年。受旱范围广和持续时间长，给中国工农业生产造成极大影响，也给城乡人民生活造成很大困难。全国农作物因旱受灾面积为 5.77 亿亩，其中成灾 3.56 亿亩，绝收 0.963 亿亩，因旱灾损失粮食 548 亿 kg，经济作物损失 538 亿元；致使 535 座县以上城市（包括县级政府所在镇）缺水，影响人口 3295 万人，大约有 3300 多万农村人口和 2200 多万头大牲畜因旱发生临时饮水困难。2001 年，除华南、西南和河套等部分地区降水偏多外，其余大部分地区降水偏少，发生了大范围的干旱，长江流域及其以北地区受旱范围广、持续时间长、旱情严重，其他地区相对较轻。

（3）2009—2010 年西南大旱：2009 年 8 月至 2010 年 4 月，我国西南地区的云南、贵州、广西、四川和重庆 5 省（自治区、直辖市）遭遇了特大干旱，其中云南和贵州两省的绝大部分地区的干旱达到了百年未遇的严重程度。严重的干旱灾害造成云南和贵州两省秋冬播种农作物受旱面积占全部播种面积的 80% 以上，而且还使得许多耕地无法播种，致使农业种植业损失惨重。2010 年 4 月初，西南地区旱情最严重时，5 省（自治区、直辖市）耕地受旱面积一度达到 1.01 亿亩，其中作物受旱 7907 万亩（重旱 2554 万亩，干枯 1643 万亩），待播耕地缺水缺墒 2197 万亩。据不完全统计，特大干旱灾害给西南 5 省（自治区、直辖市）区的农业种植业造成的直接损失超过 200 亿元。

5.1.3　我国历史重大干旱特征

1. 因旱而灾、因灾而乱，干旱造成的社会影响深远

纵观中国历史的重大干旱事件，干旱以及因旱成灾给中华文明带来的影响及破坏，远比地震、洪水、火山喷发以及台风、海啸等自然灾害来得深远、严重得多。干旱以其隐蔽性、潜伏性和不确定性，极易形成灾害甚至重患，后果往往很难挽回。因旱而灾，因灾而荒，因荒而乱，甚至导致政权动荡的事件并不少见。历史上朝代的更替，远至夏商、近至明清政权变更，除秦末陈胜吴广起义、元末农民起义与水灾或治黄有关外，绝大多数都发生在长期旱荒过程中。清代以来的大旱虽没有致使清王朝或民国政府的垮台，但旱荒期间规模不等、形式多样的饥民暴动仍起伏不断，土匪活动也极为猖獗。同时，就各种灾害的后果而言，干旱引发重大饥荒的频次以及由此导致的人口死亡规模，更非其他灾害可比拟。根据历代正史资料记载，因各类自然灾害导致的求生性食人事件至少有 50% 以上是由干旱引起的，据不完全统计，1840—1949 年的 110 余年间，全国各地共出现此类食人事件 50 年次，平均 2 年左右即发生 1 次。其中缘于旱灾的共 30 年次，缘于水灾的 10 年次，而历次重旱造成的人口损失，更是在 100 万～2000 万人之间，可见旱灾对社会危害巨大。

2. 连年干旱时有发生，影响范围广

根据近一千年间有过 14 余次大范围持续时间长达 3 年以上的重大干旱事件的情况来看，连年的大旱情况时有发生，并且干旱强度之高、干旱范围之广、影响程度之深、持续时间之长。干旱虽不构成对人类生命的直接威胁，但其主要通过切断维持人类生命的能源补给线，对生产生活进行破坏，造成的饥馑以及由饥馑引发的瘟疫却远比其他灾害来得更加严重和彻底，对社会发展的破坏不亚于一场战争。尤其是特大干旱的发生，往往并不是孤立的现象，而是和其他各类重大灾害一样，一方面会引发蝗灾、瘟疫等各种次生灾害，形成灾害链条；另一方面也与其他灾害如地震、洪水、寒潮、飓风等同时或相继出现，形成大水、大旱、大寒、大风、大震、大疫交织群发的现象，结果进一步加重了对人类社会的祸害。

3. 我国南方重大干旱时有发生，且近些年有加重趋势

从历史水旱灾害来看，大旱以北方居多，旱涝并存；南方以大涝居多，但重大旱灾也时有发生，而且一旦发生，同样会造成严重的后果。以 1489—1949 年全国共有的 51 年重大干旱年来论，南北方均发生严重干旱的年份有 1528 年、1721 年、1942 年等 8 个年份；

南北方发生干旱而以南方为严重的有 1671 年、1679 年、1788 年等 5 个年份；南方发生严重干旱而又波及北方的有 1589 年、1856 年、1934 年等 5 个年份。南方重大干旱发生频次与北方相比虽然相对较少，但其受旱和成灾面积也较大，影响范围广、灾情严重，如民国年间，西南如四川，华南如广东、福建，均曾发生死亡数 10 万人的大旱灾。近年来随着气候的变化，极端干旱气候发生概率增大，南方干旱呈现加重趋势。

以史为鉴，根据重大干旱事件来看，我国未来出现重大气候干旱的可能性是存在的，且高强度人类活动加剧后的气候变暖，使得自然形成的干旱更多地受到人为因素的影响，未来发生特大干旱的概率在增加。因此，如何借鉴历史经验，总结历史教训，进一步建立和完善现代抗旱减灾体系，应对各种类型干旱特别是特大干旱，依然是当前我国抗旱工作的重中之重。

5.2　1949—2020 年中国干旱及灾害演变规律

对全国干旱灾害时空格局的研究，历来受到政府和学术界的高度重视。已有研究成果从气候演变角度分析全球变暖或北方干旱化等对干旱灾害的影响；还有从气象记录或历史记录中，提取干旱次数或划分干旱等级等信息，研究时段序列较为完整的近五百年（1470—1990 年）和近五十年（1949—2000 年）的中国干旱灾害时空格局[308-309]。近七十年（1949—2020 年）时段序列的干旱灾害格局尚未见刊出。本书以 1949—2020 年间干旱及灾害发生的事实为依据，重构并研究近七十年中国干旱灾害的时空格局，分析近七十年干旱灾害发生频率及连续干旱年组特征，揭示全国干旱灾害变化趋势的地域差异，可为国家制定区域干旱灾害风险防控战略规划提供科学依据。

5.2.1　资料来源及分析方法

1. 资料来源

1949—1990 年旱情旱灾资料来源于《中国水旱灾害》[310]，1990—2008 年旱情旱灾数据来源于《全国抗旱规划》[311]，2009—2018 年数据来源于《中国水旱灾害公报》，2019—2020 年数据来源于《中国水旱灾害防御公报》，历年播种面积来源于《中国统计年鉴（2020）》[312]。

2. 有关名词

（1）干旱灾害：由于降水减少、水工程供水不足引起的用水短缺，并对生活、生产和生态造成危害的事件。

（2）作物受旱面积：由于降水少，河川径流及其他水源短缺，作物正常生长受到影响的耕地面积。同一块耕地一季作物多次受旱，只计最严重的 1 次；同一块耕地一年内多季作物受旱，累计各季作物受旱面积。

（3）作物（因旱）受灾面积：在受旱面积中作物产量比正常年产量减产 1 成以上的面积。同一块耕地多季受灾，累计各季受灾面积最大值。作物受灾面积中包含成灾面积，成灾面积中包含绝收面积。

（4）作物成灾面积：在受旱面积中作物产量比正常年产量减产 30% 以上（含 3 成）

161

的面积。

（5）作物绝收面积：在受旱面积中作物产量比正常年产量减产 80％以上（含 8 成）的面积。

（6）因旱受灾率是指在受旱面积中作物产量比正常年产量减产 10％以上的面积与播种面积的比值，用％表示。

（7）成灾率是指在受旱面积中作物产量比正常年产量减产 30％及以上的面积与播种面积的比值，用％表示。

（8）因旱粮食损失率是指因旱导致粮食损失量与粮食正常年产量的比值，用％表示。

3. 农业干旱灾害综合指标法

因在对全国 1949—2020 年近 70 年统计资料分析时出现不同省（自治区、直辖市）之间因旱粮食损失率数据精度不一及协调的困难，于是根据误差相对较小的全国历年受灾率、成灾率与因旱粮食损失率数据，通过建立全国因旱粮食损失率与受灾率、成灾率的回归方程，形成干旱灾害综合指标。干旱灾害综合指标是一项反映因旱粮食损失率的当量指标，应用干旱灾害综合指标对各省（自治区、直辖市）进行干旱年分析。干旱灾害综合指标按下式计算：

$$L = aR_{dr} + bR_{dd} \tag{5.1}$$

式中：L 为干旱灾害综合指标值，％；R_{dr} 为受灾率，％；R_{dd} 为成灾率，％；a、b 为系数，通过回归计算。

根据 1949—2020 年近 70 年全国因旱粮食损失率、受灾率、成灾率资料，经分析计算，$a = 0.0371$，$b = 0.6448$。说明成灾率对因旱粮食损失率影响大，受灾率对因旱粮食损失率影响小。

$$L = 0.0371R_{dr} + 0.6448R_{dd} \tag{5.2}$$

以干旱灾害综合指标 L 作为旱灾等级划分指标，其划分标准见表 5.3。根据此划分标准和干旱灾害系列资料可以得到 1949—2020 年全国、六大片区及各省（自治区、直辖市）发生的干旱灾害年等级系列，研判全国大范围农业干旱灾害时空分布特征。

表 5.3　　　　　　　　干旱灾害综合指标 L 划分旱灾等级的标准　　　　　　　　％

区　域	干　旱　灾　害　等　级			
	轻旱	中旱	重旱	特旱
全国	$2<L\leqslant3$	$3<L\leqslant5$	$5<L\leqslant7$	$L>7$
大区	$2.5<L\leqslant4$	$4<L\leqslant7$	$7<L\leqslant12$	$L>12$
省（自治区、直辖市）	$3<L\leqslant5$	$5<L\leqslant10$	$10<L\leqslant15$	$L>15$

5.2.2　干旱灾害发生频率及变化

1. 全国范围干旱灾害发生频率呈增加趋势

分析结果表明，在 1949—2020 年近 70 年间全国发生轻旱以上的年份有 55 年，发生频率为 76.4％，其中，发生重旱以上的年份为 26 年，发生频率为 36.1％；发生特旱的年份有 13 年，发生频率为 18.1％。反映出中国是一个干旱灾害频发的国家，平均 1.3 年就会有轻旱以上的干旱发生，平均每 2.8 年就会发生重旱以上干旱，平均每 5.5 年就会发生特旱。全国 1949—2020 年不同等级干旱年示意如图 5.1 所示。

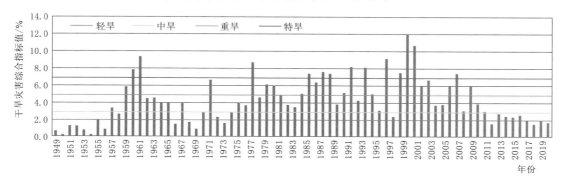

图 5.1 全国 1949—2020 年不同等级干旱年示意图

将系列年 1949—2020 年分为 1949—1979 年和 1980—2020 年两段来进行前后期比较。1949—1979 年 31 年期间，全国发生重旱以上的有 5 年，发生频率为 16.1%，平均约 6 年出现一次；1980—2020 年 41 年期间，发生重旱级以上的有 20 年，发生频率为 48.8%，平均约 2 年就发生一次重旱以上的干旱，这一时期发生重旱以上的频率是 1979 年以前的 3 倍，从时间尺度上说明我国干旱灾害程度在加重，干旱发生频率在增加。

2. 多数省（自治区、直辖市）干旱年数呈增加趋势

全国 31 个省（自治区、直辖市）1980 年前后发生重旱以上干旱年数统计数据的对比示意如图 5.2 所示，可以看出 1980 年以后绝大部分省（自治区、直辖市）的重旱以上干旱年数增加，北方地区，干旱发生的概率增加很多，特别是华北的天津、河北、山西、内蒙古，东北的辽宁、吉林，西北的陕西、甘肃、青海、宁夏，发生重旱以上年数均超过10 个；南方地区的湖南、四川、贵州、云南等省发生重旱以上的频率呈现增加趋势。

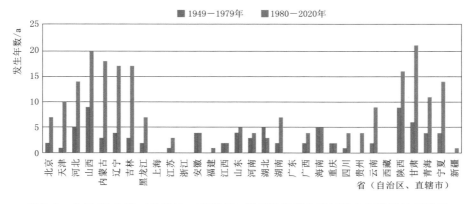

图 5.2 全国 31 个省（自治区、直辖市）不同时期发生重旱以上年数对比示意图

5.2.3 干旱灾害时空分布及其变化

在一个长的历史时期中，干旱事件呈"高频""低频"相间出现的特征，称为干旱的

阶段性。从大的阶段来看,我国自 1470 年以来大致可分为三个阶段:1470—1691 年为干旱高频期,1692—1890 年为干旱低频期,1891 年以后至今又转入干旱高频期。

5.2.3.1　1951—2020 年 70 年全国年降水量及降水距平

1951—2020 年 70 年全国年降水量及降水距平百分率如图 5.3 所示,全国降水变化趋势,1954—1956 年、1973—1975 年、1983—1985 年、1990—1999 年、2012—2020 年等为相对多雨阶段;1955—1959 年、1978—1979 年、1986—1989 年、2009—2011 年为相对少雨阶段。

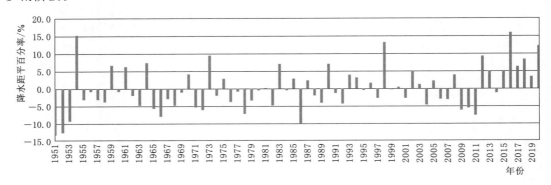

图 5.3　1951—2020 年全国年降水量及降水距平百分率

由于降水的周期波动,也引起干旱发生阶段性变化。我国因旱受灾面积存在明显的四个低值期,即 1949—1957 年、1963—1970 年、1982—1984 年及 2012—2020 年,每年因旱受灾面积一般在 20000 千公顷以下。还有三个高值期,即 1958—1962 年、1971—1981 年、1985—2002 年,每年因旱受灾面积一般在 20000 千公顷以上。70 年来的几个严重干旱年都发生在这三个高值阶段,如 1959 年、1960 年、1961 年、1972 年、1978 年、1988 年、1997 年、2000 年、2001 年等,这几个严重干旱年的因旱受灾面积均在 30000 千公顷以上。

5.2.3.2　农业干旱灾害发生发展的时间变化规律

1. 全国农业干旱灾害时间尺度上呈现出增加趋势

1949—2020 年我国多年平均因旱受灾面积、成灾面积分别是 19981.3 千公顷和 8976.2 千公顷,1989—2020 年多年平均绝收面积 2185.1 千公顷,1949—2020 年多年平均因旱粮食损失量 163.0 亿 kg。1949—2020 年全国因旱受灾、成灾、绝收面积及因旱粮食损失量变化过程如图 5.4～图 5.5 所示。

1949—2020 年我国农业干旱灾害演变趋势如图 5.6 所示。从图中可以看出,1949—2000 年全国农业干旱的受灾率、成灾率和因旱粮食损失率都呈现出增加趋势,其中,受灾率的增加速率为 1.72%/10a,成灾率的增加速率为 1.26%/10a,因旱粮食损失率的增加速率为 0.61%/10a。2000 年以后,全国农业干旱的受灾率、成灾率和因旱粮食损失率都呈现出下降趋势。

从我国农业干旱受灾、成灾面积占总播种面积的比率变化来看,20 世纪 50 年代我国的平均受灾率和成灾率分别为 7.4% 和 2.4%,到 21 世纪 10 年代,我国的平均受灾率和平均成灾率分别达到 16.1% 和 9.3%,分别是原来的 2.2 倍和 3.9 倍,反映了干旱灾害在

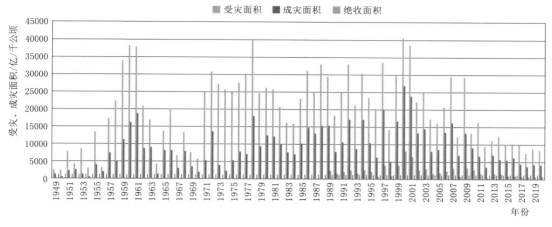

图 5.4 1949—2020 年全国因旱受灾、成灾及绝收面积柱状图

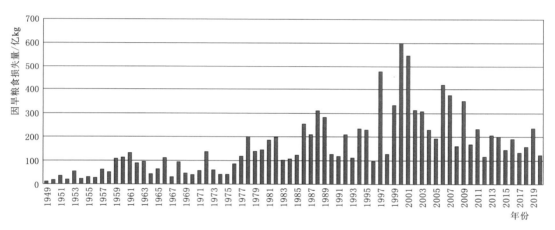

图 5.5 1949—2020 年我国农业因旱粮食损失量柱状图

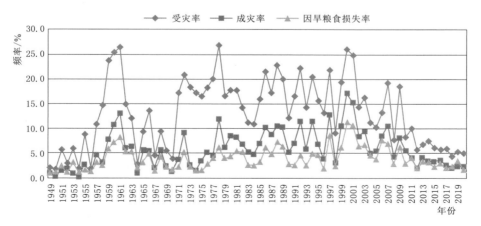

图 5.6 1949—2020 年我国农业干旱灾害演变趋势

我国越来越严重。从受灾率来看，从 20 世纪 70 年代开始，就基本维持在 17％左右，而成灾率则是随着时间的推移，呈现出增长的趋势。20 世纪 50 年代因旱粮食损失率为 2.3％，到 21 世纪已达到 6.8％，增长了近 3 倍。特别是进入 21 世纪第一个 10 年，干旱灾害严重程度增加，干旱灾害对我国粮食安全的威胁在不断增加，如图 5.7 所示。

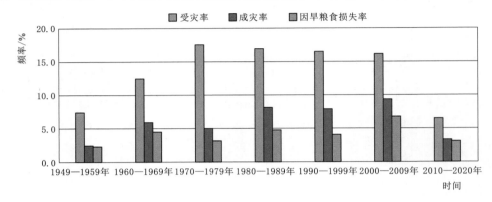

图 5.7　全国农业干旱灾害年代际特征

由 1949—2020 年不同年代因旱受灾成灾损失率倍比趋势（图 5.8）可知，以第一个年代（1949—1959 年）为基准 1.0，则 2000—2009 年成灾率和因旱粮食损失率倍比分别为 3.9 和 2.9，都处于高位。

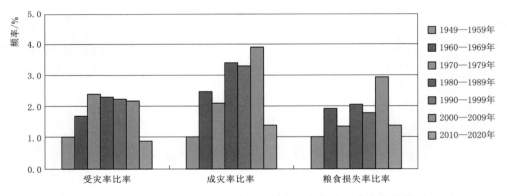

图 5.8　1949—2020 年不同年代因旱受灾成灾损失比率变化趋势图

2. 1980 年左右是全国农业旱情旱灾突变点

1949—2020 年全国综合干旱指数的 Mann-Kendall 检验值为 3.8，表明该指标增加趋势显著，达到了 $\alpha=0.01$ 的显著性水平。从图 5.9 中两条曲线的交点来看，全国综合干旱指数的突变点发生在 1980 年左右，这表明 1980 年是全国农业干旱灾害变化的一个重要节点。

3. 1980 年前后时期农业旱情旱灾特征对比

根据全国农业干旱灾害突变点分析结果，将 1949—2020 年分成两个阶段：1949—1979 年（前期）和 1980—2020 年（后期）。前后两段时间农业干旱灾害的对比结果分别如图 5.10 和图 5.11 所示，结果表明后期的农业干旱灾害比前期要严重。

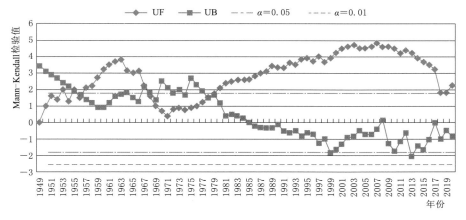

图 5.9　1949—2020 年全国综合干旱指数趋势及突变特征

（1）受灾率。从前后两段时间的均值来看，前期受灾率为 12.3%，而后期增加到 13.8%，增加了 1.5 个百分点；从前后两段时间的四分位点来看，前期受灾率的 25%、50% 和 75% 的值分别为 5.0%、12.0% 和 17.8%，而后期受灾率的 25%、50% 和 75% 的值分别增加到 8.0%、13.2% 和 17.8%；从前后两段时间的频率来看，5 年一遇的受灾率从前期的 19.0% 增加到后期的 20.0%。

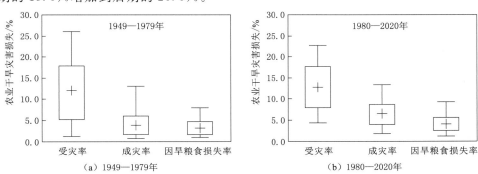

图 5.10　全国农业旱情旱灾突变前后时期四分位点对比图

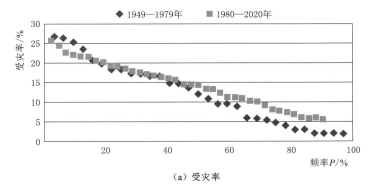

图 5.11（一）　我国农业干旱灾害 1980 年前后频率曲线对比图

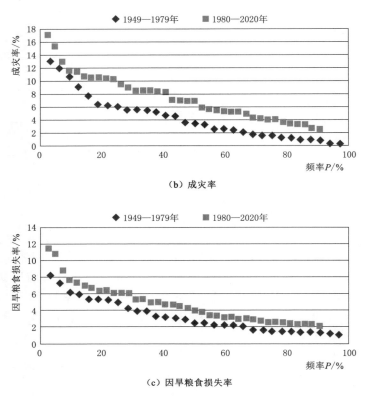

（b）成灾率

（c）因旱粮食损失率

图 5.11（二）　我国农业干旱灾害 1980 年前后频率曲线对比图

（2）成灾率。从前后两段时间的均值来看，前期成灾率为 4.4%，而后期增加到7.1%，增加了 2.7 个百分点；从前后两段时间的四分位点来看，前期成灾率的 25%、50% 和 75% 的值分别为 1.6%、3.6% 和 5.9%，而后期成灾率的 25%、50% 和 75% 的值分别增加到 4.1%、5.9% 和 8.8%；从前后两段时间的频率来看，5 年一遇的成灾率从前期的 6.2% 增加到后期的 10.5%。

（3）因旱粮食损失率。从前后两段时间的均值来看，前期因旱粮食损失率为 3.3%，而后期增加到 4.6%，增加了 1.3 个百分点；从前后两段时间的四分位点来看，前期因旱粮食损失率的 25%、50% 和 75% 的值分别为 1.6%、2.5% 和 4.6%，而后期因旱粮食损失率的 25%、50% 和 75% 的值分别增加到 2.6%、3.8% 和 5.7%；从前后两段时间的频率来看，5 年一遇的因旱粮食损失率从前期的 4.8% 增加到后期的 6.4%。

4. 农业旱情旱灾前 10 位的年份

近 70 年的农业干旱灾害系列中，排在前 10 位的受灾率、成灾率和因旱粮食损失率指标及其对应出现的年份见表 5.4。在前 10 位的干旱年中，包括 1959—1961 年影响全国的重旱年和特旱年，1997 年华北和西北地区的特旱年，2000—2001 年北方地区和华东、华中地区的特旱年，2000 年和 2001 年因旱粮食损失量较大，分别为 599.6 亿 kg 和 548 亿 kg，相应的因旱粮食损失率分别达到 11.5% 和 10.8%，排序分别为第 1 位和第 2 位。

表 5.4 我国农业干旱灾害前 10 位排序表

受灾率前 10 位对应年份		成灾率前 10 位对应年份		因旱粮食损失率前 10 位对应年份	
年份	受灾率/%	年份	成灾率/%	年份	因旱粮食损失率/%
1978	26.8	2000	17.1	2000	11.5
1961	26.4	2001	15.2	2001	10.8
2000	25.9	1961	13.0	1997	8.8
1960	25.3	1997	13.0	1961	8.2
2001	24.7	1978	12.0	2006	7.7
1959	23.7	1994	11.5	1988	7.3
1988	22.7	1992	11.4	1960	7.3
1992	22.1	1960	10.7	2007	6.9
1997	21.8	1999	10.6	2003	6.7
1986	21.5	1988	10.6	2009	6.5

5.2.3.3 干旱灾害发生、发展的空间格局及演变

根据全国气候、地理条件和干旱的特点，按东北、黄淮海、长江中下游、华南、西南、西北、内蒙古、新疆和西藏九个大区，分析全国干旱灾害演变格局。

1. 全国范围受灾、成灾面积空间演变

根据 1949—2020 年全国旱情旱灾资料，统计分析各大区旱情旱灾分布规律见表 5.5 和图 5.12。受灾面积占比最大的是黄淮海地区，为 32.6%，占比最小的是西藏地区，为 0.2%。成灾面积占比最大的也是黄淮海地区，为 31.8%，其次是长江中下游地区，为 15.9%。

表 5.5 1949—2020 年各大区累计受灾和成灾面积统计表

地 区	受灾面积/千公顷	受灾面积占全国比例/%	成灾面积/千公顷	成灾面积占全国比例/%
东北	210597	15.2	99371	15.9
黄淮海	452541	32.6	198891	31.8
长江中下游	262816	18.9	107842	17.3
华南	72325	5.2	26779	4.3
西南	148857	10.7	65559	10.5
西北	128539	9.2	65479	10.5
内蒙古	96901	7.0	53272	8.5
新疆	14962	1.1	7458	1.2
西藏	2202.02	0.1	298	0.0
全国总计	1389739	100	624948	100

2. 全国范围受灾率、成灾率空间演变

1949—2020 年，东北、西北、内蒙古地区多年平均受灾率较大，超过 20%，黄淮海

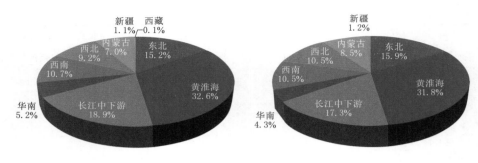

（a）受灾面积占比　　　　　　　　　（b）成灾面积占比

图 5.12　1949—2020 年各大区累计受灾和成灾面积占比图

地区为 17.5%，华南、西南和长江中下游地区受灾率在 8%～10% 之间，新疆为 5.3%，西藏无旱情旱灾资料，如图 5.13 所示。东北、西北、内蒙古地区多年平均成灾率较大，超过 10%，黄淮海地区为 7.4%，华南、西南、长江中下游和新疆地区成灾率较小，低于 5%，如图 5.14 所示。

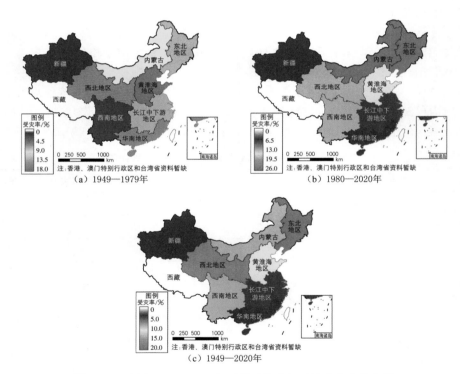

图 5.13　全国 1949—2020 年不同时期多年平均受灾率分布图

3. 全国九个大分区干旱灾害空间格局

全国九个大区 1949—2020 年发生不同等级干旱的频率分布如图 5.15 所示，该图反映了干旱灾害在我国的分布情况。

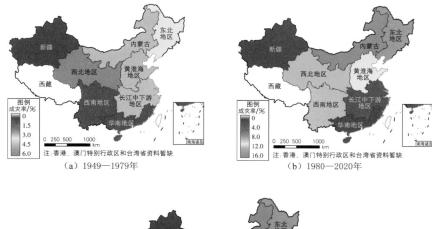

图 5.14 全国 1949—2020 年不同时期多年平均成灾率分布图

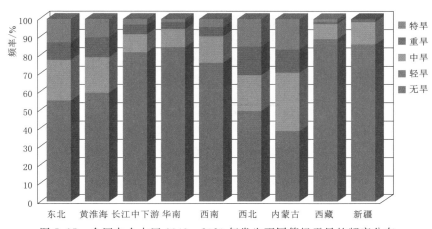

图 5.15 全国九个大区 1949—2020 年发生不同等级干旱的频率分布

由图 5.15 可知，在我国北方地区，东北、黄淮海、西北和内蒙古是干旱灾害发生频繁的地区，其中西北为干旱灾害最为严重的地区，平均每 3 年就要发生一次重旱以上的干旱，其次为内蒙古地区，第三为东北地区，重旱以上的旱灾发生频率分别为 31.0%、29.6% 和 22.5%。而在我国南方地区，长江中下游、华南和西南，出现特旱的情况较少，发生重旱以上的频率为 10% 以下。

进一步分析各大区 1980 年前后两段时期干旱发生频率的对比情况。由表 5.6 和图

171

5.16 可知，九个大区的干旱频率都出现了增加趋势，即 1980—2020 年后期干旱发生的频率要大于 1949—1979 年前期干旱发生的频率。1980 年以后干旱发生的频率比前期偏大的分别为内蒙古、东北、西北和黄淮海地区，其频率增加的幅度分别为 35.3 个百分点、22.1 个百分点、20.6 个百分点和 8.9 个百分点，其中发生重旱以上干旱年的频率比前期偏大的大区主要在北方地区。1980 年以后发生轻旱和中旱的频率比前期偏大的主要在南方地区。说明我国干旱发生的范围在不断地扩大，过去干旱灾害高发区域主要是在干旱的北方地区，近些年来，全国干旱灾害发生的范围已经扩大到我国南方和东部湿润半湿润地区。

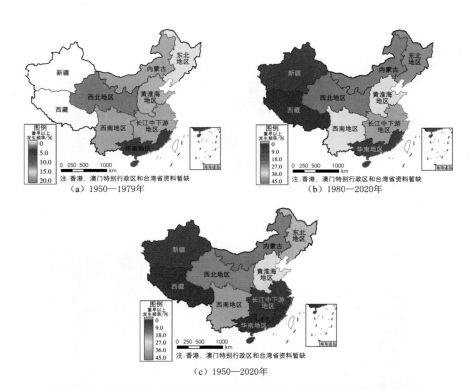

图 5.16　全国 1950—2020 年不同时期重旱以上的干旱发生频率分布图

表 5.6　　　　　　　全国九个大区 1980 年前后重旱以上的干旱发生频率对比表

年代	东北	黄淮海	长江中下游	华南	西南	西北	内蒙古	新疆	西藏
1950—1979 年	12.9	16.1	9.7	6.5	6.5	19.4	9.7	0.0	0.0
1980—2020 年	35.0	25.0	7.5	5.0	12.5	40.0	45.0	5.0	2.5
1950—2020 年	22.5	21.1	8.5	5.6	9.9	31.0	29.6	2.8	1.4

4. 全国省（自治区、直辖市）干旱灾害时空格局

从历年发生不同干旱灾害等级的省（自治区、直辖市）数分析全国各年干旱影响范围和干旱灾害严重程度的变化情况，如图 5.17 所示。

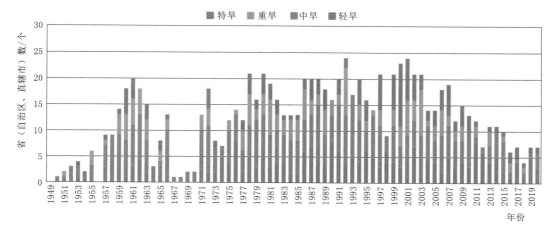

图 5.17 全国历年发生不同等级干旱的省（自治区、直辖市）数

由图 5.17 可以看出，发生干旱灾害的省（自治区、直辖市）的个数有随时间呈增长的趋势，说明受旱范围随着时间推移在扩大，1980 年以后干旱灾害严重程度较以前大大增加。同样，全国重旱和特旱发生的省数随时间也有非常明显增长的趋势。1980 年前发生重旱以上干旱的省（自治区、直辖市）有 10 个，而 1980 年以后发生重旱以上干旱的范围扩大到了 16 个省（自治区、直辖市），增加了 6 个省（自治区、直辖市），重旱以上发生的范围有所增加。

综上所述，1949—2020 年我国每年都有旱灾发生，空间格局和规模差异较大，对旱灾格局进行初步分析后发现，我国的旱灾绝大多数发生在除新疆、青海和西藏以外的中东部地区，见表 5.7。

表 5.7　　　　　　　　　　　　　1949—2020 年中国旱灾分布类型

分布类型	年　份	年　数	频次/%
东部分散型	1953、1955、1958、1961、1962、1963、1964、1965、1979、1980、1985、1987、1988、1991、1992、1993、2000、2001、2002	19	34.5
黄河以北型	1949、1950、1982、2008、2014	5	9.1
黄河以北—长江以南型	1951、1956、2003	3	5.5
黄河以南型	1952、1959、1960、1998	4	7.3
长江以北型	1994、1997、1999、2007、2016、2017	6	10.9
全国分散型	1957、1978、1981、1983、1984、1986、1989、2004、2006、2008	10	18.2
西北—东南型	1954、1990、1995、1996、2005	5	9.1
西南—东北型	2009、2010、2011	3	5.5
合计		55	100

5.2.4　连续干旱年组特征及变化

干旱灾害，特别是多年连续干旱的危害要远大于单一干旱年危害，连续干旱年不仅对农业生产和粮食安全造成极大的威胁，同时对我国经济社会可持续发展有很大的影响。

1. 全国范围干旱年组

由全国 1949—2020 出现连续重旱以上干旱年组统计表（表 5.8）可以看出，在全国发生重旱以上干旱年组中，出现了 7 次连续干旱年组，其中 1949—1979 年出现了 1 次 1959—1961 年连续 3 年的严重以上干旱年组，连续干旱年的发生频率为 9.7%；而在 1980 年以后则发生了 6 次连续干旱年组，包括了 1985—1989 年、1999—2003 年 2 个连续 5 年的干旱年组，1980—1982 年 1 个连续 3 年干旱年组，1991—1992 年、1994—1995 年、2006—2007 年 3 个连续 2 年干旱年组，连续干旱年的发生频率为 50.0%，比 1979 年前增加了 40.3%，并且发生连续 2 年干旱的概率大大增加。许多地区还经常出现春夏连旱或夏秋连旱，有时是春夏秋三季连旱，严重的甚至出现全年干旱乃至连年干旱的趋势，造成重大的损失和影响。由于干旱持续时间的延长，给农业生产和粮食安全带来极大的威胁。

表 5.8　全国连续重旱以上干旱年组统计表

连续年数/年	连续年出现次数/次		
	1949—1979 年	1980—2020 年	1949—2020 年
2	0	3	3
3	1	1	2
4	0	0	0
5	0	2	2
合计	1	6	7

2. 省（自治区、直辖市）干旱年组

1949—2020 年，全国共有 22 个省（自治区、直辖市）发生了重旱以上连旱年，其中 14 个位于北方地区，8 个位于南方地区。在此期间省（自治区、直辖市）发生的 64 次重旱以上连旱年组中，发生在北方地区的为 53 次；发生在南方地区的为 11 次。各省（自治区、直辖市）发生重旱以上干旱连续 2~3 年的占 83%，连续重旱年数在 4~5 年的占 14%，连续重旱年数为 6 年的占 3%。可见连续 2~3 年干旱是我国最常出现的连续干旱事件，特别是连续 2 年干旱发生了 41 次。在北方省（自治区、直辖市）中有 2 个省（自治区）发生了最长为 6 年的重旱以上连旱年组，分别为内蒙古自治区和辽宁省的 1999—2004 年连旱年组，都是发生在 1980 年以后。全国 31 个省（自治区、直辖市）发生重旱以上连续干旱年统计表见表 5.9。

表 5.9　全国 31 个省（自治区、直辖市）发生重旱以上连续干旱年统计表

省（自治区、直辖市）	连续年出现次数/次					重旱以上连旱年组出现次数/次	干旱年组发生总年数/年
	连续 2 年	连续 3 年	连续 4 年	连续 5 年	连续 6 年		
北京	1					1	2
天津	1			1		2	7

省（自治区、直辖市）	连续年出现次数/次					重旱以上连旱年组出现次数/次	干旱年组发生总年数/年
	连续 2 年	连续 3 年	连续 4 年	连续 5 年	连续 6 年		
河北	3			1		4	11
山西	5	1	2			8	21
内蒙古	2	1			1	4	13
辽宁	3	1			1	5	15
吉林	3	2				5	12
黑龙江	2					2	4
山东		1				1	3
河南	1					1	2
陕西	5	1		1		7	18
甘肃	5	1		1		7	18
青海	1			1		2	7
宁夏	2	1	1			4	11
安徽	1					1	2
湖北	1		1			2	6
湖南		1				1	3
广西		1				1	3
海南	1	1				2	5
贵州	1					1	2
云南	2					2	4
重庆	1					1	2
合计	41	12	4	5	2	64	171

5.3 变化环境下中国未来（2021—2100 年）气候变化趋势分析

5.3.1 气候系统模式（BCC‐CSM2‐MR）与数据来源

5.3.1.1 气候系统模式（BCC‐CSM2‐MR）

1. BCC‐CSM2‐MR 模式简介

国家（北京）气候中心研制了新一代海‐陆‐冰‐气多圈层耦合的气候系统模式（Beijing Climate Centre‐Climate System Model，BCC‐CSM），于 2015 年年底建立了气候预测模式业务系统，并正式运行，如图 5.18 所示。

BCC‐CSM2‐MR 模式是第六次耦合模式国际比较计划（Coupled Model Intercomparison Project phase 6，CMIP6）的中等分辨率模式[313]。此耦合模式中的大气分量模式采用 T106 波（约 110km）的水平分辨率，垂直方向分为 46 层，模式层顶高度 1.459hPa，

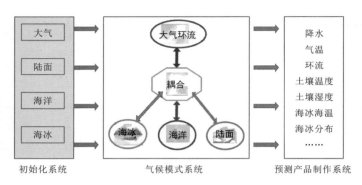

图 5.18　气候预测模式业务系统示意图

在原有大气模式 BCC‐AGCM2 版本[314] 的基础上，引入了由地形和对流引起的新重力波参数化方案、新的云量诊断参数化方案，增加了包含气溶胶间接效应的云微物理过程、考虑了受水云云滴有效半径和气溶胶间接效应影响的辐射传输方案，以及改进后的大气边界层方案[313]；陆面分量模式采用 BCC_AVIM2.0，引入了水稻田方案、野火模块、植被物候方案、通过植被冠层的四流传输辐射方案，改进了积雪反照率参数化方案和土壤冻融方案；海洋分量模式为 MOM_L40[315]，为三级网格，南北纬 10°以内的热带海洋为 1/3°纬度×1°经度，南北纬 10°～30°区域采用 1/3°～1°纬度×1°经度，其他区域为 1°×1°分辨率，垂直分为 40 层；海冰分量模式使用 GFDL 的 SIS[316]。各分量模式最后通过 NCAR 耦合器实现动量通量、热量通量以及水通量的相互交换。BCC 气候系统模式对于全球气候的平均态、年代际变化、季节变化、热带季节内振荡、强降水过程，以及极端气温等都具有合理的模拟能力。国家气候中心基于 BCC_CSM1.1（m）版本开发的第二代气候预测模式系统目前已投入业务使用[314,317]，这一模式不仅对降水和温度有一定预报技巧，还能较为合理地刻画出 ENSO 事件的发生发展[318]、季风[260] 等多种尺度气候变率特征。

2. BCC‐CSM2‐MR 模式试验情景

情景模式比较计划（ScenarioMIP）是未来气候变化研究的有力支撑。情景模式比较计划的气候预估情景是不同共享社会经济路径（Shared Socioeconomic Pathways，SSP）与典型浓度路径（Representation Concentration Pathways，RCP）的矩形组合。SSP 描述了在没有气候变化或者气候政策的影响下，未来社会的可能发展，其中每一个具体 SSP 代表了一种发展模式，包括相应的人口增长、经济发展、技术进步、环境条件、公平原则、政府管理、全球化等发展特征和影响因素的组合，也包括对社会发展的程度、速度和方向的具体描述。BCC‐CSM2‐MR 模式基于 SSP1‐2.6、SSP2‐4.5、SSP3‐7.0 和 SSP5‐8.5 四种情景。全球未来排放情景见表 5.10。

（1）SSP1‐2.6 情景：2100 年辐射强迫稳定在 2.6W/m² 左右。在该情景下，相对于工业化革命前多模式集合平均的全球平均气温结果将显著低于 2℃。该情景考虑了未来全球森林覆盖面积的增加并伴随大量的土地利用变化，通过 IAM/IAV 的综合评估，形成了低脆弱性、低减缓挑战的特征。

表 5.10 全球未来排放情景

情景类型	社会经济情景	强迫类别	2100 年气候情景
SSP1-2.6	可持续发展	低排放	辐射强迫在 2100 年达到 $2.6W/m^2$
SSP2-4.5	延续历史发展途径	中排放	辐射强迫在 2100 年达到 $4.5W/m^2$
SSP3-7.0	局部发展	中高排放	辐射强迫在 2100 年达到 $7.0W/m^2$
SSP5-8.5	高耗能发展	高排放	辐射强迫在 2100 年达到 $8.5W/m^2$

（2）SSP2-4.5 情景：属于中等辐射强迫情景，2100 年辐射强迫稳定在 $4.5W/m^2$ 左右。该情景的土地利用和气溶胶路径并不极端，仅代表结合了一个中等社会脆弱性和中等辐射强迫的情景。

（3）SSP3-7.0 情景：属于中高等辐射强迫情景，2100 年辐射强迫稳定在 $7.0W/m^2$ 左右。该情景代表了大量的土地利用变化（尤其是全球森林覆盖率下降）和高的气候强迫因子（特别是二氧化硫），具有相对较高的社会脆弱性和相对较高的辐射强迫。

（4）SSP5-8.5 情景：属于高强迫情景，2100 年排放高达到 $8.5W/m^2$，是高耗能发展情景。

5.3.1.2 数据来源

BCC-CSM2-MR 模式完成了评估和描述试验、历史气候模拟试验和 21 个模拟比较计划试验等 CMIP6 规定的核心试验，BCC-CSM2-MR 输出 2015—2100 年的气候要素预测数据，降尺度空间分辨率为 $0.5° × 0.5°$。其模拟结果与历史观测的降水资料格点化 CN05.1 数据的空间相关系数高达 0.82，气温资料格点化数据的空间相关系数高达 0.99[319]，相比早期版本的 BCC-CSM1.1m 模式其性能明显提高，表明本书采用的气象要素数据具有较高的可靠性[320-321]。

根据我国目前和未来的经济发展状况，本次研究的数据来自国家（北京）气候中心（Beijing Climate Centre，BCC）参与第六次国际耦合模式比较计划（CMIP6）的第二代中等分辨率气候系统模式（BCC-CSM2-MR）的输出结果；采用了 SSP2-4.5 情景和 SSP5-8.5 情景预测的中国范围 2015—2100 年的逐月气温、降水和径流数据，分析我国未来干旱及灾害可能的变化趋势。

5.3.2 SSP2-4.5 情景下未来气候变化趋势分析

分析 SSP2-4.5 情景下全国未来九个大区的气温、降水和蒸发量变化趋势。

1. SSP2-4.5 情景下全国未来气温变化趋势

SSP2-4.5 情景下，全国未来（2015—2100 年）的气温变化呈增长趋势，具体如图 5.19 所示。全国九个大区每 10 年平均温度增长速度为 0~0.8℃之间，到 2100 年各大区气温增长幅度为 2.0~3.0℃，其中，东北区气温增长幅度最大，为 3.0℃，华南区气温增长为最少，为 2.0℃。

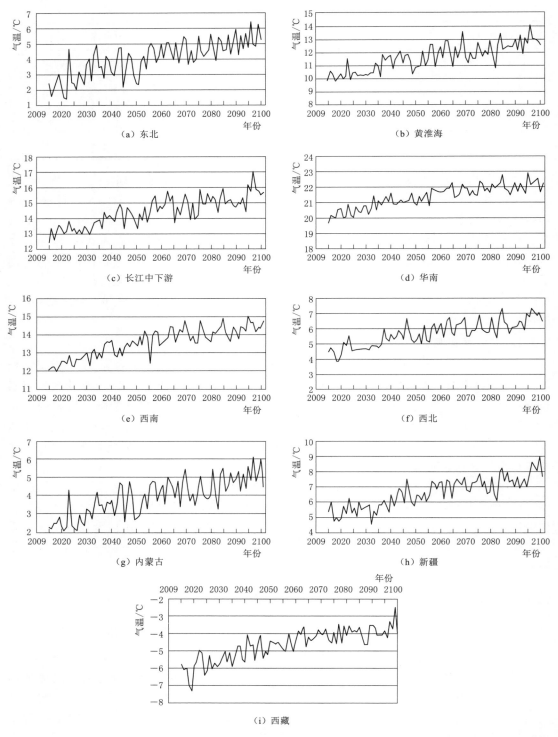

图 5.19　SSP2 - 4.5 情景下未来（2015—2100 年）年平均气温变化预测

将气候变化时期分为现状 (2015—2020 年)、近期 (2021—2040 年)、中期 (2041—2070 年) 和远期 (2071—2100 年) 4 个时期,分析和计算我国各大区未来时期气温变化空间分布状况,表 5.11 给出了未来各个时期我国各大区的气温变化状况。

表 5.11　　　　　SSP2－4.5 情景下未来不同时期各大区年均气温变化表　　　　　单位:℃

时　期	年　份	东北		黄淮海		长江中下游	
		年均气温/℃	两个时期的年均气温差值	年均气温/℃	两个时期的年均气温差值	年均气温/℃	两个时期的年均气温差值
现状	2015—2020	2.3		10.2		13.1	
近期	2021—2040	3.2	0.9	10.7	0.5	13.5	0.4
中期	2041—2070	4.1	1.0	11.7	1.1	14.5	1.0
远期	2071—2100	4.9	0.8	12.4	0.7	15.2	0.6
累计变化			2.6		2.2		2.1

时　期	年　份	华南		西南		西北	
		年均气温/℃	两个时期的年均气温差值	年均气温/℃	两个时期的年均气温差值	年均气温/℃	两个时期的年均气温差值
现状	2015—2020	20.2		12.2		4.3	
近期	2021—2040	20.8	0.6	12.9	0.7	4.9	0.6
中期	2041—2070	21.5	0.7	13.7	0.8	5.8	0.9
远期	2071—2100	22.0	0.5	14.2	0.5	6.3	0.5
累计变化			1.8		2.0		2.0

时　期	年　份	内蒙古		新疆		西藏	
		年均气温/℃	两个时期的年均气温差值	年均气温/℃	两个时期的年均气温差值	年均气温/℃	两个时期的年均气温差值
现状	2015—2020	2.4		5.2		−6.3	
近期	2021—2040	3.0	0.6	5.6	0.4	−5.5	0.8
中期	2041—2070	4.0	1.0	6.8	1.1	−4.5	1.0
远期	2071—2100	4.6	0.6	7.5	0.7	−3.9	0.6
累计变化			2.2		2.3		2.4

我国北方地区的气温变化率要比南方地区气温变化率大。我国各大区不同时期年均气温的空间分布情况如图 5.20 所示。

2. SSP2－4.5 情景下全国未来降水量变化趋势

SSP2－4.5 情景下,我国未来 (2015—2100 年) 东北、黄淮海、长江中下游、华南、内蒙古这 5 个大区未来年降水量增加幅度明显,为 91.4～168mm,其中,黄淮海区的年降水量增加最大为 168mm,增加量第二大的为东北,降水量增加了 146mm;其他 4 个大区年降水增加量较小,为 4.4～77mm,最小的是新疆,年降水量变化只有 4.4mm,几乎没有变化,其次为西北的 38.2mm。我国九大区未来 (2020—2100 年) 每 10a 年降水量预测值图如图 5.21 所示。

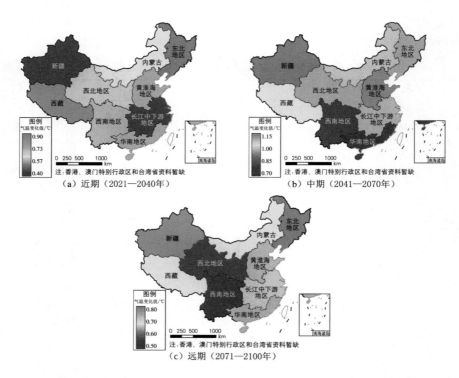

图 5.20 SSP2-4.5 情景下未来（2021—2100 年）年均气温变化分布图

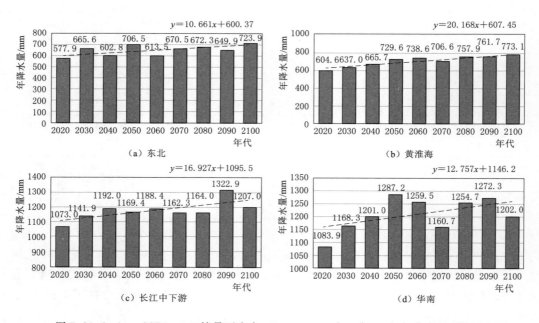

图 5.21（一） SSP2-4.5 情景下未来（2015—2100 年）每 10 年年降水量变化图

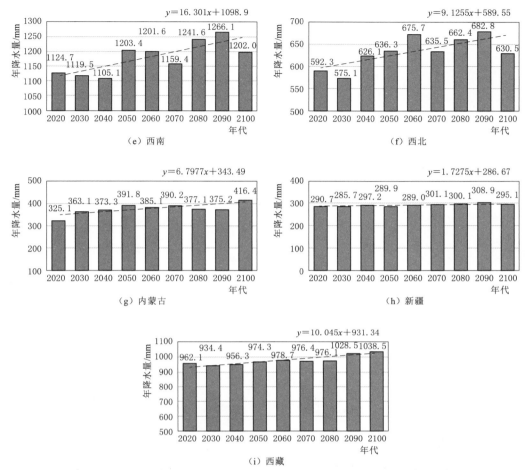

图 5.21（二）　SSP2－4.5 情景下未来（2015—2100 年）每 10 年年降水量变化图

SSP2－4.5 情景下我国各大区现状和近期、中期、远期的年降水量变化见表 5.12。

未来我国各大区年降水量的空间分布情况如图 5.22 所示，黄淮海、长江中下游、西南的降水量增加较多，其他区降水量增加不明显。

表 5.12　　　　　　SSP2－4.5 情景下未来时期各大区降水量变化

时　期	年　份	东北		黄淮海		长江中下游	
		年降水量/mm	两个时期的年降水量差值	年降水量/mm	两个时期的年降水量差值	年降水量/mm	两个时期的年降水量差值
现状	2015—2020	577.9		604.6		1073.0	
近期	2021—2040	634.2	56.3	651.3	46.8	1166.9	93.9
中期	2041—2070	663.5	29.2	724.9	73.6	1173.3	6.4
远期	2071—2100	682.0	18.5	764.3	39.3	1207.0	33.7
累计变化			104.1		159.7		134.0

时　期	年　份	华南		西南		西北	
		年降水量/mm	两个时期的年降水量差值	年降水量/mm	两个时期的年降水量差值	年降水量/mm	两个时期的年降水量差值
现状	2015—2020	1083.9		1124.7		592.3	
近期	2021—2040	1184.6	100.7	1112.3	−12.5	600.6	8.3
中期	2041—2070	1235.8	51.2	1188.1	75.9	649.2	48.6
远期	2071—2100	1243.0	7.2	1236.6	48.4	658.5	9.4
累计变化			159.1		111.8		66.2

时　期	年　份	内蒙古		新疆		西藏	
		年降水量/mm	两个时期的年降水量差值	年降水量/mm	两个时期的年降水量差值	年降水量/mm	两个时期的年降水量差值
现状	2015—2020	325.1		290.7		962.1	
近期	2021—2040	368.2	43.1	291.5	0.7	949.8	−12.3
中期	2041—2070	389.0	20.8	293.3	1.9	976.5	26.6
远期	2071—2100	389.6	0.6	301.1	7.8	1014.4	37.9
累计变化			64.5		10.4		52.2

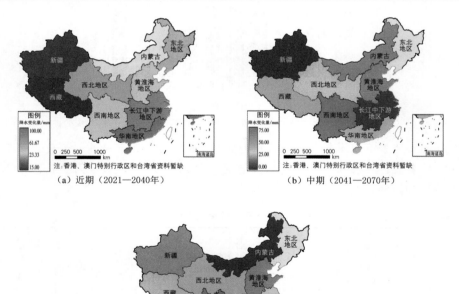

图 5.22　SSP2-4.5 情景下未来（2021—2100 年）年降水量变化分布图

3. SSP2-4.5 情景下全国未来蒸发量变化趋势

我国九个大区未来的年蒸发量增加趋势明显，为 150.6～341.3mm，其中，新疆的年蒸发量变化最大，增加了 341.3mm，变化第二大的为华南，蒸发量增加了 204.5mm；蒸发量增加最少的是西藏，为 150.6mm，其次为西北的 152.6mm。图 5.23 给出了我国九个大区未来每 10 年年蒸发量预测值。

在 SSP2-4.5 情景下，新疆、内蒙古、东北、华南和长江中下游的蒸发量变化率和变化幅度要比黄淮海、西北、西藏、西南的蒸发量都要大（图 5.24）。

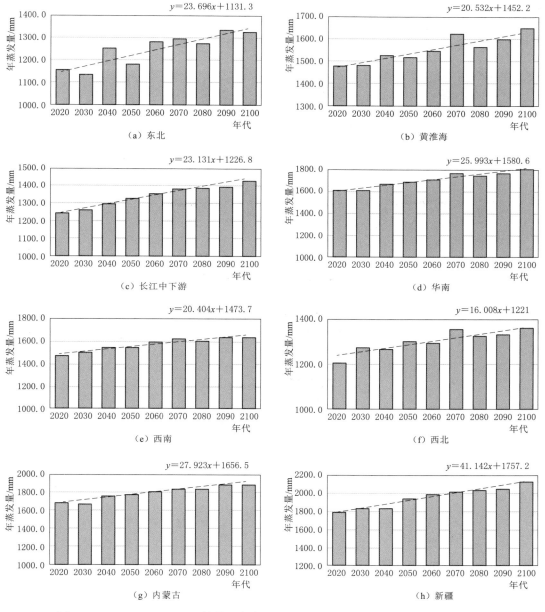

图 5.23（一） SSP2-4.5 情景下未来（2015—2100 年）每 10 年年蒸发量预测图

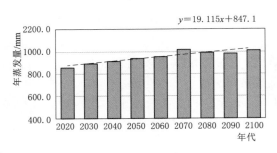

（i）西藏

图 5.23（二）　SSP2-4.5 情景下未来（2015—2100 年）每 10 年年蒸发量预测图

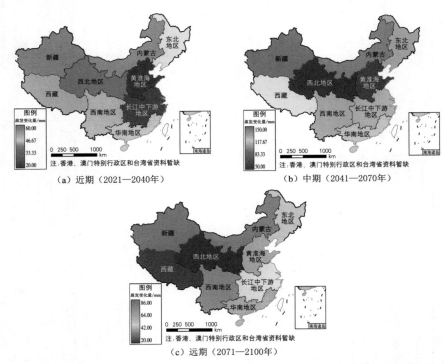

（a）近期（2021—2040 年）　　　（b）中期（2041—2070 年）

（c）远期（2071—2100 年）

图 5.24　SSP2-4.5 情景下未来（2021—2100 年）年蒸发量变化分布图

5.3.3　SSP5-8.5 情景下未来气候变化趋势分析

分析 SSP5-8.5 情景下全国九大区未来的气温、降水和蒸发量变化趋势。

1. SSP5-8.5 情景下全国未来气温变化趋势

SSP5-8.5 情景下，全国未来（2015—2100 年）的气温变化呈增长趋势。全国九大区的每 10 年年平均温度增长速度为 0～0.8℃之间，到 2100 年各大区气温增长幅度为 2.0～3.0℃，其中，东北气温增长幅度最大，为 3.0℃，华南气温增长为最少，为 2.0℃。SSP5-8.5 情景下的我国九大区在未来（2015—2100 年）每 10 年可达到的年均气温预测值如图 5.25 所示。

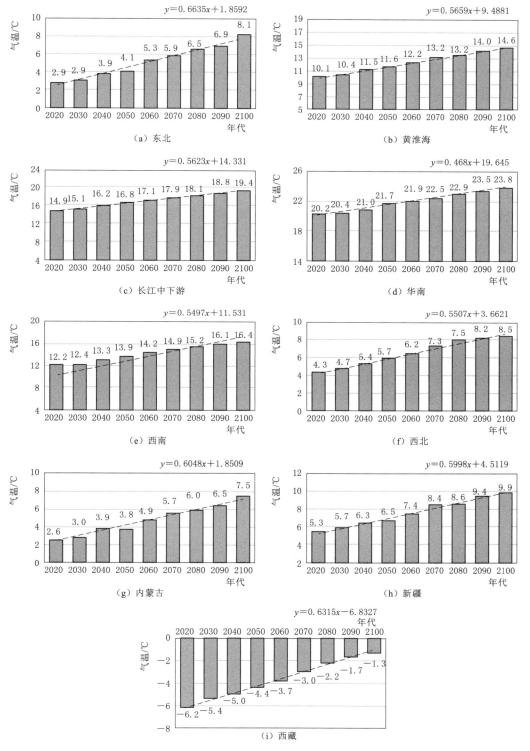

图 5.25 SSP5-8.5 情景下未来各大区每 10 年年均气温预测图

将气候变化时期分为现状（2015—2020 年）、近期（2021—2040 年）、中期（2041—2070 年）和远期（2071—2100 年）四个时期，分析和计算我国各大区未来时期气温变化空间分布状况，表 5.13 给出了未来各个时期我国九大区年均气温变化状况。

表 5.13　　　　　　SSP5 - 8.5 情景下未来各同时期我国九大区年均气温变化

时　期	年　份	东北		黄淮海		长江中下游	
		年均气温/℃	两个时期的年均气温差	年均气温/℃	两个时期的年均气温差	年均气温/℃	两个时期的年均气温差
现状	2015—2020	2.9		10.1		14.9	
近期	2021—2040	3.4	0.5	11.0	0.9	15.7	0.8
中期	2041—2070	5.1	1.7	12.3	1.4	17.3	1.6
远期	2071—2100	7.2	2.0	13.9	1.6	18.8	1.5
累计变化			4.3		3.8		3.9

时　期	年　份	华南		西南		西北	
		年均气温/℃	两个时期的年均气温差	年均气温/℃	两个时期的年均气温差	年均气温/℃	两个时期的年均气温差
现状	2015—2020	20.2		12.2		4.3	
近期	2021—2040	20.7	0.5	12.8	0.6	5.0	0.7
中期	2041—2070	22.0	1.3	14.3	1.5	6.4	1.4
远期	2071—2100	23.4	1.4	15.9	1.6	8.1	1.6
累计变化			3.2		3.7		3.8

时　期	年　份	内蒙古		新疆		西藏	
		年均气温/℃	两个时期的年均气温差	年均气温/℃	两个时期的年均气温差	年均气温/℃	两个时期的年均气温差
现状	2015—2020	2.6		5.3		−6.2	
近期	2021—2040	3.4	0.8	6.0	0.7	−5.2	1.0
中期	2041—2070	4.8	1.4	7.5	1.5	−3.7	1.5
远期	2071—2100	6.7	1.8	9.3	1.8	−1.7	2.0
累计变化			4.1		4.0		4.5

我国北部地区每 10 年年均气温变化率要高于南方地区每 10 年的年均气温变化率。我国各大区不同时期年均气温的空间分布情况如图 5.26 所示。

2. SSP5 - 8.5 情景下全国未来降水量变化趋势

SSP5 - 8.5 情景下，我国东北、黄淮海、长江中下游、西南、内蒙古、西藏这 6 个大区未来的年降水量增加趋势明显，为 113~286mm，其中，华南的年降水量变化最大，增加了 286.4mm，变化第二大的为东北，降水量增加了 230.8mm；而华南、西北、新疆 3 个大区降水量变化较小，为 −9.9~74.2mm，变化量最小的是新疆，年降水量变化只有 −9.9mm，几乎没有变化，其次为西北区的 74.2mm。我国九大区未来（2020—2100 年）每 10 年年降水量预测值图，如图 5.27 所示。

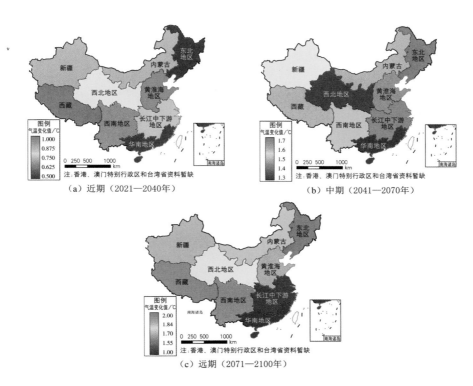

图 5.26 SSP5-8.5 情景下未来（2021—2100 年）年均气温变化分布图

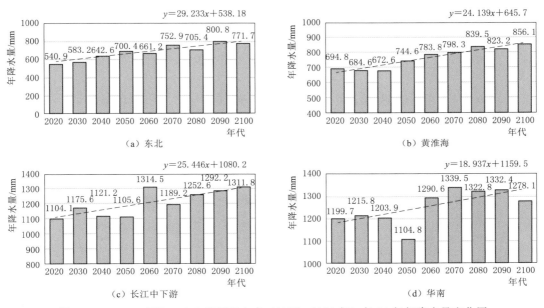

图 5.27（一） SSP5-8.5 情景下未来（2015—2100 年）每 10 年年降水量变化图

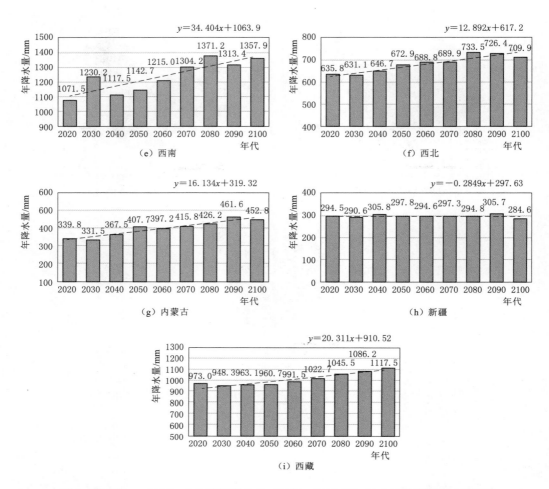

图 5.27（二）　SSP5-8.5 情景下未来（2015—2100 年）每 10 年年降水量变化图

未来在 SSP5-8.5 情景下，我国降水量的变化都是呈增加趋势；在东北、西南、黄淮海、长江中下游和西藏的平均每 10 年降水量变化在 22～34mm，变化率最高的是西南的 34%，其次为东北，而新疆、西北、内蒙古和华南降水量变化率较低，每 10 年降水量变化在 0.9～18.9mm，其中变化最低的是新疆，为 0.9mm，降水量几乎没有变化，其次为西北的 15mm。从空间分布来说，就是沿着我国东北到西南这个地带的降水量会有明显增加，其他地区降水量变化不大。未来我国各大区不同时期年降水量变化的空间分布情况如图 5.28 所示。

3. SSP5-8.5 情景下全国未来蒸发量变化趋势

SSP5-8.5 情景下，我国九个大区未来年蒸发量增加趋势明显，分别增加了 278.4～588.4mm，其中，新疆的年蒸发量变化最大，增加了 588.4mm，变化第二大的为内蒙古，蒸发量增加了 417.0mm；蒸发量增加最少的是西南，为 278.4mm，其次为东北的 306.8mm。我国九个大区未来每 10 年平均的年蒸发量预测值图，如图 5.29 所示。

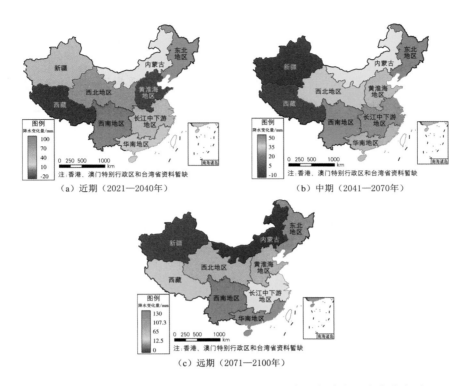

（a）近期（2021—2040年）

（b）中期（2041—2070年）

（c）远期（2071—2100年）

图 5.28　SSP5-8.5 情景下未来（2021—2100 年）年降水量变化分布图

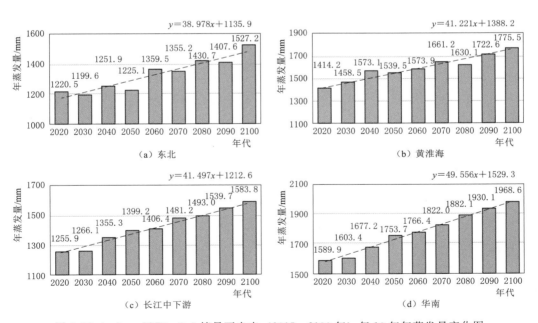

（a）东北

（b）黄淮海

（c）长江中下游

（d）华南

图 5.29（一）　SSP5-8.5 情景下未来（2015—2100 年）每 10 年年蒸发量变化图

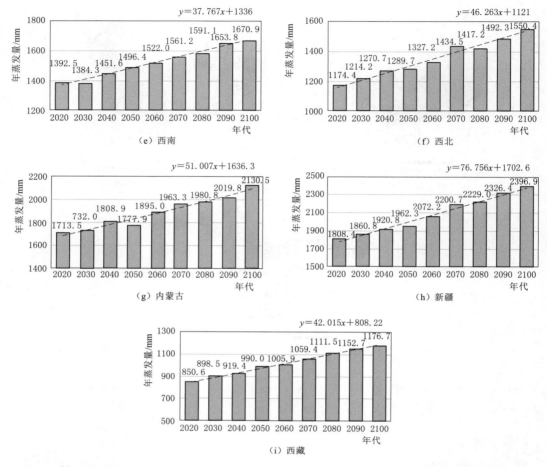

图 5.29（二）　SSP5-8.5 情景下未来（2015—2100 年）每 10 年年蒸发量变化图

SSP5-8.5 情景下新疆、内蒙古、西北区、华南区和西藏的蒸发量变化比东北区、黄淮海区、长江中下游区和西南区的蒸发量变化率和变化幅度都要大。我国各大区在未来各时期和总的年蒸发量变化空间分布情况如图 5.30 所示。

5.3.4　两种情景下未来气候变化趋势对比分析

1. 未来气候变化条件下气温的变化

SSP2-4.5 情景下每 10 年年均温度增长速度为 0～0.8℃ 之间，到 2100 年各大区气温增长幅度为 2.0～3.0℃，在 SSP5-8.5 情景下每 10 年年均温度增长为 0～1.2℃ 之间，到 2100 年各大区气温增长幅度为 3.6～5.2℃，由此可知，SSP5-8.5 情景下每 10 年年平均温度增长速度和气温变化幅度明显要高于 SSP2-4.5 情景，并且在两种情景下都是东北气温增长幅度最大，华南气温增长幅度为最小。

总的来说，未来气候变化条件下，我国各大区年均气温都是在增长的。其中，SSP2-4.5 情景下，我国的东北、西北、黄淮海、新疆、内蒙古的气温变化率都在每 10 年变化

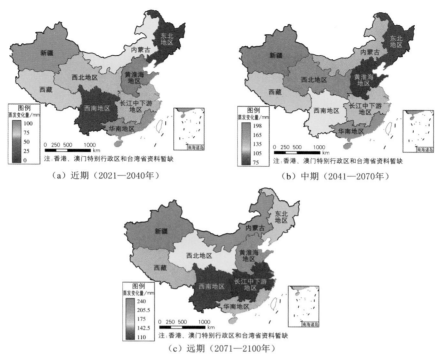

（a）近期（2021—2040年）   （b）中期（2041—2070年）

（c）远期（2071—2100年）

图 5.30　SSP5-8.5 情景下未来（2021—2100 年）年蒸发量变化分布图

0.3～0.4℃，而西藏、华南、西南、长江中下游的气温变化率在每 10 年 0.25～0.3℃。在 SSP5-8.5 情景下，我国的东北、西北、西藏、内蒙古、新疆的气温变化率在每 10 年变化 0.53～0.70℃，而黄淮海、长江中下游、西南和华南的气温变化率在每 10 年变化 0.46～0.53℃，这两个情景都是北方升温速度较南方升温速度要快。两种气候变化情景下我国未来气温变化趋势对比图如图 5.31 所示。

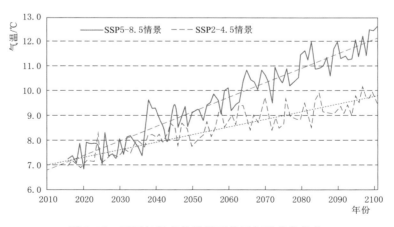

图 5.31　不同气候变化情景下我国气温变化趋势

　　我国在未来气候变化条件的两种气候变化情景下年平均气温都是呈现增长趋势，其中SSP5-8.5情景下的气温变化在 2030 年后的增温速度和幅度要明显大于 SSP2-4.5 情景下的气温变化。

　　2. 未来气候变化条件下降水量变化

　　到 2100 年，在 SSP2-4.5 情景下，我国东北、黄淮海、长江中下游、华南、内蒙古这五个大区未来年降水量增加幅度明显，其中，黄淮海的年降水量增加为最大，其他四个大区年降水增加量较小，降水量变化最小的是新疆；在 SSP5-8.5 情景下，我国东北、黄淮海、长江中下游、西南、内蒙古、西藏这六个大区未来的年降水量增加趋势明显，为 113～286mm，其中，华南的年降水量变化最大；而华南、西北、新疆三个大区降水量变化较小，变化量最小的是新疆。从全国平均情况来看，未来这两种气候变化情景下的降水变化见下图。两种气候变化情景下我国未来降水变化的趋势如图5.32 所示。

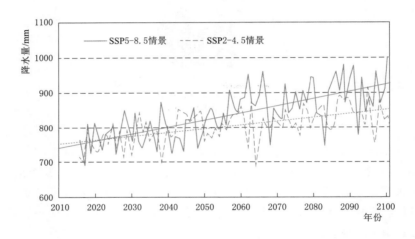

图 5.32　不同气候变化情景下我国降水变化趋势

　　我国在未来气候变化的两种情景下，平均年降水量有增加的趋势，其中，SSP5-8.5情景下的降水量变化在 2030 年后较 SSP2-4.5 情景下降水量的变化速度和幅度要大。

　　3. 未来气候变化条件下蒸发量变化

　　到 2100 年，在 SSP2-4.5 情景下，我国九个大区未来的年蒸发量均呈明显的增加趋势，为 150.6～341.3mm，其中，新疆的年蒸发量变化最大，增加了 341.3mm，变化第二大的为华南，蒸发量增加了 204.5mm；蒸发量增加最少的是西藏，为 150.6mm，其次为西北的 152.6mm。在 SSP5-8.5 情景下，我国未来的年蒸发量增加趋势依然很明显，九个大区分别增加 278.4～588.4mm，其中，新疆的年蒸发量变化最大，增加了588.4mm，变化第二大的为内蒙古，蒸发量增加了 417.0mm；蒸发量增加最少的是西南，为 278.4mm，其次为东北的 306.8mm。从全国平均情况来看，未来这两种气候变化情景下的蒸发量变化趋势对比如图 5.33 所示。

我国在未来气候变化的两种情景下，平均年蒸发量均呈增加趋势，其中，SSP5-8.5情景下的蒸发量变化在2030年后较SSP2-4.5情景下蒸发量的变化速度和幅度要大。

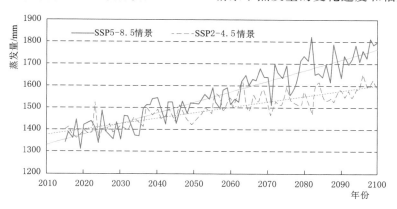

图5.33　不同气候变化情景下我国蒸发量变化趋势

5.4　变化环境下中国未来（2021—2100年）气象干旱演变及趋势

　　根据全国气候、地理条件和干旱的特点，按东北、黄淮海、长江中下游、华南、西南、西北、内蒙古、新疆和西藏九个大区，分析气象干旱的演变格局。

5.4.1　未来标准化降水蒸散指数的变化趋势

　　在近期（2021—2040年）的两个情景下，东北、黄淮海和内蒙古地区标准化降水蒸散指数呈减少趋势。在中期（2041—2070年）的两个情景下，长江中下游、西南、新疆和现状地区标准化降水蒸散指数呈减少趋势。在远期（2071—2100年）的SSP2-4.5情景下，黄淮海和西南地区标准化降水蒸散指数呈增加趋势，其他地区标准化降水蒸散指数呈减少趋势；在远期（2071—2100年）的SSP5-8.5情景下，黄淮海、西南和内蒙古地区标准化降水蒸散指数呈增加趋势，其他地区标准化降水蒸发指数呈减少趋势。标准化降水蒸散指数的减少，说明未来的气候变化影响将会使区域气象干旱现象可能会比现状有所加重；标准化降水蒸散指数的增加，说明未来的气候变化将会使区域气象干旱现象要比现状有所减轻。从前面对两种未来气候变化情景下的标准化降水蒸散指数变化的分析结果来看，虽然未来标准化降水蒸散指数的变化幅度较小，但是对我国未来气象干旱程度造成一定的影响。未来两种气候变化情景下九大区域的降水蒸散指数变化情况见图5.34。

5.4.2　未来气象干旱发生频率的变化

　　再从区域气象干旱发生的频率来分析未来气候变化对区域气象干旱的影响。我国九个大区域现状、SSP2-4.5情景和SSP5-8.5情景条件下发生中旱以上气象干旱频率的对比，见表5.14。

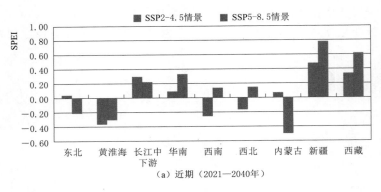

（a）近期（2021—2040年）

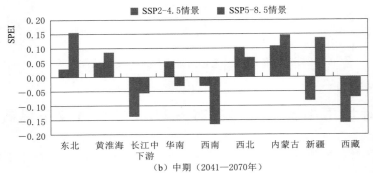

（b）中期（2041—2070年）

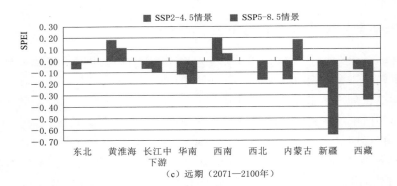

（c）远期（2071—2100年）

图 5.34　两种气候变化情景下标准化降水蒸散指数变化对比图

表 5.14　　　　　　　　　不同情景下中等以上气象干旱发生频率对比

研究区	中旱以上气象干旱发生频率/%		
	现状	SSP2－4.5 情景下	SSP5－8.5 情景下
东北	19.5	16.3	12.5
黄淮海	17.1	16.3	18.8
长江中下游	19.5	20.0	13.8
华南	12.2	16.3	12.5
西南	12.2	16.3	17.5

研究区	中旱以上气象干旱发生频率/%		
	现状	SSP2-4.5 情景下	SSP5-8.5 情景下
西北	9.8	11.3	17.5
内蒙古	19.5	15.0	17.5
新疆	9.8	17.5	17.5
西藏	19.5	18.8	12.5

从表 5.14 可以看出，与现状相比，在 SSP2-4.5 情景下，东北、黄淮海、内蒙古和西藏四个大区的中旱以上发生频率减少，中旱及以上干旱发生的频率要低于现状，其他区域发生中旱及以上干旱的频率要高于现状。在 SSP5-8.5 情景下，东北、长江中下游、内蒙古和西藏四个大区的中旱以上发生频率减少，中旱及以上干旱发生的频率要低于现状，其他区域发生中旱及以上干旱的频率要高于现状。这些都说明在未来气候变化两个情景下，在 SSP2-4.5 情景下气象干旱中旱发生频率与在 SSP5-8.5 情景下相比要高一些，气象干旱现象要严重些。

5.4.3 气候变化情景下未来气象干旱演变格局

将未来气候变化时期分为近期（2021—2040 年）、中期（2041—2070 年）和远期（2071—2100 年）。下面给出了在未来气候变化的两种情景下，我国的气象干旱在这 3 个时期的变化特征，如图 5.35～图 5.37 所示。

在未来气候变化影响下，我国各大区气象干旱严重程度也将会发生变化。在近期（2021—2040 年）的两个情景下，东北、黄淮海和内蒙古地区呈加重趋势。在中期（2041—2070 年）的两个情景下，长江中下游、西南、新疆和西藏地区气象干旱呈加重趋势。在远期（2071—2100 年）的 SSP2-4.5 情景下，黄淮海和西南地区气象干旱呈减缓趋势，其他地区气象干旱呈加重趋势；其中，在远期（2071—2100 年）的 SSP5-8.5 情景下，黄淮海、西南和内蒙古地区气象干旱呈减缓趋势，其他地区气象干旱呈加重趋势。

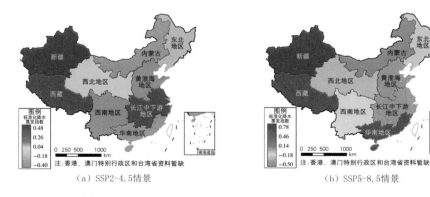

（a）SSP2-4.5情景 　　　　　　　　（b）SSP5-8.5情景

图 5.35　近期（2021—2040 年）标准化降水蒸散指数分布图

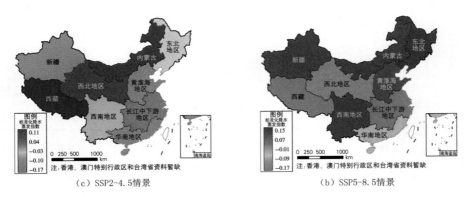

（c）SSP2-4.5情景　　　　　　　　　　　　（b）SSP5-8.5情景

图 5.36　中期（2041—2070 年）标准化降水蒸散指数分布图

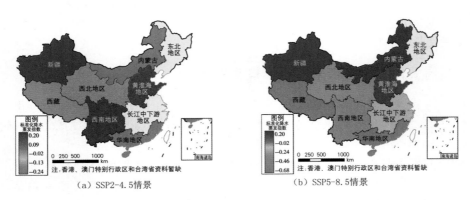

（a）SSP2-4.5情景　　　　　　　　　　　　（b）SSP5-8.5情景

图 5.37　远期（2071—2100 年）标准化降水蒸散指数分布图

图 5.38 给出了气候变化两种情景下，我国标准化降水蒸发指数变化趋势的对比。

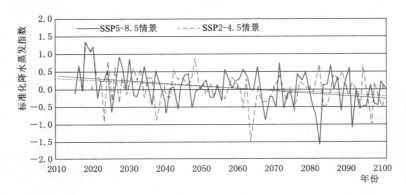

图 5.38　气候变化的两种情景下我国标准化降水蒸散指数变化趋势

从图 5.38 看出，在未来气候变化的两种情景下，全国标准化降水蒸散指数的变化呈下降趋势，表明气象干旱呈加重趋势。

5.5　变化环境下中国未来（2021—2100年）水文干旱演变及趋势

针对我国水文及流域的特点，按松花江、辽河、海河、黄河、淮河、长江、东南诸河、珠江、西南诸河、西北诸河共10个区研究水文干旱演变特征。

5.5.1　未来标准化径流指数的变化趋势

在近期（2021—2040年）的两个情景下，除东南诸河外，其他区域标准化径流指数均呈减少趋势；在中期（2041—2070年）的两个情景下，长江、东南诸河、珠江、西南诸河、西北诸河标准化径流指数均呈减少趋势；远期（2071—2100年）除东南诸河外，其他区域标准化径流指数均呈增加趋势。标准化径流指数的减少，说明未来的气候变化影响将会使区域水文干旱现象可能会比现状有所加重；径流指数的增加，说明未来的气候变化将会使区域水文干旱现象要比现状有所减轻。从前面对两种未来气候变化情景下的标准化径流指数变化的分析结果来看，虽然未来标准化径流指数的变化幅度较小，但是对我国未来水文干旱程度造成一定的影响。未来两种气候变化情景下标准化径流指数变化对比图如图5.39所示。

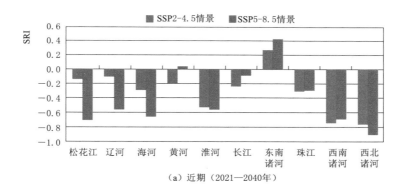

（a）近期（2021—2040年）

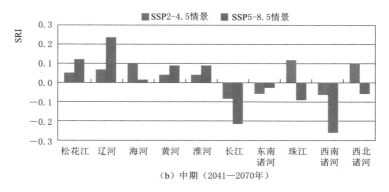

（b）中期（2041—2070年）

图5.39（一）　两种气候变化情景下标准化径流指数变化对比图

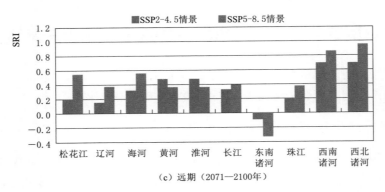

（c）远期（2071—2100 年）

图 5.39（二）　两种气候变化情景下标准化径流指数变化对比图

5.5.2　未来水文干旱发生频率的变化

从区域水文干旱发生的频率来分析未来气候变化对水文干旱特征的影响。我国 10 个区现状、SSP2 - 4.5 情景和 SSP5 - 8.5 情景条件下发生中旱以上频率的对比见表 5.15。

表 5.15　　　　　　　　　不同情景下中旱以上水文干旱发生频率对比

研 究 区	中旱以上发生频率/%		
	现状	SSP2 - 4.5 情景下	SSP5 - 8.5 情景下
松花江	20.0	16.3	16.3
辽河	18.5	16.3	17.5
海河	16.9	13.8	16.3
黄河	12.3	13.8	12.5
淮河	16.9	16.3	17.5
长江	23.1	16.3	13.8
东南诸河	18.5	17.5	20.0
珠江	12.3	16.3	15.0
西南诸河	16.9	15.0	15.0
西北诸河	21.5	13.8	12.5

从上表可以看出，与现状相比，在 SSP2 - 4.5 情景下，黄河、珠江 2 个区的中旱以上发生频率高于现状。在 SSP5 - 8.5 情景下，黄河、淮河、东南诸河和珠江 4 个区中旱发生频率要高于现状。这些都说明在未来气候变化的两个情景下，在 SSP5 - 8.5 情景下中旱发生频率与 SSP2 - 4.5 情景相比要高一些，水文干旱现象要严重些。

5.5.3　气候变化情景下未来水文干旱演变格局

将未来气候变化时期分为近期（2021—2040 年）、中期（2041—2070 年）和远期（2071—2100 年）。未来气候变化的两种情景下，我国水文干旱在这 3 个时期变化如图

5.40～图 5.42 所示。

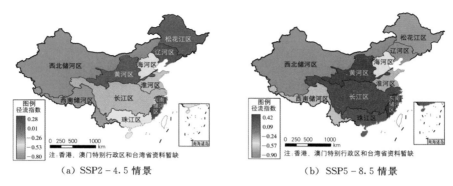

（a）SSP2-4.5 情景　　　　　　　　　　（b）SSP5-8.5 情景

图 5.40　近期（2021—2040 年）标准化径流指数分布图

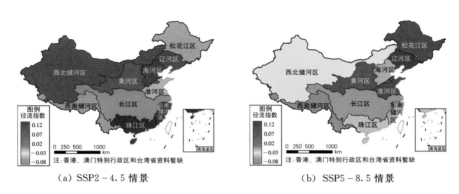

（a）SSP2-4.5 情景　　　　　　　　　　（b）SSP5-8.5 情景

图 5.41　中期（2041—2070 年）标准化径流指数分布图

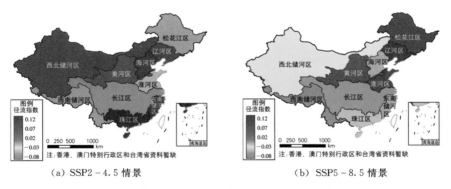

（a）SSP2-4.5 情景　　　　　　　　　　（b）SSP5-8.5 情景

图 5.42　远期（2071—2100 年）标准化径流指数分布图

在未来气候变化影响下，我国各大区水文干旱严重程度也将会发生变化。在近期（2021—2040 年）的两个情景下，除东南诸河外，其他区域水文干旱均呈加重趋势。在中期（2041—2070 年）的两个情景下，长江、东南诸河、珠江、西南诸河、西北诸河水文干旱均呈加重趋势。在远期（2071—2100 年）除东南诸河外，其他区域水文干旱均呈减缓趋势。

图 5.43 给出了在气候变化的两种情景下，我国标准化径流指数变化趋势的对比。

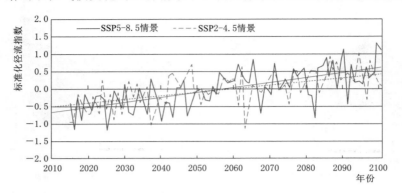

图 5.43　气候变化的两种情景下我国标准化径流指数变化趋势

从上图看出，在未来气候变化的两种情景下，全国标准化径流指数的变化呈上升趋势，表明全国水文干旱整体呈减缓趋势。

5.6　变化环境下中国未来（2021—2100 年）农业干旱灾害演变及趋势

根据全国气候、地理条件和干旱的特点，按东北、黄淮海、长江中下游、华南、西南、西北、内蒙古、新疆和西藏九个大区，分析农业干旱灾害的演变格局。

利用 1980—2020 年降水、气温和蒸散发资料，计算我国各大区干旱指数，建立我国各大区 1980—2020 年干旱指数与受旱率的经验关系，各大区相关系数如图 5.44 所示，依照相关系数大小依次为内蒙古、西北、黄淮海、长江中下游、东北、华南、新疆、西南。各大区的相关系数都在 0.6 以上，可以认为所建立的年干旱指数与受旱率的关系式是合理、可信的，可以用于气候变化对干旱影响的预测和评估。

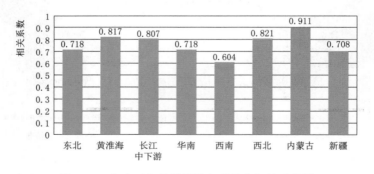

图 5.44　各大区年干旱指数与受旱率相关系数图

根据预测的降水、气温和蒸散发数据计算九个大区年干旱指数，预测气候变化条件下我国未来（2021—2100 年）各区的受旱率，预测结果将不考虑人为因素仅考虑自然因素变化对受旱率的影响。因西藏地区缺乏历史受旱数据，本书对西藏地区的受旱率不做预测。

5.6.1 SSP2-4.5 情景下未来农业受旱率的变化趋势

在 SSP2-4.5 情景下，我国各大区的受旱率预测的变化趋势如图 5.45 所示。黄淮海大区受旱率呈减少趋势，华南、新疆大区受旱率呈增加趋势，其他大区受旱率变化趋势不明显。

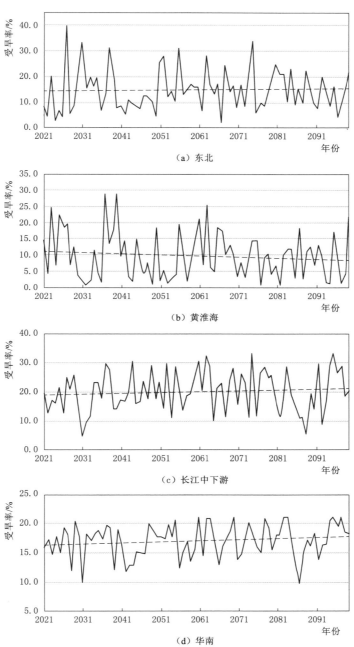

图 5.45（一）　SSP2-4.5 情景下各大区未来受旱率变化趋势

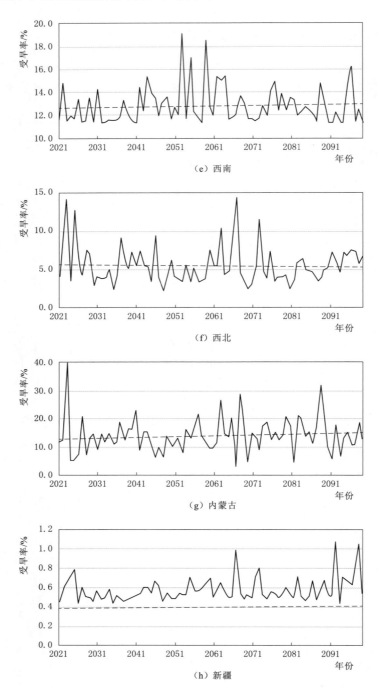

（e）西南

（f）西北

（g）内蒙古

（h）新疆

图 5.45（二）　SSP2-4.5 情景下各大区未来受旱率变化趋势

在气候变化 SSP2-4.5 情景下，未来各大区受旱率变化与现状相比，到预测期最后的 10 年（2091—2100 年），受旱率增加的有西北，为 1.27％；受旱率减少的有 3 个区，分别是东北，黄淮海和内蒙古，变幅分别为−3.23％，−6.70％，−6.16％。另外 4 个区的受旱率变幅都在 1.0% 以下，分别为长江中下游 0.89%，华南 0.29%，西南 0.22%，新疆 0.12%。未来每 10 年的全国各大区受旱率的变化情况见表 5.16。

表 5.16　　　　SSP2－4.5 情景下各大区未来每 10 年平均受旱率变化预测

年　　份	东北		黄淮海		长江中下游		华南	
	年受旱率%	比前 10 年	年受旱率%	比前 10 年	年受旱率%	比前 10 年	年受旱率%	比前 10 年
2015—2020	17.41		14.57		21.46		18.02	
2021—2030	13.28	−4.14	12.03	−2.54	18.87	−2.59	16.81	−1.20
2031—2040	19.10	5.82	10.23	−1.80	17.61	−1.26	16.98	0.17
2041—2050	9.71	−9.39	6.43	−3.81	20.46	2.85	15.44	−1.54
2051—2060	18.91	9.21	6.52	0.09	20.60	0.13	16.62	1.18
2061—2070	15.84	−3.07	11.52	5.00	23.00	2.40	17.89	1.27
2071—2080	15.32	−0.52	6.05	−5.47	22.83	−0.17	17.05	−0.85
2081—2090	18.30	2.98	6.80	0.75	15.77	−7.06	16.70	−0.35
2091—2100	13.25	−5.04	7.87	1.07	22.35	6.59	18.31	1.61
累计变化		−4.16		−6.70		0.89		0.29
年　　份	西南		西北		内蒙古		新疆	
	年受旱率%	比前 10 年	年受旱率%	比前 10 年	年受旱率%	比前 10 年	年受旱率%	比前 10 年
2015—2020	12.10		5.17		18.01		0.53	
2021—2030	112.23	0.14	6.97	1.80	13.49	−4.52	0.57	0.04
2031—2040	11.96	−0.27	5.08	−1.89	13.37	−0.13	0.53	−0.04
2041—2050	13.09	1.13	5.32	0.23	11.68	−1.69	0.58	0.05
2051—2060	13.91	0.82	4.32	−1.00	13.31	1.64	0.60	0.02
2061—2070	13.15	−0.77	6.39	2.07	14.39	1.07	0.59	−0.01
2071—2080	12.67	−0.47	5.11	−1.28	14.66	0.27	0.59	0.00
2081—2090	12.77	0.09	4.46	−0.65	17.18	2.52	0.58	−0.01
2091—2100	12.32	−0.44	6.45	1.99	11.86	−5.32	0.65	0.07
累计变化		0.22		1.27		−6.16		0.12

根据各大区现状和近期、中期、远期的预测变化，分析我国受旱率未来时空的分布和变化，见表 5.17。

表 5.17　　　　　　　SSP2 - 4.5 情景下未来不同时期各大区受旱率变化

时期	年　份	东北		黄淮海		长江中下游		华南	
		受旱率%	两个时期的受旱率差值	受旱率%	两个时期的受旱率差值	受旱率%	两个时期的受旱率差值	受旱率%	两个时期的受旱率差值
现状	2015—2020	17.41		14.57		21.46		18.02	
近期	2021—2040	16.19	−1.23	11.13	−3.44	18.24	−3.22	16.90	−1.12
中期	2041—2070	14.82	−1.37	8.15	−2.97	21.35	3.11	16.65	−0.24
远期	2071—2100	15.62	0.80	6.91	−1.25	20.32	−1.04	17.35	0.70
累计变化			−1.79		−7.66		−1.14		−0.67
时期	年　份	西南		西北		内蒙古		新疆	
		受旱率%	两个时期的受旱率差值	受旱率%	两个时期的受旱率差值	受旱率%	两个时期的受旱率差值	受旱率%	两个时期的受旱率差值
现状	2015—2020	12.10		5.17		18.01		0.53	
近期	2021—2040	12.10	0.00	6.03	0.86	13.43	−4.58	0.55	0.02
中期	2041—2070	13.38	1.29	5.34	−0.69	13.12	−0.31	0.59	0.04
远期	2071—2100	12.59	−0.80	5.34	0.00	14.56	1.44	0.61	0.02
累计变化			0.49		0.17		−3.45		0.08

与现状相比，在未来近期（2021—2040 年），我国西北受旱率增加 0.86%，西南和新疆受旱率变化不大分别为 0.86%，0.02%；其他区受旱率都是减少的，变化值范围是 1.23%～4.58%，按受旱率减少的百分率大小排列依次是内蒙古、黄淮海、长江中下游和华南。

与近期相比，在未来中期（2041—2070 年），长江中下游和西南的受旱率有明显增加，分别增加了 3.11%，1.29%；黄淮海、东北的受旱率在减少，分别为 −3.44% 和 −1.23%，而新疆、华南、西北和内蒙古的受旱率变化不大，分别为 0.04%、−0.24%、−0.69% 和 −0.31%；

与中期相比，在未来远期（2071—2100 年），我国中东部地区包括黄淮海、长江中下游和西南的受旱率是在减少的，西北的受旱率没有变化，东北、华南、内蒙古的受旱率是增加的，但是各个大区总的变化量都不超过 ±1.5%。图 5.46 给出了在 SSP2 - 4.5 情景下我国未来不同时期受旱率变化空间分布图。

总的看来，在 BBC 气候变化模式 SSP2 - 4.5 情景下，我国黄淮海区、内蒙古未来受旱率都是减少的，旱情有减轻趋势；东北、长江中下游、华南、西南、西北和新疆未来受旱率变化量都不大、趋势不明显，旱情基本维持现状。

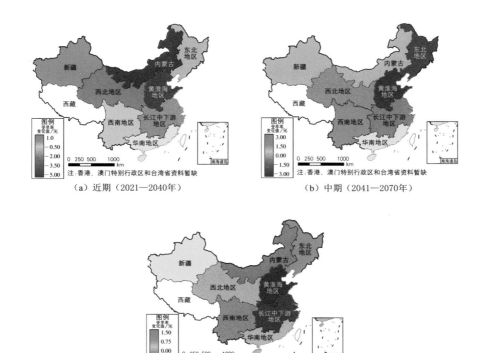

（a）近期（2021—2040年）　　（b）中期（2041—2070年）

（c）远期（2071—2100年）

图 5.46　　SSP2-4.5 情景下未来受旱率变化图

5.6.2　SSP5-8.5 情景下未来农业受旱率的变化趋势

在 SSP5-8.5 情景下，未来我国八个大区的受旱率的变化，有三个大区的受旱率呈下降趋势，分别为东北、黄淮海、内蒙古；有三个大区的受旱率呈上升趋势，分为长江中下游、华南、西北，区域受旱率变化趋势不明显的是西南区和新疆。新疆的年干旱指数增加，受旱率也随之变化，但是变化幅度很小。这个特点在前面分析是也可以看到，考虑到新疆农业灌溉水的来源主要是融雪，而融雪的多少直接关系到新疆受旱率变化，因此，气温增加是对融雪多少起到了直接的作用。在 SSP5-8.5 情景下我国各大区的受旱率预测的变化趋势如图 5.47 所示。

在 SSP5-8.5 情景下，未来各大区的受旱率变化与现状相比，到预测期最后 10 年（2091—2100 年），平均受旱率增加的有长江中下游、华南、西北、黄淮海、西南和新疆，受旱率分别增加了 3.02%、2.56%、2.01%、1.48%、0.25% 和 0.25%；平均受旱率减少的是东北和内蒙古，受旱率分别为 -7.38%，-3.30%。图 5.48 给出了未来每 10 年八大区受旱率变化过程。

根据各大区现状和近期、中期、远期受旱率的预测值，分析我国受旱率未来时空的分布和变化，见表 5.18。

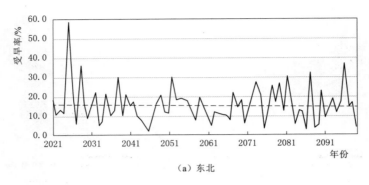

（a）东北

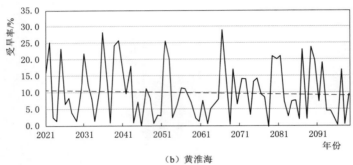

（b）黄淮海

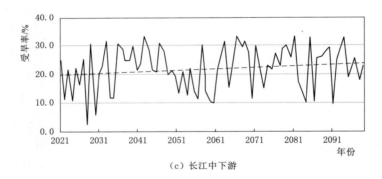

（c）长江中下游

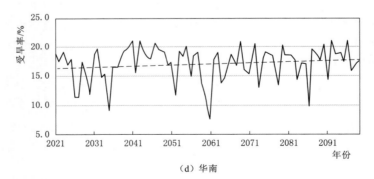

（d）华南

图 5.47（一）　SSP5-8.5 情景下各大区未来受旱率变化趋势

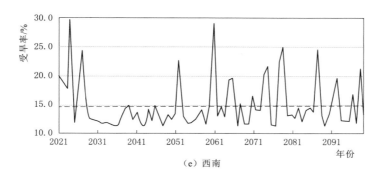

（e）西南

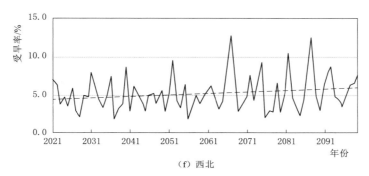

（f）西北

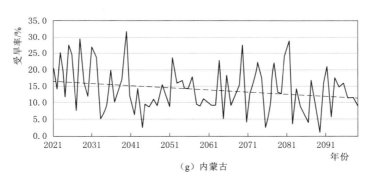

（g）内蒙古

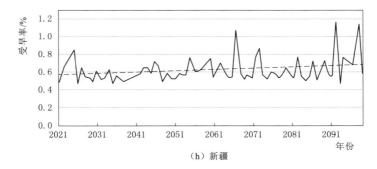

（h）新疆

图 5.47（二） SSP5－8.5 情景下各大区未来受旱率变化趋势

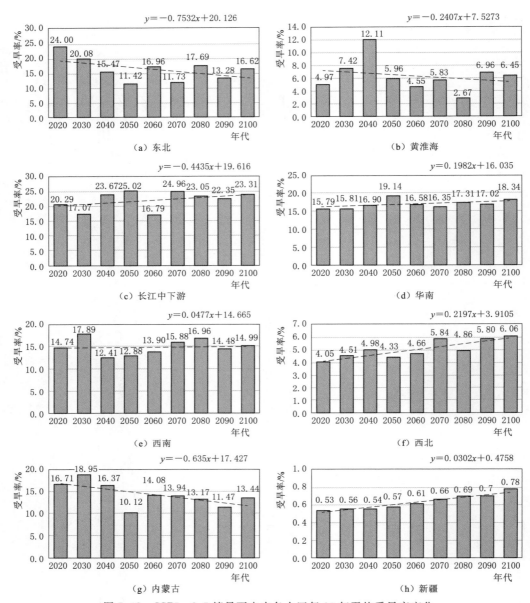

图 5.48　SSP5-8.5 情景下未来各大区每 10 年平均受旱率变化

表 5.18　　　　SSP5-8.5 情景下未来不同时期各大区受旱率变化

时期	年　份	东北		黄淮海		长江中下游		华南	
		受旱率/%	两个时期的受旱率差值	受旱率/%	两个时期的受旱率差值	受旱率/%	两个时期的受旱率差值	受旱率/%	两个时期的受旱率差值
现状	2015—2020	24.00		4.97		20.29		15.79	
近期	2021—2040	17.78	-6.22	11.11	6.14	20.37	0.08	16.35	0.56

时期	年　份	东北		黄淮海		长江中下游		华南	
		受旱率/%	两个时期的受旱率差值	受旱率/%	两个时期的受旱率差值	受旱率/%	两个时期的受旱率差值	受旱率/%	两个时期的受旱率差值
中期	2041—2070	13.37	−4.41	5.44	−5.67	22.26	1.89	17.35	1.00
远期	2071—2100	15.86	2.49	5.36	−0.08	22.90	0.65	17.56	0.20
累计变化			−8.14		0.40		2.61		1.77

时期	年　份	西南		西北		内蒙古		新疆	
		受旱率/%	两个时期的受旱率差值	受旱率/%	两个时期的受旱率差值	受旱率/%	两个时期的受旱率差值	受旱率/%	两个时期的受旱率差值
现状	2015—2020	14.74		4.05		16.71		0.53	
近期	2021—2040	15.15	0.42	4.74	0.69	17.66	0.95	0.55	0.02
中期	2041—2070	14.22	−0.93	4.94	0.20	12.71	−4.95	0.61	0.06
远期	2071—2100	15.48	1.26	5.57	0.63	12.69	−0.02	0.72	0.11
累计变化			0.74		1.52		−4.02		0.19

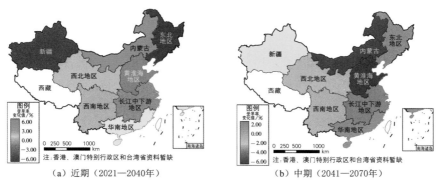

（a）近期（2021—2040年）　　　　　（b）中期（2041—2070年）

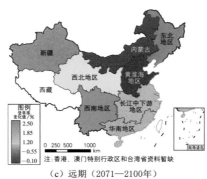

（c）远期（2071—2100年）

图 5.49　SSP5-8.5 情景下未来受旱率变化图

与现状相比，在未来近期（2021—2040 年），我国东北的平均受旱率减少了 6.22%，黄淮海平均受旱率增加了 6.14%，而长江中下游、华南、西南、西北、内蒙古和新疆的平均受旱率变化很小，受旱率变化量<1%。

与近期相比，在未来中期（2041—2070 年），长江中下游和华南的平均受旱率是增加的，分别增加了 1.89% 和 1.00%；黄淮海、内蒙古、东北的平均受旱率在减少，分别减少了 −5.67%、−4.95、−4.41%；而西南、西北和新疆的平均受旱率变化不大，受旱率变化小于 ±1%。

与中期相比，在未来远期（2071—2100 年），我国东北、西南平均受旱率是增加的，分别为 2.49%、1.26%；黄淮海、长江中下游、华南、西北、内蒙古和新疆的平均受旱率变化很小，受旱率变化量小于 ±0.65%。图 5.49 给出了在 SSP5-8.5 情景下我国未来不同时期受旱率变化空间分布图。

总的看来，在 BBC 气候变化模式的 SSP5-8.5 情景下，东北、黄淮海、内蒙古平均受旱率变化为减少趋势；长江中下游、华南和西北平均受旱率变化为增加趋势；西南和新疆平均受旱率的变化基本平稳，旱情与现状基本持平。

5.6.3　气候变化情景下未来农业干旱灾害演变格局

在未来气候变化影响下，我国各大区受旱严重程度也将会发生变化。在 BBC 气候变化模式的 SSP2-4.5 情景下，我国黄淮海、内蒙古未来受旱率都是减少的，旱情有减轻趋势；东北、长江中下游、华南、西南、西北和新疆未来受旱率变化量都不大，趋势不明显，旱情严重程度基本维持现状。

在 BBC 气候变化模式的 SSP5-8.5 情景下，东北、黄淮海、内蒙古平均受旱率变化为减少趋势；长江中下游、华南和西北平均受旱率变化为增加趋势；西南和新疆平均受旱率的变化基本平稳，旱情与现状基本持平。

在气候变化的两种情景下，我国平均受旱率变化趋势的时空演变格局对比如图 5.50 和图 5.51 所示。

从图 5.50 和图 5.51 可以看出，在未来气候变化的两种情景下，全国平均农业受旱率的变化趋势都不很明显。

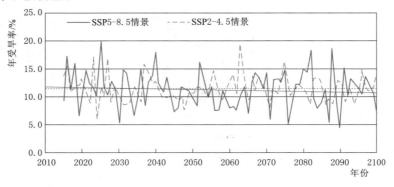

图 5.50　气候变化的两种情景下我国平均受旱率时间变化趋势

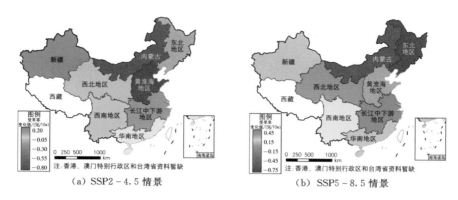

（a）SSP2-4.5 情景　　　　　　　　　　（b）SSP5-8.5 情景

图 5.51　气候变化的两种情景下我国平均受旱率空间变化趋势

　　但是从发生气候变化的未来 80 年中，两种情景下所预测的出现严重旱情的次数来看，在 SSP2-4.5 情景下，发生年受旱率大于 14.0% 的次数有 15 次，而在 SSP5-8.5 情景下年受旱率大于 14.0% 的次数是 23 次，是前者的 1.5 倍，这说明在 SSP5-8.5 情景下我国发生农业严重旱情的次数要多于 SSP2-4.5 情景下发生的农业严重旱情的次数。

　　总的来说，我国的农业干旱在未来气候变化条件下，受气象因子影响，总的变化趋势不明显，但是在 SSP5-8.5 情景下发生严重干旱的频次要大于 SSP2-4.5 情景下发生严重干旱的频次。

第6章

结论与展望

6.1　主要结论

（1）分析了干旱形成的主要因素。包括气候异常、气候变暖、地形地貌等自然因素和植被退化、水资源利用、城市化进程等高强度人类活动因素及其协同作用。海温和海洋引起的大气环流异常导致降水量时空分布变异，降水量减少是干旱形成的主要因素之一。1951—2020 年，中国地表年平均气温呈显著上升趋势，升温速率为 0.26℃/10a，气候变暖也是干旱形成的另一个主要因素。特定的三级阶梯地理地貌条件和季风气候决定了各地水循环特点差异显著，导致水资源时空分布不均，极易形成干旱灾害。高强度人类活动改变下垫面条件，进而改变地-气能量、动量和水分交换，干扰作物的水分收入和支出，是干旱形成的重要因素。

（2）揭示了变化环境下干旱灾害形成机理。气候变化和人类活动导致水循环水分失衡是形成干旱的本质。气象干旱是区域气候系统和下垫面受到干扰而使降水和蒸散发长期均衡打破后导致降水减少、蒸发增加而形成的。水文干旱是气候变暖、土地利用变化以及水资源开发利用影响水循环的水分失衡导致地表水和地下水的收入减少、支出增加而形成的。农业干旱灾害是气候变暖、土地利用变化以及水资源开发利用影响气象因子、土壤水和作物蒸腾等变化导致土壤水供应不足、作物蒸腾过强而超过作物自身调节能力时形成的。

（3）通过示范区干旱驱动定量分析，揭示了示范区干旱时间和空间关联性。基于江西示范区 1956—2015 年实测气象数据和其他相关基础数据，采用干旱模拟模型对气象、水文、农业干旱进行了模拟评估。各干旱特征指标的统计结果显示，气象干旱、水文干旱和农业干旱次数、历时、面积、强度及重现期均存在明显差异；1956—2015 年间，江西示范区共发生气象干旱 122 次、水文干旱 87 次、农业干旱 72 次，气象干旱发生次数明显比农业干旱和水文干旱要多。气象、水文和农业干旱平均干旱面积分别占示范区总面积的66%、61% 和 62%。气象干旱平均覆盖面积最大，其次是农业干旱，平均干旱面积最小的是水文干旱。气象、水文和农业平均干旱强度分别为 0.86、0.82 和 0.68，气象干旱平均干旱强度最大，其次是水文干旱，农业干旱平均干旱强度最小。江西示范区气象干旱-水文干旱-农业干旱呈现一定的时滞关系，农业干旱和气象干旱时滞时间为 1 个月，水文干旱对气象干旱的响应时间为 3 个月，水文干旱对农业干旱的响应时间为 2 个月。空间相关性分析结果表明，吉安、宜春西部山区气象、水文和农业干旱历时（总和）和强度（总和）相对较大；吉安、宜春东部平原及新余市灌区比较集中，气象、水文和农业干旱历时和强度明显要小。

（4）提出了基于自然证据及历史文献与考古资料的多尺度干旱历史序列重构方法。综合全新世以来已发表的和新采集的高分辨率干湿记录资料，重构了中国全新世以来（11700 年前至今）北方中部、东北、南方、滇藏和西北等五个分区的历史干旱序列，全新世以来中国的平均干湿变化呈现出"较干-湿润-干"的三个变化阶段。东北地区、北方中部地区和南方地区的干湿变化模式差异较小，总体上呈现出中全新世湿润，早晚全新世相对干旱的演变模式；滇藏地区表现为早全新世湿润，中晚全新世干旱；而西北地区呈现出早中全新世相对干旱，而晚全新世湿润的演变模式。整合近两千年来发表高分辨率的干湿序列资料显示，中国平均干湿变化经历了"湿润-较干-干"三个变化阶段。

（5）基于档案资料重构了全国近五百年（1470—1948 年）干旱灾害序列。在广泛收集历史干旱灾害文献基础上，重建了全国近五百年干旱灾害序列，分析了近五百年全国干旱灾害的时空特征，近五百年共出现了 1484—1488 年、1586—1589 年、1636—1641 年、1721—1723 年、1876—1878 年、1928—1930 年 6 次极端干旱事件，每个世纪均有发生；从空间分布来看，春旱主要发生在黄淮海地区；夏旱比较严重的地区是西北地区和长江中下游地区，黄淮海次之；秋旱比较严重的是长江中下游地区；冬旱主要分布在黄淮海和西北局部地区。

（6）分析了近七十年（1949—2020 年）中国农业干旱灾害时空演变趋势。1949—2000 年全国农业干旱的受灾率、成灾率和因旱粮食损失率都呈现出增加趋势，其中，受灾率的增加速率为 1.72%/10a，成灾率的增加速率为 1.26%/10a，因旱粮食损失率的增加速率为 0.61%/10a。2000 年以后，全国农业干旱的受灾率、成灾率和因旱粮食损失率都呈现出下降趋势。分析 1949—1979 年（前期）和 1980—2020 年（后期）两段时间农业旱情旱灾空间变化趋势，后期的东北、西北和西南地区的受灾率比前期分别增加 11.6%、9.1% 和 4.9%，呈现更严重趋势；后期全国范围内成灾率增加 4.2%，其中东北、西北、西南和黄淮海地区的成灾率比前期分别增加 9.0%、6.9%、3.6% 和 3.5%，亦呈现增加趋势。发生重旱以上的年份为 26 年，发生频率为 36.1%，发生特旱的年份有 13 年，发生频率为 18.1%。反映出中国是一个干旱灾害频发的国家。

（7）研判了气候变化背景下中国未来（2021—2100 年）干旱灾害演变格局及特征。在 SSP2-4.5 和 SSP5-8.5 两种情景下，长江中下游、西南、新疆和西藏地区气象干旱发生中旱以上频率呈增加趋势；在 SSP2-4.5 情景下黄河、珠江 2 个区及在 SSP5-8.5 情景下黄河、淮河、东南诸河和珠江 4 个区水文干旱发生中旱以上频率呈增加趋势；在 SSP2-4.5 情景下农业干旱的受旱率大于 14.0% 的次数有 15 次，在 SSP5-8.5 情景下年受旱率大于 14.0% 的次数是 23 次，近期黄淮海、中期长江中下游及华南、远期东北和西南区受旱率呈增加趋势。

6.2　创新点

（1）首次构建了全新世（11700 年前）至 2020 年全国历史干旱灾害序列。基于树木年轮、湖泊沉积、冰岩芯及历史文献提取多尺度旱情旱灾信息，研发了历史干旱序列重构技术，将不同途径获取的干旱数据进行标准化处理，构建了全新世以来（11700 年前至今）的干湿变化序列：早全新世（11.7～8.2ka BP）的迅速增湿期-自新仙女木事件结束之后，中国气候环境逐渐向暖湿发展；中全新世（8.2～4.2ka Bp）湿润期之间达到全新世以来最大湿润期；晚全新世（4.2～0ka BP）逐渐干旱化。全新世以来，全国整体的干湿变化呈现出"较干—湿润—干"的三个变化阶段。基于典型历史极端干旱事件环境复原技术，构建了 1470—1948 年近 480 年的全国及省级行政区干旱灾害序列。基于统计分析方法，建立了 1949—2020 年全国及省级行政区 72 年干旱灾害序列。因此，本书构建了全新世—2020 年全国历史干旱灾害序列，属全国首创。可为行业部门防旱抗旱决策提供数据支撑，防范干旱灾害风险，保障新时期国家粮食安全和饮水安全。

（2）揭示了气候变化和高强度人类活动背景下气象、水文、农业干旱成灾机理。气候异常、气候变暖、地形地貌等自然因素和植被退化、水资源利用、城市化进程等高强度人类活动因素及其协同作用导致水循环水分失衡是形成干旱的本质。气象干旱是区域气候系统和下垫面受到干扰而使降水和蒸散发长期均衡打破后导致降水减少、蒸发增加而形成的；水文干旱是气候变暖、土地利用变化以及水资源开发利用影响水循环的水分失衡导致地表水和地下水的收入减少、支出增加而形成的；农业干旱灾害是气候变暖、土地利用变化以及水资源开发利用影响气象因子、土壤水和作物蒸腾等变化导致土壤水供应不足、作物蒸腾过强超过作物自身调节能力时而形成的。通过示范区干旱驱动定量分析，揭示了大范围长历时气象干旱-水文干旱-农业干旱时间和空间关联性。

（3）系统地分析了中国历史（1470—1948 年及 1949—2020 年）干旱灾害时空演变规律，研判了气候变化背景下中国未来（2021—2100 年）干旱灾害演变格局及特征。重建了中国近五百年（1470—1948 年）干旱灾害序列，分析了近五百年全国干旱灾害的时空特征，近五百年共出现了 6 次极端干旱事件，干旱主要发生在西北、黄淮海和长江中下游地区。基于统计的旱情旱灾资料，分析了中国近七十年（1949—2020 年）干旱灾害时空演变趋势，1949—2000 年中国农业干旱灾害呈现出增加趋势，2000 年以后中国农业干旱灾害呈现出下降趋势；发生重旱以上的年份为 26 年，发生频率为 36.1%，反映出中国是一个干旱灾害频发的国家；变化环境下，中国未来（2021—2100 年）长江中下游、西南、新疆和西藏地区气象干旱发生中旱以上频率呈增加趋势；黄河、淮河、东南诸河和珠江 4 个区水文干旱发生中旱以上频率呈增加趋势；近期黄淮海、中期长江中下游及华南、远期东北和西南区农业受旱率呈增加趋势。

6.3　未来研究展望

（1）开展大范围大深度土壤水分连续精准监测系统装备研发。研究基于时域方法的不同埋深土壤水分监测原理；开发基于多源卫星的大范围土壤水分连续精准监测技术；研究多源土壤水分高分辨率融合方法；研发空天地一体化大范围土壤水分连续精准监测系统装备。

（2）研发重大干旱精准诊断与风险动态评估技术。研究典型历史重大干旱时空演变特征和重现规律；开发多要素影响下的重大干旱精准诊断技术；研究多特征变量致灾因子条件下重大干旱风险动态评估技术；研发基于多源信息融合的重大干旱灾害预警技术。

（3）研发基于概率统计的重大干旱集合预报技术。建立重大干旱信息不确定性的概率分布模型，分析重大干旱分布特征；依据未来降水概率预报和贝叶斯概率水文预报信息，对各种干旱相关信息进行分析，研究建立重大干旱集合预报模型，为重大干旱预警提供旱情发展趋势概率预报信息。

参 考 文 献

［1］ ASHOK K M，VIJAY P S. A review of drought concepts ［J］. Journal of Hydrology，2010，391 (1/2)：202 - 216.

［2］ DAI A G. Increasing drought under global warming in observations and models ［J］. Nature Climate Change，2013，3：52 - 58.

［3］ ETKIN D.，MEDALYE J.，HIGUCHI，K. Climate warming and natural disaster management：an exploration of the issues ［J］. Climate Change，2012，112：585 - 599.

［4］ COOK B. I.，SMERDON J. E.，SEAGER R.，et al. Global warming and 21st century drying ［J］. Climate Dynamic，2014，43：2607 - 2627.

［5］ DAI A G. Drought under global warming：a review ［J］. Wiley Interdisciplinary Reviews：Climate Change，2011，2 (1)：45 - 65.

［6］ 韩兰英，张强，姚玉璧，等. 近 60 年中国西南地区干旱灾害规律与成因 ［J］. 地理学报，2014，69 (5)：632 - 639.

［7］ 马柱国. 华北干旱化趋势及转折性变化与太平洋年代际振荡的关系 ［J］. 科学通报，2007，52 (10)：1199 - 1206.

［8］ 顾颖，刘静楠，林锦. 近 60 年来我国干旱灾害情势和特点分析 ［J］. 水利水电技术，2010，41 (1)：71 - 74.

［9］ 顾颖，倪深海，戴星，等. 中国干旱特征变化规律及抗旱情势 ［M］. 北京：中国水利水电出版社，2015.

［10］ 严登华，翁白莎，王浩，等. 区域干旱形成机制与风险应对 ［M］. 北京：科学出版社，2014.

［11］ 张强，韩兰英，郝晓翠，等. 气候变暖对我国农业干旱灾损率的影响及其南北区域差异性 ［J］. 气象学报，2015b，73 (6)：1092 - 1103.

［12］ 吴绍洪，潘韬，贺山峰. 气候变暖风险研究的初步探讨 ［J］. 气候变暖研究进展，2011，7 (5)：363 - 368.

［13］ 王静爱，孙恒，徐伟，等. 近 50 年中国旱灾的时空变化 ［J］. 自然灾害学报. 2002，11 (2)：1 - 6.

［14］ 秦大河. 气候变暖与干旱 ［J］. 科技导报，2009 (11)：7.

［15］ 程国栋，王根绪. 中国西北地区的干旱与旱灾-变化趋势与对策 ［J］. 地学前缘，2006，13 (1)：3 - 14.

［16］ 杨帅英，郝芳华，宁大同. 干旱灾害风险评估的研究进展 ［J］. 安全与环境科学，2004，4 (2)：79 - 82.

［17］ HUANG C F，LIU X. L，ZHOU，G. X. Agriculture natural disaster risk assessment method according to the historic disaster data ［J］. Journal of Natural Disasters，1998，7 (2)：1 - 9.

［18］ 王雪梅. 气候变暖导致全球干旱 ［J］. 科学新闻，2011 (6)：56 - 59.

［19］ 王素萍，段海霞，冯建英. 2009—2010 年冬季全国干旱状况及其影响与成因 ［J］. 干旱气象，2010，28 (1)：107 - 112.

［20］ DORE M H I. Climate change and changes in global precipitation patterns：What do we know? Environment international ［J］. 2005，31 (8)：1167 - 1181.

［21］ 符淙斌，马柱国. 全球变化与区域干旱化 ［J］. 大气科学，2008，32 (4)：752 - 760.

［22］ LU J，VECCHI G A，REICHLER T. Correction to "Expansion of the Hadley Cell under global warming" ［J］. Geophysical Research Letters，2007，34（14）：n/a - n/a.

［23］ NEELIN J，MUNNICH M，SU H，et al. Tropical drying trends in global warming models and observations ［J］. Proceedings of the National Academy of Sciences，2006，103（16）：6110 - 6115.

［24］ SHEFFIELD J，WOOD E F. Projected changes in drought occurrence under future global warming from multi - model，multi - scenario，IPCC AR4 simulations ［J］. Climate Dynamics，2008，31（1）：79 - 105.

［25］ 邓振镛，张强，尹宪志，等. 干旱灾害对干旱气候变暖的响应 ［J］. 冰川冻土，2007，29（1）：114 - 118.

［26］ 李跃清. 青藏高原上空环流变化与其东侧旱涝异常分析 ［J］. 大气科学，2000，24（4）：470 - 476.

［27］ 谢安，孙永罡，白人海. 中国东北近 50 年干旱发展及对全球气候变暖的响应 ［J］. 地理学报，2003，58（S1）：75 - 82.

［28］ 杨淑萍，赵光平，孙银川，等. 2004—2005 年宁夏特大干旱事件的诊断分析 ［J］. 中国沙漠，2006，26（6）：948 - 952.

［29］ 冯明，张谦，胡英，等. 气候变暖背景下房县干旱的响应 ［J］. 中国农业气象，2011，32（S1）：218 - 221.

［30］ 朱业玉，潘攀，匡晓燕. 河南省干旱灾害的变换特征和成因分析 ［J］. 中国农业气象，2011，32（2）：311 - 316.

［31］ YI C，WEI S，HENDREY G. Warming climate extends dryness - controlled areas of terrestrial carbon sequestration ［J］. Scientific Reports，2014，4（4）：5472.

［32］ TIERNEY J E，UMMENHOFER C C，DEMENOCAL P B. Past and future rainfall in the Horn of Africa ［J］. Science Advances，2015，1（9）：e1500682 - e1500682.

［33］ 柳媛普，王素萍，王劲松，等. 气候变暖背景下西南地区干旱灾害风险评估 ［J］. 自然资源学报，2018，33（2）：325 - 336.

［34］ 李耀辉，周广胜，袁星，等. 干旱气象科学研究——"我国北方干旱致灾过程及机理"项目概述与主要进展 ［J］. 干旱气象，2017，35（2）：165 - 174.

［35］ DEO R C. Impact of historical land cover change on daily indices of climate extremes including droughts in eastern Australia ［J］. Geophysical Research Letters，2009（2）：15 - 20.

［36］ 穆兴民，王飞. 西南地区严重旱灾的人为因素初探 ［J］. 水土保持通报，2010，30（2）：1 - 4.

［37］ WILLETT K M，GILLETT N P，JONES P D，et al. Attribution of observed surface humidity changes to human influence ［J］. Nature，2007，449（7163）：710 - 712.

［38］ BATES B C，KUNDZEWICZ Z W，WU S，et al. Climate Change and Water，Technical Paper of the Intergovernmental Panel on Climate Change ［M］. Geneva，Switzerland：Intergovernmental Panel on Climate Change（IPCC），2008.

［39］ 张远东，刘世荣，罗传文，等. 川西亚高山林区不同土地利用与土地覆盖的地被物及土壤持水特征 ［J］. 生态学报，2009，29（2）：627 - 635.

［40］ VÖRÖSMARTY C J，SAHAGIAN D. Anthropogenic disturbance of the terrestrial water cycle ［J］. Bio Science，2000，50（9）：753 - 765.

［41］ LAHMER W，PFÜTZNER B，BECKER A. Assessment of land use and climate change impacts on the mesoscale ［J］. Physics and Chemistry of the Earth，PartB：Hydrology，Oceans and Atmosphere，2001，26（7/8）：565 - 575.

［42］ 刘永强. 植被对干旱趋势的影响 ［J］. 大气科学，2016，40（1）：142 - 156.

［43］ GIANNINI A，BIASUTTI M，VERSTRAETE M M. A climate model - based review of drought in the Sahel：Desertification，there - greening and climate change ［J］. Global and Planetary

Change，2008，64（3/4）：119-128.

[44] NICHOLSON S. Land surface processes and Sahel climate [J]. Reviews of Geophysics，2000，38（1）：117-140.

[45] ZENG N. Drought in the Sahel. Science [J]. 2003，302（5647）：999-1000.

[46] 姜逢清，朱诚，穆桂金，等. 当代新疆洪旱灾害扩大化：人类活动的影响分析 [J]. 地理学报，2002，57（1）：57-66.

[47] 梅惠，李长安，徐宏林. 长江中游水旱灾害特点与水旱兼治对策——以"两湖"地区为例 [J]. 华中师范大学学报：自然科学版，2006，40（2）：287-290.

[48] 符淙斌，温刚. 中国北方干旱化的几个问题 [J]. 气候与环境研究，2002，7（1）：22-29.

[49] LU X X，YANG X，LI S. Dam not sole cause of Chinese drought [J]. Nature，2011，475（7355）：174-175.

[50] 李景保，王克林，杨燕，等. 洞庭湖区2000—2007年农业干旱灾害特点及成因分析 [J]. 水资源与水工程学报，2008，19（6）：1-5.

[51] 邢子强，严登华，鲁帆，等. 人类活动对流域旱涝事件影响研究进展 [J]. 自然资源学报，2013，28（6）：1070-1082.

[52] 龚志强，封国林. 中国近1000年旱涝的持续性特征研究 [J]. 物理学报，2008，57（6）：3920-3931.

[53] 郭瑞，查小春. 黄河流域1470—1979年旱涝灾害变化规律分析 [J]. 陕西师范大学学报（自然科学版），2009，37（3）：90-95.

[54] 何马峰，张俊栋. 唐山市干旱特点及成因研究 [J]. 河北水利，2011（3）：38-39.

[55] 张宇，王素萍，冯建英. 2017年全国干旱状况及其影响与成因 [J]. 干旱气象，2018，36（2）：331-338.

[56] JIANG F，CHENG Z，GUIJIN M，et al. Magnification of flood disasters and its relation to regional precipitation and local human activities since the 1980s in Xinjiang，northwestern China [J]. Natural Hazards，2005，36（3）：307-330.

[57] WILLIAMS A P，SEAGER R，ABATZOGLOU J T，et al. Contribution of anthropogenic warming to California drought during 2012-2014 [J]. Geophysical Research Letters，2015，42（16）：6819-6828.

[58] SMIRNOV O，ZHANG M，XIAO T，et al. The relative importance of climate change and population growth for exposure to future extreme droughts. Climatic Change，2016，138（1-2）：41-53.

[59] 杨志远. 气候变暖和LUCC对黑土区典型流域干旱影响的定量评价 [D]. 哈尔滨：哈尔滨师范大学，2017.

[60] 裴源生，蒋桂芹，翟家齐. 干旱演变驱动机制理论框架及其关键问题 [J]，水科学进展，2013，24（3）：449-456.

[61] 谷洪波，刘新意，刘芷妤. 我国农业重大干旱灾害的分布、特征及形成机理研究 [J]，西南农业学报，2014，27（1）：369-373.

[62] 施雅风，张祥松. 气候变暖对西北干旱区地表水资源的影响和未来趋势 [J]. 中国科学B辑，1995，25（9）：968-977.

[63] 张建云，章四龙，王金星，等. 近50a来我国六大流域年际径流变化趋势研究 [J]. 水科学进展，2007，18（2）：230-234.

[64] MILLY P C D，DUNNE K A. Macroscale water fluxes 2：Water and energy supply control of their inter-annual variability [J]. Water Resources Research，2002，38（10）：1206-1214.

[65] 赵勇，翟家齐，蒋桂芹，等. 干旱驱动机制与模拟评估 [M]. 北京：科学出版社，2017.

[66] 孙鹏，张强，姚蕊，等. 淮河流域干旱形成机制与风险评估 [M]. 北京：科学出版社，2020.

［67］ VANGELIS H，TIGKAS D，TSAKIRIS G． The effect of PET method on Reconnaissance Drought Index（RDI）calculation［J］．Journal of Arid Environments，2013，88：130 – 140．

［68］ LEBLOIS，A．Philippe Quirion．Agricultural insurances based on meteorological indices：realizations，methods and research challenges［J］．Meteorological application，2013，20：1 – 9．

［69］ MURTHY C S，LAXMAN B，SAI M．V．R．S．Geospatial analysis of agricultural drought vulnerability using a composite index based on exposure，sensitivity and adaptive capacity［J］．International Journal of Disaster Risk Reduction，2015，12：163 – 171．

［70］ 顾颖，戚建国，倪深海，等．多源信息同化融合技术在旱情评价中的应用［J］．人民黄河，2014，36（5）：41 – 44．

［71］ 粟晓玲，张更喜，冯凯．干旱指数研究进展与展望［J］．水利与建筑工程学报，2019，17（5）：9 – 18．

［72］ 张存杰，张继权，胡正华，等．干旱监测、预警及灾害风险评估技术研究［M］．北京：气象出版社，2020．

［73］ 蒋桂芹．干旱驱动机制与评估方法研究［D］．北京：中国水利水电科学研究院，2013．

［74］ 翁白莎．流域广义干旱风险评价与风险应对研究——以东辽河流域为例［D］．天津：天津大学，2012．

［75］ MOHAMMAD AMIN ASADI ZARCH，BELLIE SIVAKUMAR，ASHISH SHARMA．Droughts in a warming climate：A global assessment of Standardized precipitation index（SPI）and Reconnaissance drought index（RDI）［J］．JournalofHydrology，2014．

［76］ 高宪权，莫丽霞．气候变暖背景下桂东地区旱涝变化特征分析［J］．气象研究与应用，2018，39（1）：18 – 23．

［77］ 徐羽，吴艳飞，徐刚，等．基于相对湿润指数的重庆市气象干旱时空分布特征［J］．西南大学学报（自然科学版），2016，38（4）：96 – 103．

［78］ 李忆平，李耀辉．气象干旱指数在中国的适应性研究进展［J］．干旱气象，2017，35（5）：709 – 721．

［79］ 杨思遥，孟丹，李小娟，等．华北地区 2001—2014 年植被变化对 SPEI 气象干旱指数多尺度的响应［J］．生态学报，2018，38（3）：1028 – 1039．

［80］ 温庆志，孙鹏，张强，等．非平稳标准化降水蒸散指数构建及中国未来干旱时空格局［J］．地理学报，2020，75（7）：1465 – 1482．

［81］ SOUGH M G，ABYANEH H Z，MOSAEDI A．Assessing a Multivariate Approach Based on Scalogram Analysis for Agricultural Drought Monitoring［J］．Water Resources Management，2018，32（10）：1573 – 1650．

［82］ 单璐璐，董海涛，谭丽静，等．K 干旱指数在干旱监测中的应用［J］．安徽农业科学，2017，45（25）：193 – 195．

［83］ LIANG Y L，WANG，Y L，YAN X D，et al．，Projection of drought hazards in China during twenty – firstcentury［J］．Theoreticaland Applied Climatology，2018，133（1 – 2）：331 – 341．

［84］ 安顺清，邢久星．帕默尔旱度模式的修正［J］．气象科学研究院院刊，1986，1（1）：75 – 81．

［85］ 张叶，罗怀良．农业气象干旱指标研究综述［J］．资源开发与市场，2006，22（1）：50 – 52．

［86］ 丛林，李晓辉，张芳，等．基于 Palmer 指数的朝阳地区 1952—2015 年干旱演变特征研究［J］．节水灌溉，2017（3）：61 – 64．

［87］ 王春学，张顺谦，陈文秀，等．气象干旱综合指数 MCI 在四川省的适用性分析及修订［J］．中国农学通报，2019，35（9）：115 – 121．

［88］ 宋艳玲，王建林，田靳峰，等．气象干旱指数在东北春玉米干旱监测中的改进［J］．应用气象学报，2019，30（1）：25 – 34．

［89］ 李勤，张强，黄庆忠，等．中国气象农业非参数化综合干旱监测及其适用性［J］．地理学报，2018，73（1）：67-80.

［90］ SHUKLA S，WOOD A W．Use of astandardized runoff index for characterizing hydrologic drought［J］．Geophysical Research Letters，2008，35（2）：226-236.

［91］ 任怡，王义民，畅建霞，等．陕西省水资源供求指数和综合干旱指数及其时空分布［J］．自然资源学报，2017，32（1）：137-151.

［92］ KARL T R．The sensitivity of the Palmer drought severity index and Palmer's Z index to their calibration coefficients including potential evapotranspiration［J］．Journal of Climatic Applied Meteorology，1986，25：77-86.

［93］ 邓振镛，张强，王强，等．高原地区农作物水热指标与特点的研究进展［J］．冰川冻土，2012，34（1）：177-185.

［94］ ZHANG X，WEI C H，OBRINGER R，et al.，Gauging the Severity of the 2012 Midwestern US Drought for Agriculture［J］．Remote Sensing，2017，9（8）．DOI：10.3390/rs9080767.

［95］ 任瑾，罗哲贤．从降水看我国黄土高原地区的干旱气候特征［J］．干旱地区农业研究，1989（2）：36-43.

［96］ 萧廷奎，彭芳草，李长付，等．河南省历史时期干旱的分析［J］．地理学报，2012，55（5）：1462-1471.

［97］ 唐锡仁，薄树人．河北省明清时期干旱情况的分析［J］．地理学报，1962，28（1）：73-82.

［98］ 杨鑑初，徐淑英．黄河流域的降水特点与干旱问题［J］．地理学报，1956，23（4）：339-352.

［99］ 倪深海，顾颖，王会容．中国农业干旱脆弱性分区研究［J］．水科学进展，2005，16（5）：705-709.

［100］ WANG G，XIA J，CHEN J．Quantification of effects of climate variations and human activities on runoff by a monthly water balance model：a case study of the Chaobai River basin in northern China［J］．Water Resources Research，2009，45（7）：206-216.

［101］ 钱维宏，张宗婕．西南区域持续性干旱事件的行星尺度和天气尺度扰动信号［J］．地球物理学报，2012，55（5），1462-1471.

［102］ 廖要明，张存杰．基于MCI的中国干旱时空分布及灾情变化特征［J］．气象，2017，43（11）：1402-1409.

［103］ 韩兰英，张强，贾建英，等．气候变暖背景下中国干旱强度、频次和持续时间及其南北差异性［J］．中国沙漠，2019，39（5）：1-10.

［104］ 黄晚华，杨晓光，李茂松，等．基于标准化降水指数的中国南方季节性干旱近58a演变特征［J］．农业工程学报，2010，26（7）：50-59.

［105］ SUN C H，YANG S．Persistent severe drought in southern China during winter-spring 2011：Large-scale circulation patterns and possible impacting factors［J］．Journal of Geophys Res Atmos，2012，117（D10）：D10112.

［106］ CHEN F，XU Q，CHEN J，et al．East Asian summer monsoon precipitation variability since the last deglaciation［J］．Scientific Reports，2015，5：11186.

［107］ 黄荣辉，李维京．热带西太平洋上空的热源异常对东亚上空副热带高压的影响及其物理机制［J］．大气科学，1988，特刊：95-107.

［108］ 马柱国，符淙斌，杨庆，等．关于我国北方干旱化及其转折性变化［J］．大气科学，2018，42（4）：951-961.

［109］ 马柱国，任小波．1951—2006年中国区域干旱化特征［J］．气候变化研究进展，2007，3（4）：195-201.

［110］ 邹旭恺，张强．近半个世纪我国干旱变化的初步研究［J］．应用气象学报，2008，19（6）：

679 – 687.

[111] CHEN H P，SUN J Q. Changes in drought characteristics over China using the standardized precipitation evapotranspiration index ［J］. Journal of Climate，2015，28 (13)：5430 – 5447.

[112] LI X Z，ZHOU W，CHEN Y D. Assessment of regional drought trend and risk over China：A drought climate division perspective ［J］. Journal of Climate，2015，28 (18)：7025 – 7037.

[113] 李明星，马柱国. 基于模拟土壤湿度的中国干旱检测及多时间尺度特征 ［J］. 中国科学：地球科学，2015，45 (7)：994 – 1010.

[114] 黄庆忠，张强，李勤，等. 基于SPEI的季节性干湿变化特征及成因探讨 ［J］. 自然灾害学报，2018，27 (2)：130 – 140.

[115] YU M X，LI Q F，HAYES M J，et al. Are droughts becoming more frequent or severe in China based on the Standardized Precipitation Evapotranspiration Index：1951 – 2010 ［J］. International Journal of Climatology：A Journal of the Royal Meteorological Society，Climatol，2014，34 (3)：545 – 558.

[116] 施雅风. 全球变暖影响下中国自然灾害的发展趋势 ［J］. 自然灾害学报，1996，5 (2)：102 – 117.

[117] 赵福年，王润元，王莺，等. 干旱过程、时空尺度及干旱指数构建机制的探讨 ［J］. 灾害学，2018，33 (4)：32 – 39.

[118] 万金红，谭徐明，刘昌东. 基于清代故宫旱灾档案的中国旱灾时空格局 ［J］. 水科学进展，2013，24 (1)：18 – 23.

[119] 杨帅，于志岗，苏筠. 中国气象干旱的空间格局特征 (1951 – 2011) ［J］. 干旱区资源与环境，2014，28 (10)：54 – 60.

[120] 王飞，王宗敏，杨海波，等. 基于SPEI的黄河流域干旱时空格局研究 ［J］. 中国科学：地球科学，2018 (48)：1169 – 1183.

[121] 中央气象局气象科学研究所. 中国近五百年旱涝分布图集 ［M］. 北京：地图出版社，1981.

[122] 王瑛，刘天雪，李体上，等. 中国中小型自然灾害的空间格局研究——以地震、洪涝、旱灾为例 ［J］. 自然灾害学报，2017，26 (4)：48 – 55.

[123] LIBANDA BRIGADIER，MIE ZHENG，NGONGA Chilekana. Spatial and temporal patterns of drought in Zambia ［J］. Journal of Arid Land，2019，11 (2)：180 – 191.

[124] CARLOS ESCALANTE – SANDOVAL，PEDRO NUÑEZ – GARCIA. Meteorological drought features in northern and northwestern parts of Mexico under different climate change scenarios ［J］. Journal of Arid Land，2017，9 (1)：65 – 75.

[125] WON – HO NAM，MICHAEL J. HAYES，MARK D. et al.，Drought hazard assessment in the context of climate change for South Korea ［J］. Agricultural Water Management，2015，V (160)：106 – 117.

[126] 张德二. 中国三千年气象记录总集 ［M］. 南京：江苏教育出版社，凤凰出版社，2004.

[127] 王利民，刘佳，张有智，等. 我国农业干旱灾害时空格局分析 ［J］. 中国农业资源与区划，2021，42 (1)：96 – 105.

[128] 史继清，杨霏云，边多，等. 基于干旱灾害风险综合评估指数的西藏主要农区青稞干旱时空格局 ［J］. 中国农学通报 2021，37 (2)：80 – 87.

[129] 倪深海，顾颖，彭岳津，等. 近七十年中国干旱灾害时空格局及演变 ［J］. 自然灾害学报，2019，28 (6)：188 – 193.

[130] 刘永和，郭维栋，冯锦明，等. 气象资料的统计降尺度方法综述 ［J］. 地球科学进展，2011，26 (8)：837 – 847.

[131] Duan K，Mei Y. Comparison of meteorological，hydrological and agricultural drought responses to cli-

mate change and uncertainty assessment [J]. Water Resources Management, 2014, 28 (14): 5039 - 5054.

[132] Leng G, Tang Q, Rayburg S. Climate change impacts on meteorological, agricultural and hydrological droughts in China [J]. Global and Planetary Change, 2015, 126: 23 - 34.

[133] 莫兴国, 胡实, 卢洪健, 等. GCM预测情景下中国21世纪干旱演变趋势分析 [J]. 自然资源学报, 2018, 33 (7): 1244 - 1256.

[134] TANG Q, ZHANG X, FRANCIS J A. Extreme summer weather in northern mid - latitudes linked to a vanishing cryosphere [J]. Nature Climate Change, 2014, 4: 45 - 50.

[135] DE GRAAF I E M, GLEESON T, VAN BEEK. L P H, et al. Environmental flow limits to global groundwater pumping. Nature, 2019, 574: 90 - 94.

[136] WANDERS N, WADA Y, VAN LANEN HA J. Global hydrological droughts in the 21st century under a changing hydrological regime [J]. Earth System Dynamics, 2015, 6 (1): 1 - 15.

[137] STOUFFER R J, EYRING V, MEEHL GA, et al. CMIPS scientific gaps and recommendations for CMIP6 [J]. Bulletin of the American Meteorological Society, 2017, 98: 95 - 105.

[138] 张丽霞, 陈晓龙, 辛晓歌. CMIP6 情景模式比较计划 (ScenarioMIP) 概况与评述 [J]. 气候变化研究进展, 2019, 15 (5): 519 - 525.

[139] 宫甜甜. 基于 PDSI 的中国干旱时空变化及其人口暴露度研究 [D]. 南京: 南京信息工程大学, 2018.

[140] 周天军, 邹立维, 陈晓龙. 第六次国际耦合模式比较计划 (CMIP6) 评述 [J]. 气候变化研究进展, 2019, 15 (5): 445 - 456.

[141] 中华人民共和国水利部. 旱情信息分类: SL 546—2013 [S]. 北京: 中国水利水电出版社, 2013.

[142] 中华人民共和国国家质量监督检验检疫总局, 中国国家标准化管理委员会. 气象干旱等级: GB/T 20481—2017 [S]. 北京: 中国标准出版社, 2017.

[143] 中华人民共和国国家质量监督检验检疫总局, 中国国家标准化管理委员会. 区域旱情等级: GB/T 32135—2015 [S]. 北京: 中国标准出版社, 2015.

[144] 中华人民共和国水利部. 旱情等级标准: SL 424—2008 [S]. 北京: 中国水利水电出版社, 2008.

[145] 中华人民共和国水利部. 干旱灾害等级标准: SL 633—2014 [S]. 北京: 中国水利水电出版社, 2014.

[146] 中华人民共和国国家质量监督检验检疫总局, 中国国家标准化管理委员会. 干旱灾害等级: GB/T 34306—2017 [S]. 北京: 中国标准出版社, 2017.

[147] 中华人民共和国国家质量监督检验检疫总局, 中国国家标准化管理委员会. 农业干旱等级: GB/T 32136—2015 [S]. 北京: 中国标准出版社, 2015.

[148] 中华人民共和国国家质量监督检验检疫总局, 中国国家标准化管理委员会. 农业干旱预警等级: GB/T 34817—2017 [S]. 北京: 中国标准出版社, 2017.

[149] 李原园, 梅锦山, 郦建强, 等. 干旱灾害风险评估与调控 [M]. 北京: 中国水利水电出版社, 2017.

[150] HUANG C, PANG J, ZHOU Q, et al. Holocene pedogenic change and the emergence and decline of rain - fed cereal agriculture on the Chinese Loess Plateau [J]. Quaternary Science Reviews, 2004, 23 (23 - 24): 2525 - 2535.

[151] NITTA T S. Convective activities in the tropical western Pacific and their impact on the Northern Hemisphere summer circulation [J]. J Meteor Soc Japan, 1987, 64: 373 - 400.

[152] HUANG R H, LI W J. Influence of the heat source anomaly over the tropical western Pacific on the subtropical high over East Asia [C] // Proceedings of International Conference on the General Circulation of East Asia. Chengdu, April 10 - 15, 1987: 40 - 51.

[153] 叶笃正，高由禧. 青藏高原气象学 [M]. 北京：科学出版社，1979.

[154] TAO S Y，CHEN L X．A review of recent research on the East Asian summer monsoon in China [C] // CH ANG C P，KRISHNAMURTI T N（eds），Monsoon Meteorology．Oxford University Press，1987：60 - 92.

[155] 叶笃正，陶诗言，李麦村. 在六月和十月大气环流的突变现象 [J]. 气象学报，1958（29）：249 - 263.

[156] HUANG R H，SUN F Y．Impacts of the tropical western Pacific on the East Asian summer monsoon [J]. J Meteor Soc Japan，1992，70（1B）：243 - 256.

[157] 葛非. 东亚夏季风年代际变化的天气气候特征及其与太阳活动的相关性 [D]. 南京：南京信息工程大学，2013.

[158] 中国气象局气候变化中心. 中国气候变化蓝皮书（2021）[M]. 北京：科学出版社，2021.

[159] SENEVIRATNE S，ZHANG X，ADNAN M，et al．，Weather and Climate Extreme Events in a Changing Climate [M/OL] //IPCC．Climate Change 2021：the Physical Science Basis．Cambridge：Cambridge University Press（in press），2021.

[160] 姜大膀，王晓欣. 对 IPCC 第六次评估报告中有关干旱变化的解读 [J]. 大气科学学报，2021，44（5）：650 - 653.

[161] 倪深海，顾颖，戚建国，等. 农业干旱动态模拟技术研究与应用 [J]. 中国农村水利水电，2012（8）：79 - 81.

[162] 倪深海，顾颖，李国文，等. 基于作物生长模拟的水稻旱情判别方法与应用 [J]. 人民长江，2013，44（11）：97 - 99.

[163] 倪深海，顾颖，闫娜娜，等. 农业旱情评估方法研究-基于农田水分循环模拟与遥感影像信息同化 [J]. 中国农村水利水电，2016（1）：51 - 54.

[164] 华悦. 嫩江下游水文、农业干旱对气象干旱响应关系 [D]. 大连：大连理工大学，2021.

[165] 王怡璇. 变化环境下滦河流域干旱演变驱动机制及定量评价研究 [D]. 天津：天津大学，2017.

[166] 黄春艳. 黄河流域的干旱驱动及评估预测研究 [D]. 西安：西安理工大学，2021.

[167] 梁犁丽，冶运涛. 内陆河流域干旱演化模拟评估与风险调控技术 [M]. 北京：中国水利水电出版社，2017.

[168] AN Z，PORTER S，KUTZBACH J，et al．Asynchronous Holocene optimum of the East Asian monsoon [J]. Quaternary Science Reviews，2000，19（8）：743 - 762.

[169] CHEN F，WU D，CHEN J，et al．Holocene moisture and East Asian summer monsoon evolution in the northeastern Tibetan Plateau recorded by Lake Qinghai and its environs：A review of conflicting proxies [J]. Quaternary Science Reviews，2016，154：111 - 129.

[170] WANG W，FENG Z．Holocene moisture evolution across the Mongolian Plateau and its surrounding areas：A synthesis of climatic records [J]. Earth - Science Reviews，2013，122：38 - 57.

[171] WANNER H，SOLOMINA O，GROSJEAN M，et al．Structure and origin of Holocene cold events [J]. Quaternary Science Reviews，2011，30（21 - 22）：3109 - 3123.

[172] CHEN F，CHEN J，HUANG W，et al．Westerlies Asia and monsoonal Asia：Spatiotemporal differences in climate change and possible mechanisms on decadal to sub - orbital timescales [J]. Earth - Science Reviews，2019，192：337 - 354.

[173] LIU X，LU R，DU J，et al．Evolution of Peatlands in the Mu Us Desert，Northern China，Since the Last Deglaciation [J]. Journal of Geophysical Research：Earth Surface，2018，123（2）：252 - 261.

[174] ZHANG D，FENG Z．Holocene climate variations in the Altai Mountains and the surrounding areas：A synthesis of pollen records [J]. Earth - Science Reviews，2018，185：847 - 869.

[175] 施雅风，孔昭宸，王苏民，等. 中国全新世大暖期的气候波动与重要事件 [J]. 中国科学，1992：

B 辑，12（1）：300-301.

[176] 施雅风，孔昭宸，王苏民，等. 中国全新世大暖期鼎盛阶段的气候与环境 [J]. 中国科学，1993（B 辑化学生命科学地学）（8）：865-873.

[177] 侯光良，方修琦. 中国全新世分区气温序列集成重建及特征分析 [J]. 古地理学报，2012，14（2）：243-252.

[178] CHEN F，YU Z，YANG M，et al. Holocene moisture evolution in arid central Asia and its out-of-phase relationship with Asian monsoon history [J]. Quaternary Science Reviews，2008，27（3-4）：351-364.

[179] RAO Z，WU D，SHI F，et al. Reconciling the 'westerlies' and 'monsoon' models：A new hypothesis for the Holocene moisture evolution of the Xinjiang region，NW China [J]. Earth-Science Reviews，2019，191：263-272.

[180] DING Z，LU R，WANG Y. Spatiotemporal variations in extreme precipitation and their potential driving factors in non-monsoon regions of China during 1961-2017 [J]. Environmental Research Letters，2019，14（2）.

[181] RAN M，FENG Z. Holocene moisture variations across China and driving mechanisms：A synthesis of climatic records [J]. Quaternary International，2013，313-314：179-193.

[182] YUE Y，ZHENG Z，HUANG K，et al. A continuous record of vegetation and climate change over the past 50,000 years in the Fujian Province of eastern subtropical China [J]. Palaeogeography，Palaeoclimatology，Palaeoecology，2012，365-366：115-123.

[183] 朱诚，马春梅，张文卿，等. 神农架大九湖 15.753ka BP 以来的孢粉记录和环境演变 [J]. 第四纪研究，2006（5）：814-826.

[184] JIA G，BAI Y，YANG X，et al. Biogeochemical evidence of Holocene East Asian summer and winter monsoon variability from a tropical maar lake in southern China [J]. Quaternary Science Reviews，2015，111：51-61.

[185] CAI Y，FUNG I，EDWARDS R，et al. Variability of stalagmite-inferred Indian monsoon precipitation over the past 252,000 y [J]. Proceedings of the National Academy of Sciences，2015，112（10）：2954-2959.

[186] CAI Y，TAN L，CHENG H，et al. The variation of summer monsoon precipitation in central China since the last deglaciation [J]. Earth and Planetary Science Letters，2010，291（1）：21-31.

[187] CHENG H，EDWARDS R L，Sinha A，et al. The Asian monsoon over the past 640,000 years and ice age terminations [J]. Nature，2016，534：640.

[188] DONG J，WANG Y，CHENG H，et al. A high-resolution stalagmite record of the Holocene East Asian monsoon from Mt Shennongjia，central China [J]. The Holocene，2010，20（2）：257-264.

[189] DYKOSKI C A，EDWARDS R L，CHENG H，et al. A high-resolution，absolute-dated Holocene and deglacial Asian monsoon record from Dongge Cave，China [J]. Earth and Planetary Science Letters，2005，233（1-2）：71-86.

[190] LIU X，RAO Z，SHEN C，et al. Holocene Solar Activity Imprint on Centennial-to Multidecadal-Scale Hydroclimatic Oscillations in Arid Central Asia [J]. Journal of Geophysical Research：Atmospheres，2019，124（5）：2562-2573.

[191] WANG Y，CHENG H，EDWARDS R L，et al. The Holocene Asian Monsoon：Links to Solar Changes and North Atlantic Climate [J]. Science，2005，308（5723）：854-857.

[192] WANG Y，CHENG H，EDWARDS R L，et al. Millennial-and orbital-scale changes in the East Asian monsoon over the past 224,000 years [J]. Nature，2008，451（7182）：1090.

[193] ZHANG H，AIT BRAHIM Y，LI H，et al. The Asian Summer Monsoon：Teleconnections and Forc-

ing Mechanisms – A Review from Chinese Speleothem δ^{18}O Records [J]. Quaternary, 2019a, 2 (3): 26.

[194] ZHANG N, YANG Y, CHENG H, et al. Timing and duration of the East Asian summer monsoon maximum during the Holocene based on stalagmite data from North China [J]. The Holocene: 2018a, 095968361878260.

[195] WANG B, DING Q. Global monsoon: Dominant mode of annual variation in the tropics [J]. Dynamics of Atmospheres & Oceans, 2008, 44 (3 – 4): 165 – 183.

[196] 刘建宝. 山西公海记录的末次冰消期以来东亚夏季风演化历史及其机制探讨 [D]. 兰州：兰州大学, 2015.

[197] LI J, ZENG Q. A unified monsoon index [J]. Geophysical Research Letters, 2002, 29 (8): 115 – 1 – 115 – 4.

[198] CHANG C, ZHANG Y, LI T. Interannual and interdecadal variations of the East Asian summer monsoon and tropical Pacific SSTs. Part I: Role of the subtropical ridge [J]. Journal of Climate, 2000, 13 (24): 4310 – 4325.

[199] HUANG R H, HUANG G, WEI Z G. Climate variations of the summer monsoon over China [C] // CHANG C P (ed). East Asian Monsoon [M]. Singapore: World Scientific Publishing Co. Pte. Ltd., 2004: 213 – 270.

[200] 吴永红. 长江三角洲与贵州草海地区全新世环境变化对比研究 [D]. 上海：华东师范大学, 2012.

[201] CHEN W, WANG W, DAI X. Holocene vegetation history with implications of human impact in the Lake Chaohu area, Anhui Province, East China [J]. Vegetation History and Archaeobotany, 2009, 18 (2): 137 – 146.

[202] SHENG M, WANG X, ZHANG S, et al. A 20, 000 – year high – resolution pollen record from Huguangyan Maar Lake in tropical – subtropical South China [J]. Palaeogeography, Palaeoclimatology, Palaeoecology, 2017, 472: 83 – 92.

[203] LU H, YI S, LIU Z, et al. Variation of East Asian monsoon precipitation during the past 21 ky and potential CO_2 forcing [J]. Geology, 2013, 41 (9): 1023 – 1026.

[204] ZHANG X, JIN L, CHEN J, et al. Lagged response of summer precipitation to insolation forcing on the northeastern Tibetan Plateau during the Holocene [J]. Climate Dynamics, 2018b, 50 (9): 3117 – 3129.

[205] LI G, ZHANG H, LIU X, et al. Paleoclimatic changes and modulation of East Asian summer monsoon by high – latitude forcing over the last 130, 000 years as revealed by independently dated loess – paleosol sequences on the NE Tibetan Plateau [J]. Quaternary Science Reviews, 2020b, 237: 106283.

[206] STEVENS, T., BUYLAERT, J. P., THIEL, C., et al. Ice – volume – forced erosion of the Chinese Loess Plateau global Quaternary stratotype site [J]. Nature Communications, 2018, 9 (1): 983.

[207] SHUMAN B, BARTLEIN P J, WEBB T. The magnitudes of millennial – and orbital – scale climatic change in eastern North America during the Late Quaternary [J]. Quaternary Science Reviews, 2005, 24 (20): 2194 – 2206.

[208] BERGER A, LOUTRE M. Insolation values for the climate of the last 10 million years [J]. Quaternary Science Reviews, 1991, 10 (4): 297 – 317.

[209] MINOSHIMA K, KAWAHATA H, IKEHARA K. Changes in biological production in the mixed water region (MWR) of the northwestern North Pacific during the last 27 kyr [J]. Palaeogeography, Palaeoclimatology, Palaeoecology, 2007, 254 (3): 430 – 447.

[210] MOY C M, SELTZER G O, RODBELL D T, et al. Variability of El Niño/Southern Oscillation activity at millennial timescales during the Holocene epoch [J]. Nature, 2002, 420 (6912): 162.

[211] AYACHE M, SWINGEDOUW D, MARY Y, et al. Multi‐centennial variability of the AMOC over the Holocene: A new reconstruction based on multiple proxy‐derived SST records [J]. Global and Planetary Change, 2018, 170: 172-189.

[212] HONG Y, HONG B, LIN Q, et al. Correlation between Indian Ocean summer monsoon and North Atlantic climate during the Holocene [J]. Earth and Planetary Science Letters, 2003, 211 (3): 371-380.

[213] LOZIER, M. S., LI, F., BACON, S., et al. A sea change in our view of overturning in the subpolar North Atlantic [J]. Science, 2019, 363 (6426): 516-521.

[214] THORNALLEY D J R, ELDERFIELD H, et al. Holocene oscillations in temperature and salinity of the surface subpolar North Atlantic [J]. Nature, 2009, 457 (7230): 711-714.

[215] AN Z, COLMAN S M, ZHOU W, et al. Interplay between the Westerlies and Asian monsoon recorded in Lake Qinghai sediments since 32 ka [J]. Scientific Reports, 2012, 2: 619.

[216] ROUTSON C C, MCKAY N P, KAUFMAN D S, et al. Mid‐latitude net precipitation decreased with Arctic warming during the Holocene [J]. Nature, 2019, 568 (7750): 83-87.

[217] SVENDSEN L, KVAMSTØ N G, KEENLYSIDE N. Weakening AMOC connects Equatorial Atlantic and Pacific interannual variability [J]. Climate Dynamics, 2014, 43 (11): 2931-2941.

[218] WANNER H, MERCOLLI L, GROSJEAN M, et al. Holocene climate variability and change: a data‐based review [J]. Journal of the Geological Society, 2015, 172 (2): 254-263.

[219] KOUTAVAS A, LYNCH‐STIEGLITZ J. Variability of the marine ITCZ over the eastern Pacific during the past 30,000 years[M]//The Hadley Circulation:Present, past and future. Springer, Dordrecht, 2004: 347-369.

[220] LI Y, WANG N, ZHOU X, et al. Synchronous or asynchronous Holocene Indian and East Asian summer monsoon evolution: A synthesis on Holocene Asian summer monsoon simulations, records and modern monsoon indices [J]. Global and Planetary Change, 2014b, 116: 30-40.

[221] ZHAO K, WANG Y, EDWARDS R L, et al. Contribution of ENSO variability to the East Asian summer monsoon in the late Holocene [J]. Palaeogeography, Palaeoclimatology, Palaeoecology, 2016, 449: 510-519.

[222] 刘洋, 郑景云, 郝志新, 等. 欧亚大陆中世纪暖期与小冰期温度变化的区域差异分析 [J]. 第四纪研究, 2021, 41 (2): 462-473.

[223] 张小艳, 周亚利, 庞奖励, 等. 光释光测年揭示浑善达克沙地中世纪暖期和小冰期环境变迁与人类活动的关系 [J]. 第四纪研究, 2012, 32 (3): 535-546.

[224] 赵爽, 夏敦胜, 靳鹤龄, 等. 科尔沁沙地过去近5000年高分辨率气候演变 [J]. 第四纪研究, 2013, 33 (2): 283-292.

[225] 蒋诗威, 周鑫. 中国东南地区中世纪暖期和小冰期夏季风降水研究进展 [J]. 地球科学进展, 2019, 34 (7): 697-705.

[226] 郭超, 蒙红卫, 马玉贞, 等. 藏南羊卓雍错沉积物元素地球化学记录的过去2000年环境变化 [J]. 地理学报, 2019, 74 (7): 1345-1362.

[227] 李文静. 腾冲青海湖泊沉积记录的近2000年以来的气候环境演化 [D]. 昆明: 云南师范大学, 2014.

[228] CHEN F, CHEN J, HOLMES J, et al. Moisture changes over the last millennium in arid central Asia: a review, synthesis and comparison with monsoon region [J]. Quaternary Science Reviews, 2010, 29 (7-8): 1055-1068.

[229] DING Z, SUN J, YANG S, et al. Geochemistry of the Pliocene red clay formation in the Chinese Loess Plateau and implications for its origin, source provenance and paleoclimate change [J]. Geochimica et

Cosmochimica Acta，2001，65（6）：901－913.

[230] GUO Z，RUDDIMAN W，HAO Q，et al. Onset of Asian desertification by 22 Myr ago inferred from loess deposits in China [J]. Nature，2002，416（6877）：159－163.

[231] 董光荣，靳鹤龄，陈惠忠. 末次间冰期以来沙漠－黄土边界带移动与气候变化 [J]. 第四纪研究，1997（2）：158－167.

[232] 刘东生，施雅风，王汝建，等. 以气候变化为标志的中国第四纪地层对比表 [J]. 第四纪研究，2000（2）：108－128.

[233] 裴文中，李有恒. 萨拉乌苏河系的初步探讨 [J]. 古脊椎动物与古人类，1964，8（2）：99－118.

[234] SHEN J，LIU X，WANG S，et al. Palaeoclimatic changes in the Qinghai Lake area during the last 18，000 years [J]. Quaternary International，2005，136（1）：131－140.

[235] WEN R，XIAO J，FAN J，et al. Pollen evidence for a mid－Holocene East Asian summer monsoon maximum in northern China [J]. Quaternary Science Reviews，2017，176：29－35.

[236] WEN R，XIAO J，CHANG Z，et al. Holocene climate changes in the mid－high－latitude－monsoon margin reflected by the pollen record from Hulun Lake，northeastern Inner Mongolia [J]. Quaternary Research，2010，73（2）：293－303.

[237] LI Q，WU H，YU Y，et al. Reconstructed moisture evolution of the deserts in northern China since the Last Glacial Maximum and its implications for the East Asian Summer Monsoon [J]. Global and Planetary Change，2014a，121：101－112.

[238] JI J，SHEN J，BALSAM W，et al. Asian monsoon oscillations in the northeastern Qinghai－Tibet Plateau since the late glacial as interpreted from visible reflectance of Qinghai Lake sediments [J]. Earth and Planetary Science Letters，2005b，233（1－2）：61－70.

[239] LU R，JIA F，GAO S，et al. Holocene aeolian activity and climatic change in Qinghai Lake basin，northeastern Qinghai－Tibetan Plateau [J]. Palaeogeography，Palaeoclimatology，Palaeoecology，2015，430：1－10.

[240] DUAN Y，SUN Q，WERNE J P，et al. Mid－Holocene moisture maximum revealed by pH changes derived from branched tetraethers in loess deposits of the northeastern Tibetan Plateau [J]. Palaeogeography，Palaeoclimatology，Palaeoecology，2019，520：138－149.

[241] YU Y，YANG T，LI J，et al. Millennial－scale Holocene climate variability in the NW China drylands and links to the tropical Pacific and the North Atlantic [J]. Palaeogeography，Palaeoclimatology，Palaeoecology，2006，233（1）：149－162.

[242] 程波，陈发虎，张家武. 共和盆地末次冰消期以来的植被和环境演变 [J]. 地理学报，2013，23（1）：136－146.

[243] YAN D，WÜNNEMANN B，ZHANG Y，et al. Response of lake－catchment processes to Holocene climate variability：Evidences from the NE Tibetan Plateau [J]. Quaternary Science Reviews，2018，201：261－279.

[244] SUN A，FENG Z. Holocene climatic reconstructions from the fossil pollen record at Qigai Nuur in the southern Mongolian Plateau [J]. The Holocene，2013，23（10）：1391－1402.

[245] LI G，WANG Z，ZHAO W，et al. Quantitative precipitation reconstructions from Chagan Nur revealed lag response of East Asian summer monsoon precipitation to summer insolation during the Holocene in arid northern China [J]. Quaternary Science Reviews，2020a，239：106365.

[246] XIAO J，XU Q，NAKAMURA T，et al. Holocene vegetation variation in the Daihai Lake region of north－central China：a direct indication of the Asian monsoon climatic history [J]. Quaternary Science Reviews，2004，23（14）：1669－1679.

[247] JIANG W，LEROY S A，YANG S，et al. Synchronous strengthening of the Indian and East Asian

monsoons in response to global warming since the last deglaciation [J]. Geophysical Research Letters，2019，46 (7)：3944 - 3952.

[248] XIAO J，NAKAMURA T，LU H，et al. Holocene climate changes over the desert/loess transition of north - central China [J]. Earth and Planetary Science Letters，2002，197 (1)：11 - 18.

[249] ZHANG Z，YAO Q，BIANCHETTE T A，et al. A multi - proxy quantitative record of Holocene hydrological regime on the Heixiazi Island (NE China)：indications for the evolution of East Asian summer monsoon [J]. Climate Dynamics，2019b，52 (11)：6773 - 6786.

[250] LI J，DODSON J，YAN H，et al. Quantitative precipitation estimates for the northeastern Qinghai - Tibetan Plateau over the last 18，000 years [J]. Journal of Geophysical Research - Atmospheres，2017，122 (10)：5132 - 5143.

[251] WANG H，CHEN J，ZHANG X，et al. Palaeosol development in the Chinese Loess Plateau as an indicator of the strength of the East Asian summer monsoon：Evidence for a mid - Holocene maximum [J]. Quaternary International，2014，334 - 335：155 - 164.

[252] ZHAO Y，YU Z. Vegetation response to Holocene climate change in East Asian monsoon - margin region [J]. Earth - Science Reviews，2012，113 (1 - 2)：1 - 10.

[253] WANG Y，LIU X，HERZSCHUH U. Asynchronous evolution of the Indian and East Asian Summer Monsoon indicated by Holocene moisture patterns in monsoonal central Asia [J]. Earth - Science Reviews，2010，103 (3)：135 - 153.

[254] BOND G，SHOWERS W，CHESEBY M，et al. A Pervasive Millennial - Scale Cycle in North Atlantic Holocene and Glacial Climates [J]. Science，1997，278 (5341)：1257 - 1266.

[255] JI J，SHEN J，BALSAM W，et al. Asian monsoon oscillations in the northeastern Qinghai—Tibet Plateau since the late glacial as interpreted from visible reflectance of Qinghai Lake sediments [J]. Earth and Planetary Science Letters，2005a，233 (1 - 2)：61 - 70.

[256] YANG X，YANG H，WANG B，et al. Early - Holocene monsoon instability and climatic optimum recorded by Chinese stalagmites [J]. The Holocene，2019，29 (6)：1059 - 1067.

[257] LIU J，CHEN J，ZHANG X，et al. Holocene East Asian summer monsoon records in northern China and their inconsistency with Chinese stalagmite δ^{18}O records [J]. Earth - Science Reviews，2015，148：194 - 208.

[258] LIU J，CHEN S，CHEN J，et al. Chinese cave δ^{18}O records do not represent northern East Asian summer monsoon rainfall [J]. Proceedings of the National Academy of Sciences，2017，114 (15)：E2987 - E2988.

[259] LIU X，LIU J，CHEN S，et al. New insights on Chinese cave δ^{18}O records and their paleoclimatic significance [J]. Earth - Science Reviews：2020，103216.

[260] LIU X，WU T，YANG S，et al. Performance of the seasonal forecasting of the Asian summer monsoon by BCC _ CSM1. 1 (m) [J]. Advances in Atmospheric Sciences，2015，32 (8)：1156 - 1172.

[261] XIAO J，ZHANG S，FAN J，et al. The 4. 2 ka BP event：multi - proxy records from a closed lake in the northern margin of the East Asian summer monsoon [J]. Climate of the Past，2018，14 (10)：1417 - 1425.

[262] YAO F，MA C，ZHU C，et al. Holocene climate change in the western part of Taihu Lake region，East China [J]. Palaeogeography，Palaeoclimatology，Palaeoecology，2017，485：963 - 973.

[263] AN C，LU Y，ZHAO J，et al. A high - resolution record of Holocene environmental and climatic changes from Lake Balikun (Xinjiang，China)：Implications for central Asia [J]. The Holocene，2011，22 (1)：43 - 52.

[264] 蒋庆丰，季峻峰，沈吉，等. 赛里木湖孢粉记录的亚洲内陆西风区全新世植被与气候变化 [J].

中国科学：地球科学，2013，43（2）：243-255.

[265] 贺跃，鲍征宇，侯居峙，等. 令戈错湖芯重建过去 17ka 青藏高原大气环流变化 [J]. 科学通报，2016，61（33）：3583-3595.

[266] GYAWALI A R，WANG J，MA Q，et al. Paleo - environmental change since the Late Glacial inferred from lacustrine sediment in Selin Co，central Tibet [J]. Palaeogeography，Palaeoclimatology，Palaeoecology，2019，516：101-112.

[267] MING G，ZHOU W，WANG H，et al. Moisture variations in Lacustrine - eolian sequence from the Hunshandake sandy land associated with the East Asian Summer Monsoon changes since the late Pleistocene [J]. Quaternary Science Reviews，2020，233：106210.

[268] BELNAP J，MUNSON S，FIELD J. Aeolian and fluvial processes in dryland regions：the need for integrated studies [J]. Ecohydrology，2011，4（5）：615-622.

[269] BULLARD J，MCTAINSH G. Aeolian - fluvial interactions in dryland environments：examples，concepts and Australia case study [J]. Progress in Physical Geography，2003，27（4）：471-501.

[270] 李小妹，严平，钱瑶，等. 不同气候带的河道与沙丘分布格局及其类型划分 [J]. 中国沙漠，2017，37（5）：821-829.

[271] 宋阳，刘连友，严平. 风水复合侵蚀研究述评 [J]. 地理学报，2010，61（1）：77-88.

[272] YU S，HOU Z，CHEN X，et al. Extreme flooding of the lower Yellow River near the Northgrippian - Meghalayan boundary：Evidence from the Shilipu archaeological site in southwestern Shandong Province，China [J]. Geomorphology，2020，350：106878.

[273] BULLARD J E，LIVINGSTONE I. Interactions between aeolian and fluvial systems in dryland environments [J]. Area，2002，34（1）：8-16.

[274] COHEN T J，NANSON G C，LARSEN J R，et al. Late Quaternary aeolian and fluvial interactions on the Cooper Creek Fan and the association between linear and source - bordering dunes，Strzelecki Desert，Australia [J]. Quaternary Science Reviews，2010，29（3-4）：455-471.

[275] AL - MASRAHY M，MOUNTNEY NA classification scheme for fluvial - aeolian system interaction in desert - margin settings [J]. Aeolian Research，2015，17：67-88.

[276] CLARKE M L，RENDELL H M. Climate change impacts on sand supply and the formation of desert sand dunes in the south - west USA [J]. Journal of Arid Environments，1998，39（3）：517-531.

[277] LANGRORD R，CHAN M. Fluvial - Aeolian Interactions . 2. Ancient Systems [J]. Sedimentology，1989，36（6）：1037-1051.

[278] LATRUBESSE E M，STEVAUX J C，CREMON E H，et al. Late Quaternary megafans，fans and fluvio - aeolian interactions in the Bolivian Chaco，Tropical South America [J]. Palaeogeography Palaeoclimatology Palaeoecology，2012，356：75-88.

[279] 夏训诚. 罗布泊科学考察与研究 [M]. 北京：科学出版社，1987.

[280] EAST A E，SANKEY J B. Geomorphic and Sedimentary Effects of Modern Climate Change：Current and Anticipated Future Conditions in the Western United States [J]. Reviews of Geophysics，2020，58（4）：e2019RG000692.

[281] 谭徐明. 清代干旱档案史料（上下）[M]. 北京：中国书籍出版社，2013.

[282] 张伟兵. 区域场次特大旱灾及应急对策研究——以山西省为例 [D]. 北京：中国水利水电科学研究院，2008.

[283] 中国水利学会水利史研究会等编. 中原地区历史水旱灾害暨减灾对策学术讨论会论文集 [M]. 1991.

［284］ 黄河流域及西北片水旱灾害编委会. 黄河流域水旱灾害［M］. 郑州：黄河水利出版社，1996.

［285］ 刘建刚. 基于长时序的区域旱灾时空分布规律研究［D］. 北京：中国水利水电科学研究院，2011

［286］ 中国水利水电科学研究院水利史室. 16～19 世纪旱情分析及六个分区（华北、西北、东北、长江上游、长江中下游、东南沿海）报告［R］. 水科院档案馆收藏，1961.

［287］ 水利水电科学研究院. 中国水利史稿（下册）［M］. 北京：水利电力出版社，1989.

［288］ 穆奎臣. 清代雨雪折奏制度考略［J］. 社会科学战线，2011（11）：103－110.

［289］ 丁之江. 陆地水文学［M］. 3 版. 北京：水利电力出版社. 1992.

［290］ 黄锡荃，李惠明，金伯欣. 水文学［M］. 北京：高等教育出版社，1992.

［291］ 刘昌明，任鸿遵. 水量转换［M］. 北京：科学出版社，1988.

［292］ 耿增超，戴伟. 土壤学［M］. 北京：科学出版社，2020.

［293］ 王全九，叶海燕，史晓南，等. 土壤初始含水量对微咸水入渗特征影响［J］. 水土保持学报，2004（1）：51－53.

［294］ HAWKE R M，PRICE A G，BRYAN R B. The effect of initial soil water content and rainfall intensity on near－surface soil hydrologic conductivity：A laboratory investigation［J］. Catena，2006，65（3）：0－246.

［295］ 左大康，刘昌明，许越先，等. 华北平原水量平衡与南水北调研究文集［M］. 北京：科学出版社，1985.

［296］ 山西省土壤普查办公室. 山西土壤［M］. 北京：科学出版社，1992.

［297］ 李哲，吕娟，屈艳萍，等. 清光绪初年山西极端干旱事件重建与分析［J］. 中国水利水电科学研究院学报，2019，17（6）：459－469.

［298］ 戴礼云，车涛. 1999—2008 年中国地区雪密度的时空分布及其影响特征［J］. 冰川冻土，2010，32（5）：861－866.

［299］ LIANG X，LETTENMAIER D P，WOOD E F，et al. A simple hydrologically based model of land surface water and energy fluxes for general circulation models［J］. Journal of Geophysical Research，1994，99（D7）：14415.

［300］ TODINI，E. The ARNO rainfall－runoff model［J］. Journal of Hydrology Amsterdam，1996.

［301］ LIANG X，LETTENMAIER D P，WOOD E F. One－dimensional statistical dynamic representation of subgrid spatial variability of precipitation in the two－layer variable infiltration capacity model［J］. Journal of Geophysical Research，1996，101（D16）：21403.

［302］ SHEPARD，D. S.. Computer Mapping：The SYMAP interpolation algorithm. Spatial Statistics and Models，G. L. Gaile and C. J. Willmott，Eds.，D. Reidel，1984，133－145.

［303］ ZHANG，X.，Q. TANG，M. PAN，and Y. TANG. A long－term land surface hydrologic fluxes and states dataset for China［J］. Journal of Hydrometeorology，2014，15（5），2067－2084.

［304］ HANSEN，M. C.，R. S. DEFRIES，J. R. G. Townshend，and R. Sohlberg. Global land cover classification at 1 km spatial resolution using a classification tree approach. International Journal of Remote Sensing 2000，21，1331－1364.

［305］ 李哲. 基于雨雪分寸档案的历史典型场次干旱事件重建研究——以清光绪初年山西大旱为例［D］. 北京：中国水利水电科学研究院，2020.

［306］ WEISS H，COURTY M A，WETTERSTROM W，et al.，The genesis and collapse of third millenMesopotamian civilization［J］. Science，1993，261（20）：995－1004.

［307］ WEISS H，BRADLEY R S. What drives societal collapse?［J］. Science，2001，291：609－610.

［308］ 陈玉琼. 近 500 年华北地区最严重的干旱及其影响［J］. 气象，1991，（3）：17－21.

［309］ 谭徐明. 近 500 年我国特大旱灾的研究［J］. 防灾减灾工程学报，2003，（2）：77－83.

［310］ 国家防汛抗旱总指挥部办公室，水利部南京水文水资源研究所. 中国水旱灾害［M］. 北京：中国水利水电出版社，1997.

［311］ 中华人民共和国水利部. 全国抗旱规划［R］. 2011.

［312］ 国家统计局. 中国统计年鉴（2020）［M］. 北京：中国统计出版社，2020.

［313］ WU T，LU Y，FANG Y，et al. The Beijing Climate Center Climate System Model（BCC - CSM）：Main Progress from CMIP5 to CMIP6［J］. Geoscience Model Development，Under review. 2018.

［314］ WU T，LI W，JI J，et al. Global carbon budgets simulated by the Beijing Climate Center Climate System Model for the last century［J］. Journal of Geophysical Research：Atmospheres，2013a. 118（10）：4326 - 4347.

［315］ GRIFFIES S M，GNANADESIKAN A，DIXON K W，et al. Formulation of an ocean model for global climate imulations［J］. Ocean Science，2005. 1（1）：45 - 79.

［316］ WINTON M. A reformulated three - layer sea ice model［J］. Journal of atmospheric and oceanic technology，2000. 17（4）：525 - 531.

［317］ WU T，SONG L，LIU X，et al. Progress in developing the short - range operational climate prediction system of China National Climate Center［J］. Journal of Applied Meteorological Science，2013b. 24（5）：533 - 543.

［318］ 吴捷，任宏利，张帅，等. BCC 二代气候系统模式的季节预测评估和可预报性分析［J］. 大气科学，2017，41（6）：1300 - 1315.

［319］ 周天军，陈梓明，邹立维，等. 中国地球气候系统模式的发展及其模拟和预估［J］. 气象学报 2020，78（3）：32 - 35.

［320］ 辛晓歌，吴统文，张洁，等. BCC 模式及其开展的 CMIP6 试验介绍［J］. 气候变化研究进展，2019，15（5）：533 - 539.

［321］ 吴统文，宋连春，李伟平，等. 北京气候中心气候系统模式研发进展——在气候变化研究中的应用［J］. 气象学报，2014，72（1）：12 - 29.